国家社科基金项目"新时代中国特色社会主义乡村伦理的理论内涵与实践路径研究"（18BZX129）

河北经贸大学出版基金资助

河北省城乡融合发展协同创新中心资助

河北省道德文化与社会发展研究中心资助

中国乡村伦理建构研究

李 冰　黄天娥　著

中国社会科学出版社

图书在版编目（CIP）数据

中国乡村伦理建构研究 / 李冰，黄天娥著. -- 北京：中国社会科学出版社，2025.5. -- ISBN 978-7-5227-4968-6

Ⅰ．B82-058

中国国家版本馆 CIP 数据核字第 2025DB8624 号

出 版 人	赵剑英	
责任编辑	孔继萍	
责任校对	李　锦	
责任印制	郝美娜	

出　　版	中国社会科学出版社	
社　　址	北京鼓楼西大街甲 158 号	
邮　　编	100720	
网　　址	http://www.csspw.cn	
发 行 部	010-84083685	
门 市 部	010-84029450	
经　　销	新华书店及其他书店	
印　　刷	北京君升印刷有限公司	
装　　订	廊坊市广阳区广增装订厂	
版　　次	2025 年 5 月第 1 版	
印　　次	2025 年 5 月第 1 次印刷	
开　　本	710×1000　1/16	
印　　张	20.25	
字　　数	322 千字	
定　　价	118.00 元	

凡购买中国社会科学出版社图书，如有质量问题请与本社营销中心联系调换
电话：010-84083683
版权所有　侵权必究

目 录

前 言 ………………………………………………………… (1)

绪 论 ………………………………………………………… (1)
  一 问题的提出 ………………………………………… (1)
  二 理论与实践意义 …………………………………… (3)
    （一）理论意义 …………………………………… (4)
    （二）实践意义 …………………………………… (7)
  三 国内外研究现状 …………………………………… (11)
    （一）学术史梳理及研究动态 …………………… (11)
    （二）研究现状评价 ……………………………… (22)
  四 研究思路和方法 …………………………………… (25)
    （一）研究思路 …………………………………… (25)
    （二）研究方法 …………………………………… (26)

第一章 乡村伦理的基本论域 ……………………………… (28)
  一 乡村共同体：乡村伦理的"场域" ………………… (28)
    （一）乡村伦理的地域性 ………………………… (28)
    （二）乡村伦理的历时性 ………………………… (33)
  二 乡村秩序：乡村伦理的存在价值 ………………… (36)
    （一）伦理与价值 ………………………………… (37)
    （二）乡村伦理的内涵及其价值 ………………… (41)
  三 乡村社会关系：乡村伦理建构的基础 …………… (46)

（一）乡村社会关系及其伦理蕴含……………………………（47）
　　（二）新时代乡村伦理……………………………………………（54）

第二章　乡村伦理的历史流变……………………………………（62）
　一　乡村变迁：乡村伦理历史流变的基础………………………（62）
　　（一）时代发展与乡村变迁………………………………………（62）
　　（二）乡村变迁与伦理转型………………………………………（69）
　二　乡村伦理变迁：历史的考察…………………………………（74）
　　（一）中国传统乡村伦理及其特征………………………………（75）
　　（二）新中国成立到改革开放前的乡村伦理……………………（83）
　　（三）改革开放以来的乡村伦理…………………………………（88）
　三　后乡村伦理：现代性的视角…………………………………（92）
　　（一）现代性以及乡村的现代性…………………………………（92）
　　（二）现代性下的乡村伦理………………………………………（98）

第三章　乡村伦理的现实审视……………………………………（107）
　一　新时期乡村伦理的生成基础…………………………………（107）
　　（一）乡村伦理主体………………………………………………（107）
　　（二）乡村伦理共同体……………………………………………（115）
　二　新时期乡村伦理的问题分析…………………………………（124）
　　（一）乡村治理伦理的现实问题…………………………………（124）
　　（二）乡村经济伦理的现实问题…………………………………（132）
　　（三）乡村家庭伦理的现实问题…………………………………（138）
　　（四）乡村生态伦理的现实问题…………………………………（143）
　三　新时期乡村伦理问题的现实原因……………………………（147）
　　（一）个体化趋向与公共性缺失…………………………………（147）
　　（二）"陌生人社会"伦理整合的艰难……………………………（150）
　　（三）价值多元对乡村伦理的挑战………………………………（155）
　　（四）追逐利益对伦理的放弃……………………………………（161）

第四章　新时代中国特色社会主义乡村伦理建构的理论内涵 （168）
一　新时代中国特色社会主义乡村伦理建构的理论渊源 （168）
（一）马克思主义是根本理论来源 （169）
（二）马克思主义中国化理论是重要理论来源 （174）
（三）习近平新时代中国特色社会主义思想是直接理论来源 （180）
二　新时代中国特色社会主义乡村伦理建构的目标 （186）
（一）价值目标：乡村美好生活 （186）
（二）战略目标：乡村全面振兴 （193）
（三）实体目标：新时代乡村伦理共同体 （199）
三　新时代中国特色社会主义乡村伦理建构的理论体系 （204）
（一）新时代中国特色社会主义乡村伦理的特征 （204）
（二）新时代中国特色社会主义乡村伦理建构的原则 （209）
（三）新时代中国特色社会主义乡村伦理建构的内容 （217）

第五章　新时代中国特色社会主义乡村伦理建构的实践路径 （227）
一　新时代中国特色社会主义乡村伦理建构的社会基础 （227）
（一）经济发展：乡村伦理建构的经济基础 （227）
（二）政治文明：乡村伦理建构的政治基础 （234）
（三）文化繁荣：乡村伦理建构的文化基础 （239）
二　新时代中国特色社会主义乡村伦理的主体建构 （245）
（一）发挥基层组织在乡村伦理建构中的作用 （245）
（二）积极发挥乡村典型的引领作用 （253）
（三）村民是乡村伦理建构的主角 （261）
三　新时代中国特色社会主义乡村伦理建构的机制与制度 （267）
（一）机制建构 （268）
（二）制度构建 （277）

结　语　中国式现代化推进中的乡村伦理建构 （286）
一　中国式现代化与乡村现代化 （286）
二　乡村全面振兴与中国式乡村现代化 （289）

  三　中国式乡村现代化与乡村伦理建构 …………………………（292）

参考文献 ……………………………………………………………（296）

后　记 ………………………………………………………………（311）

前　言

《新时代公民道德建设实施纲要》指出："中国特色社会主义进入新时代，加强公民道德建设、提高全社会道德水平，是全面建成小康社会、全面建设社会主义现代化强国的战略任务，是适应社会主要矛盾变化、满足人民对美好生活向往的迫切需要，是促进社会全面进步、人的全面发展的必然要求。"[①] 乡村伦理是社会伦理建设的重要组成部分，关系全社会伦理道德水平的提高。新时代中国特色社会主义乡村伦理直面乡村现实，为乡村伦理建设提供价值依据、目标任务、理论基础和实践路径。新时代中国特色社会主义乡村伦理是适应时代变迁、服务乡村振兴战略、解决新时代乡村社会诸多道德困惑与伦理矛盾的需要提出的，是中国特色社会主义的道路自信、理论自信、制度自信、文化自信在乡村振兴战略中的体现，具有重要的理论和实践意义。首先，深入阐释新时代中国特色社会主义乡村伦理建构的理论内涵和实践路径，是在习近平新时代中国特色社会主义思想指导下，对新时代乡村伦理建设进行的理论和实践探索。其次，研究新时代中国特色社会主义乡村伦理，是健全自治、法治、德治相结合的乡村治理体系的重要内容。新时代中国特色社会主义乡村伦理建设是乡村德治的基础，是适应新时代乡村治理需要，契合乡村治理的理论与实践，对于更好地探索乡村治理的德治路径具有重要的理论与实践意义。最后，探索新时代中国乡村伦理建构的理论和实践方向，为乡村伦理研究提供思路。现阶段关于乡村伦理的研究已经取得较多的成果，但是这些成果更多的是对当前乡村伦理问题的分析，特别

---

① 《新时代公民道德建设实施纲要》，人民出版社 2019 年版，第 1—2 页。

是面对市场化、现代化、全球化影响下的乡村伦理秩序的混乱进行研究。分析问题是重要的，但更重要的是解决问题，不能对当前乡村伦理的理论建构和实践路径进行阐释，就无法为中国特色社会主义乡村建设提供伦理支持。从实践价值方面来说，研究新时代中国特色社会主义乡村伦理，为我国实施乡村振兴战略提供伦理基础。乡村振兴战略需要营造良好的伦理道德环境，伦理道德环境关系乡村经济发展、社会治理以及生态保护。建构新时代中国特色社会主义乡村伦理，为乡村伦理实践提供理论依据，解决多元文化冲击造成的伦理危机，为中国乡村伦理建设提供路径参考。总之，本书直面乡村伦理发生、发展的历史和现实，从乡村伦理产生的基础、乡村伦理的历史流变、乡村伦理的现实审视以及新时代中国特色社会主义乡村伦理的理论内涵和实践路径等方面展开论述和分析。

第一，乡村是乡村伦理产生的根基，维护乡村秩序是乡村伦理的价值取向。乡村伦理产生于特定的乡村，是乡村地域性和历时性的统一，乡村的生产生活关系是乡村伦理发生的基础。在不同时代、不同地域，乡村伦理呈现的特征是不同的。从乡村伦理的发生地域性来看，不同地域的地理环境、气候特点、人口特征和文化特色不同，生产生活方式和人际交往关系也就不同，这就形成了不同的乡村伦理特征。从乡村伦理的时代变迁来看，乡村伦理经历了从传统到现代的演进和转化过程。从传统乡村伦理与现代乡村伦理的关系上看，现代乡村伦理是对传统乡村伦理的继承和发展。乡村伦理的价值在于维护乡村秩序，作为一种价值理念，对村民行为起着引领作用，影响乡村的生产、生活，对乡村发展起着重要的制约作用。乡村社会关系是乡村伦理的生成依据，乡村伦理是乡村社会关系的价值指引。随着乡村变迁，乡村社会关系也处于不断变革中，建构新时代中国特色社会主义乡村伦理是适应时代变迁的需要。

第二，回顾历史是进行现实审视的基础，乡村伦理伴随着乡村变迁而转型。时代在发展，乡村在变迁，这是历史的必然。乡村变迁主要是指人口、生产方式、乡村结构的变化，表现为城乡边界的模糊，现代化因素广泛进入乡村，乡村特征的标识在逐步消失。乡村变迁不等于乡村的终结，乡村的本质特征未变，这是研究乡村伦理的前提。乡村变迁是伦理转型的缘由，伦理转型是社会变迁的应有内容。伦理转型意味着传统伦理的式微，传统伦理已经不能很好地协调现实的人与人之间的关系，人们已经不再按照传统伦理道德规范约束自己的行为，新的价值观、道德观开始出现，并逐步得到社会认同。但是，伦理转型同样是一个辩证的过程，不是对过去伦理的全盘否定，承认伦理转型意味着新伦理的建构问题，是在继承传统伦理文化基础上融入现代精神文化。乡村现代化是不可阻挡的潮流，现代化的到来改变了乡村文化，影响了乡村伦理，乡村伦理正是在历史传承中从传统走向现代，维护乡村秩序必须重建乡村伦理。

第三，客观审视乡村伦理存在的问题，是有效解决乡村伦理问题的前提，提出有针对性的解决策略，促进乡村伦理的发展。新时代乡村伦理是对乡村主体关系的调节，乡村伦理的主体是参与乡村生产、生活的主体，包括基层党组织、村委会、新乡贤、驻村干部、社会组织和村民等。乡村是一个伦理共同体，具有浓厚的地域文化特色，在这样的地域文化空间中孕育了传统乡村的文化、习俗和伦理道德，形成了乡村的公共舆论、伦理共识。新时代乡村伦理共同体是具有时代特色、制度特色、道路特色、文化特色的共同体，与新时代中国乡村发展进程相适应。改革开放以来，乡村面貌发生了翻天覆地的变化，乡村发展取得了巨大成绩。但是，伴随乡村经济社会的转型，乡村伦理道德方面出现的问题不容小觑。不解决乡村伦理存在的问题，将严重影响乡村振兴战略的实效，尤其是在经济发展取得巨大成绩的同时，伦理问题同样会动摇经济发展的基础，影响乡村现代化建设。新时代乡村伦理的现实问题，主要表现在乡村治理伦理、经济伦理、家庭伦理和生态伦理等方面，是乡村价值多元对乡村伦理造成的挑战；是村民个体化趋向与公共性缺失对乡村伦理的影响；乡村"陌生人社会"的到来，伦理整合的难度加大；人们对利益的追逐，放弃伦理追求。

第四，新时代中国特色社会主义乡村伦理具有民族性、时代性、创新性的特征，是奠基在深厚中华优秀传统伦理文化基础上，反映时代特征，面对中华民族伟大复兴战略全局和世界百年未有之大变局，在决胜全面建成小康社会、实施乡村振兴战略、实现全体人民共同富裕的时代背景下，在乡村变迁的现代化转型中，对中国特色社会主义乡村伦理的创新性建构和发展。理论来源于实践又指导实践，没有正确理论指导的实践是危险的。马克思主义是科学的世界观和方法论，中国革命和建设取得成功的根本经验是马克思主义与中国具体实际相结合，必须坚持马克思主义在新时代中国特色社会主义建设中的指导地位。马克思主义是中国特色社会主义建设的根本理论来源，在中国革命和建设的伟大斗争实践中，我们党把马克思主义普遍真理与中国革命和建设的具体实际相结合，走自己的路，实现了马克思主义的中国化时代化。毛泽东思想、邓小平理论、"三个代表"重要思想、科学发展观是新时代中国特色社会主义乡村伦理建构的重要理论来源，习近平新时代中国特色社会主义思想是直接理论来源。新时代中国特色社会主义乡村伦理建构的价值目标是实现乡村美好生活，通过实施乡村振兴战略，构建新时代乡村伦理共同体。新时代中国特色社会主义乡村伦理是彰显时代精神的伦理自觉，是继承乡土中国伦理的文化自信，体现了中国特色社会主义核心价值。新时代中国特色社会主义乡村伦理是以马克思主义理论为指导，坚持以人民为中心、坚持继承与创新相统一、坚持统一性与多样性相结合的原则，推动乡村全面进步。新时代中国特色社会主义乡村伦理是在习近平新时代中国特色社会主义思想指导下，使中国传统伦理与时代精神相融合，反映新时代乡村经济和社会发展现实，为乡村振兴战略服务的伦理；是社会主义本质的体现，以村民为本、全心全意维护村民利益为主旨，以实现人的自由全面发展为目标，以培养村民良好的道德品质为基础，根本任务是建设文明乡村，实现乡村和谐。新时代乡村道德规范主要包括：政治道德规范、基层组织干部道德规范、经济道德规范、公共道德规范、家庭道德规范和生态道德规范等。

第五，新时代中国特色社会主义乡村伦理构建是时代的要求，是乡村全面振兴的要求，是实现人民群众美好生活的要求。必须夯实乡村伦理建构的经济基础，全面建设社会主义现代化乡村，提高村民的生活水平，实现全体村民的共同富裕。稳固乡村伦理建构的政治基础，加强党对乡村工作的领导，实现乡村治理现代化，推进乡村党风廉政建设和反腐败斗争。繁荣乡村伦理建构的文化基础，大力发展乡村教育，繁荣乡村公共文化，正确引领村民的网络文化。发挥基层组织在乡村伦理构建中的作用，发挥乡村典型的引领作用，让村民成为乡村伦理建构的主角。制定和完善乡村伦理构建的价值引领机制、利益协调机制、制度约束机制、道德监督机制和道德评价机制。加强乡村伦理的制度建设，包括乡规民约行为规范制度、道德模范评选制度、村民互助制度、乡村礼仪活动制度和环境卫生管理制度等。

总之，乡村现代化是乡村全面振兴的必然要求，乡村全面振兴必须走中国式乡村现代化之路。新时代中国特色社会主义乡村伦理是中国式乡村现代化的重要内容，也是实现乡村现代化的伦理基础和精神支持，建构符合中国式现代化的乡村伦理是时代要求、是乡村永续发展的根基。

绪　　论

乡村是值得关注的地方，从"三农"问题到脱贫攻坚，再到乡村振兴战略，乡村建设成为中国社会发展的关键环节。新中国的每一次社会变革都是从乡村开始，也正是乡村为中国特色社会主义现代化建设提供了深厚的基础。研究新时代中国特色社会主义乡村伦理就是为乡村全面振兴提供伦理支持。

一　问题的提出

2020年是全面建成小康社会的收官之年，小康社会的建成不是终点，而是新生活、新奋斗的起点。承接小康社会的乡村振兴战略，标志着中国特色社会主义现代化建设进入全新阶段，是中华民族伟大复兴中国梦实现的接续发展的新时期，是人民对美好生活追求的新图景。全面建成小康社会意味着人民的物质生活水平的极大提升，从2015年开始的脱贫攻坚已经取得了决定性成果，从根本上消灭了绝对贫困，农村实现了"两不愁三保障"的目标，人民的获得感、幸福感、安全感极大提高。全面建成小康社会不只是城市的小康，更重要的是乡村的小康；不只是物质生活的小康，更是精神生活的小康。物质财富的丰裕为精神生活丰裕提供了可能，精神道德需求更加迫切。中国乡村的未来景象应该是物质生活和精神生活，以及乡村文明得到极大发展的状态，特别是伦理道德水平得到了极大的提升。党的十九大给乡村发展提出的总目标是"产业兴旺、生态宜居、乡风文明、治理有效、生活富裕"。其中乡风文明需要长期建设，依赖于社会整体发展水平的提高。产业兴旺是基础，是乡村发展的支撑，是乡村全面振兴的物质基础；生态宜居是乡村全面振兴的生产生活环境，是经济良性运行的重要保障，是美好乡村生活的依托，是乡村实现可持续发展的关键要素；乡风文明是乡村全面振兴的文化软实力，为乡村全面振兴提供智力支持和精神动力；治理有效是乡村全面振兴的政治保证，关系着乡村的秩序、安全、有序；生活富裕是乡村全面振兴的目标和结果，是美好生活的重要体现，是乡村生活在质与量上的彻底改变。乡村全面振兴的五个目标或者说五个方面的内容是相互联系、相互制约的，每一个方面都为其他方面的发展提供基础和条件，每一个方面的发展都是其他方面发展的表现。由于物质生产在整个社会发展中处于基础地位，经济建设就成为社会发展的首要问题，脱贫攻坚是要解决村民的基本生活问题，也就是实现"两不愁三保障"的目标，如果不能实现乡村的脱贫，乡村全面振兴也就失去了发展的基础。马克思说："物质生活的生产方式制约着整个社会生活、政治生活和精神生活的过程。"① 不提高劳动生产力，不改变社会的生产方式，就不会促进社会的整体发展，在一个生产力水平不高的社会，人的发展是片面的，更谈不上美好生活的实现。全面建成小康社会，脱贫攻坚取得决定性胜利意味着乡村发展的基础已经奠定，实现乡村的全面振兴具有了可能性和必要性。乡村发展不应该只是经济的发展，而是乡村整体的进步，是要实现乡村"质"的改变，特别是与生活富裕相关的精神生活、生活环境、社会治理、民主法治等方面的进步。乡村全面振兴意味着人民对美好生活的向往已经发生转变，由过去对基本生存条件的需要向发展性条件的转变。美好生活不只是经济富裕上的美好生活，同时也包括以民主法治为核心的政治美好生活，以文明为核心的文化美好生活，以和谐为核心的社会美好生活，以及以美丽为核心的生态美好生活。② 美好生活是一种完整的、整体美好的生活状态，是物质维度和精神维度的统一。美好生活更是一种高层次的生活状态，是超越了物质性享受的精神追求，要不断"满足和发展人的更高层次的精神需要，并不断拓展人的精神需要的

---

① 《马克思恩格斯文集》第二卷，人民出版社 2009 年版，第 591 页。
② 马纯红：《"美好生活"的理论基础、价值意蕴及其实践向度》，《湘潭大学学报》（哲学社会科学版）2019 年第 6 期。

维度，逐步引领美好生活需要发展为自由全面发展的需要"①。不可否认的是，在脱贫攻坚阶段，我们可能过于关注经济发展，在一定程度上忽视了乡村文化的建设，造成了在一些地方出现物质生活水平提高与精神道德滑坡的悖论，从物质与精神的关系上来看，本来二者应该是统一的，物质文明与精神文明是相互促进的关系。这就要求我们必须把乡村文化建设作为美好生活的重要内容来对待，认识到"不愁吃、不愁穿"只是生活的低层次需要的满足，精神生活的丰裕、文化生活的丰富、伦理道德水平的提高，才是美好生活更加重要的内容。

问题是时代的最强音，研究新时代中国特色社会主义乡村伦理的建构和实践路径，一个重要的原因是现实的乡村伦理秩序出现了问题，在市场化、现代化、城镇化等的多重影响下，乡村伦理价值导向出现了多元化、混乱化甚至是庸俗化等问题。可以说，传统的乡村伦理秩序已经式微，新的乡村伦理秩序还没有建立起来，特别是适应新时代中国特色社会主义的乡村伦理，在理论架构、内容体系以及实践模式等方面还在探讨中，不解决这个问题，乡村发展就会受到制约，就谈不上乡风文明建设，乡村全面振兴也失去了良好的伦理道德支撑。2019年颁布的《新时代公民道德建设实施纲要》指出："中国特色社会主义进入新时代，加强公民道德建设、提高全社会道德水平，是全面建成小康社会、全面建设社会主义现代化强国的战略任务，是适应社会主要矛盾变化、满足人民对美好生活向往的迫切需要，是促进社会全面进步、人的全面发展的必然要求。"② 提出问题是必要的，但更重要的是解决问题，如果不能对新时代中国特色社会主义乡村伦理的基本问题形成共识，就难以从根本上解决现代化、市场化、信息化背景下的乡村伦理问题。

二 理论与实践意义

新时代中国特色社会主义乡村伦理是适应新时代乡村构建的新型伦理体系，是反映中国特色社会主义乡村新产业、新经济、新治理、新生

---

① 秦维红、张玉杰：《"美好生活"探究的三重维度》，《思想教育研究》2020年第8期。
② 《新时代公民道德建设实施纲要》，人民出版社2019年版，第1—2页。

态、新生活的新伦理。新时代中国特色社会主义乡村伦理是中国特色社会主义文化的重要组成部分，是适应时代变迁的需要，是实施乡村振兴战略、解决新时代乡村社会诸多道德困惑与伦理矛盾的需要，是中国特色社会主义的道路自信、理论自信、制度自信、文化自信在乡村振兴战略中的体现，具有重要的理论和实践意义。

（一）理论意义

理论阐述是对问题本质的探索，研究新时代中国特色社会主义乡村伦理是新时代乡村全面振兴的理论依据，为当前乡村伦理文化建设提供价值指导。其理论意义有以下几个方面。

第一，深入阐释新时代中国特色社会主义乡村伦理建构的理论内涵和实践路径，是在习近平新时代中国特色社会主义思想指导下对新时代乡村伦理构建的理论与实践探索。习近平新时代中国特色社会主义思想是马克思主义基本原理同中国具体实际相结合的又一次历史性飞跃，是新时代中国特色社会主义现代化建设的理论遵循，是乡村全面振兴的行动指南。农村是社会主义现代化建设的基础，没有农业、农村的现代化，就不会实现国家整体的现代化。"农业强不强、农村美不美、农民富不富、决定着全面小康社会的成色和社会主义现代化的质量。"[①] 长期以来，农村一直是社会主义现代建设的短板，补短板其实也是扬长处、显优势的过程。"实施乡村振兴战略，是解决新时代我国社会主要矛盾、实现'两个一百年'奋斗目标和中华民族伟大复兴中国梦的必然要求，具有重大现实意义和深远历史意义。"[②] 乡村具有独特的发展潜力，大力实施乡村振兴战略是社会主义现代经济体系的重要基础，是实现农村可持续发展、建设美丽中国的关键，是健全和完善社会治理体系、传承中华民族优秀传统文化的固本之策，是全面建成小康社会、实现全体人民共同富裕的必然选择。

中国特色社会主义现代化建设必须统筹推进"五位一体"总体布局，实现经济、政治、文化、社会和生态文明全面发展。社会发展具有整体

[①] 韩俊主编：《实施乡村振兴战略五十题》，人民出版社2018年版，第68页。
[②] 《乡村振兴战略规划（2018—2022年）》，人民出版社2018年版，第4页。

性，只有全面发展才能体现整体优势。习近平总书记指出："乡村振兴是包括产业振兴、人才振兴、文化振兴、生态振兴、组织振兴的全面振兴，是'五位一体'总体布局、'四个全面'战略布局在'三农'工作的体现。我们要统筹推进农村经济建设、政治建设、文化建设、社会建设、生态文明建设和党的建设，促进农业全面升级、农村全面进步、农民全面发展。"[1] 中国特色社会主义乡村伦理是社会主义现代化建设的重要内容，关系"五位一体"总体布局的实现，"五位一体"的每一个方面都需要伦理的支撑，没有优秀的伦理文化，就不能实现经济、政治、文化、社会和生态的和谐发展。中华民族有着优秀的历史文化，优秀传统伦理文化是我们民族的根基，是历史传承下来的精神财富，是我们永续发展的不竭动力，是继承基础上的创新，是我们勇往直前、不断进步的动力。新时代中国特色社会主义乡村伦理建构，只有以习近平新时代中国特色社会主义思想为指导，才能把握大局、瞄准方向，实现理论和实践的创新，为乡村振兴战略提供伦理依据。

第二，中国特色社会主义乡村伦理的建构，是健全自治、法治、德治相结合的乡村治理体系的重要内容。"三治"结合是乡村治理的特点和优势，自治是中国乡村治理的传统，具有浓厚的乡土特色。乡村自治有利于充分发挥村民在乡村治理中的积极性，因地制宜地处理乡村事务，保持乡土特色，给乡村更大的发展空间。传统乡村建立在熟人社会基础上，人情在乡村人际关系中占有重要的分量，让村民相互之间通过协商、传统习俗管理乡村社会更符合乡村的人际关系，更有利于发挥乡村民主决策、民主管理、民主协商、民主监督的作用。可以说，乡村自治为乡村全面振兴提供了主体自觉。但是，随着现代化社会的发展，特别是现代性因素在乡村的渗透，市场化、城镇化、世俗化影响了乡村的社会关系。乡村人口流动性加剧，稳定的乡村关系已经不复存在，传统的乡村秩序发生松动，乡村自治的基础被动摇。乡村法治成为乡村治理的重要保证，成为国家治理体系和治理能力现代化的重要标志。现代社会关系的理性化，要求人与人之间的关系必须建立在法治基础之上。2018年《中共中央国务院关于实施乡村振兴战略的意见》指出：乡村

---

[1] 《习近平谈治国理政》第三卷，外文出版社2020年版，第259页。

振兴必须"坚持法治为本,树立依法治理理念,强化法律在维护农民权益、规范市场运行、农业支持保护、生态环境治理、化解农村社会矛盾等方面的权威地位"[①]。没有法治保障的自治是无序的,没有自治基础的法治是僵化的。尊法学法守法用法是现代农民的重要素质,一个共同体秩序的维护,既需要自为自觉,同时也需要共同的理念,对法律的遵守是社会共识的体现。德治是自治和法治的基础,自治既要与法治相结合,更要与德治相结合。在传统乡村自治中,通过伦理道德的约束是实现乡村自治的基本方式,村规民约、传统习俗、家风家教都是传统德治的重要手段。与自治和法治相比较,德治是更加根本的治理方式,它是通过塑造人的思想和心灵达到对秩序的遵守,是人的内心法则,是维系乡村共同体的精神力量。现代乡村治理必须充分挖掘传统乡村文化资源,特别是传统伦理道德、风俗习惯等非正式制度在社会治理中的作用,使他们与新时代中国特色社会主义文化相结合,在新的历史时期发挥新的活力,产生新的功能,为乡村振兴战略提供精神支撑。"乡村振兴,乡风文明是保障。必须坚持物质文明和精神文明一起抓,提升农民精神风貌,培育文明乡风、良好家风、淳朴民风,不断提高乡村社会文明程度。"[②] 因此,对新时代中国特色社会主义乡村伦理文化的研究,契合乡村治理的理论与实践,对于更好地探索乡村治理的德治路径,具有重要的理论与实践意义。

第三,探索新时代中国乡村伦理建构的理论和实践方向,为乡村伦理研究提供思路。现阶段关于乡村伦理的研究已经取得较多的成果,但是这些成果更多的是对当前乡村伦理问题的分析,特别是对市场化、现代化、全球化影响下的乡村伦理秩序的失序进行的研究。分析问题是重要的,但更重要的是解决问题,不能对当前乡村伦理的建构和实践路径进行阐释,就无法为中国特色社会主义乡村建设提供伦理支持。改革开放以来,农村发生的最大变化就是家庭联产承包责任制的实施,农民从集体性的生产活动中解放出来,家庭式的自主经营极大地增强了农民的生产积极性,提高了劳动生产率,同时给予了农民更多自主支配的时间。

---

① 《中共中央国务院关于实施乡村振兴战略的意见》,人民出版社2018年版,第22页。
② 《中共中央国务院关于实施乡村振兴战略的意见》,人民出版社2018年版,第16—17页。

农民一方面可以自由安排自己的生产活动，另一方面也可以选择自己的经营方式，农村多种经营开始出现，农民身份角色变得多样化，他们走出乡村去体验更广阔的外面世界，增长了知识，开阔了眼界，转变了思想，更新了价值观念。同时，乡村伦理在乡村变迁中发生转型，旧的乡村伦理已经不足以维持乡村秩序。农民信仰多元化，特别是一直以来形成的国家、集体的观念发生某种程度的变化，表现为个人主义、拜金主义有所抬头，过于强调个人权利、利益，忽视甚至逃避个人对国家、社会的义务和责任。农村社会主导价值观发生变化，直接影响乡村的伦理道德状况，影响村民道德水平。在一个过于注重个人利益而忽视国家、集体利益的社会中，在一个特别注重市场理性的社会中，农民的精神道德水平就会下降，乡村孝道、公共交往、社会风尚甚至乡村生态都会出现问题。历史无法回到过去，乡村社会的发展是必然趋势，直面现实问题是最理性的做法。一切抱怨和指责都不是解决问题的办法，只有真正认清乡村伦理道德存在问题的原因，并能够对乡村伦理道德问题进行深入的分析，才能建立起适合现代性、市场化、城镇化视域下新时代乡村社会的伦理规范。这就要建构新时代中国特色社会主义乡村伦理，这既是一个理论问题，也是一个现实问题。从现实上来说，在中国特色社会主义现代化建设过程中，乡村伦理的实践一直没有停止，并且在有些地方形成了很多好的经验和做法，反映了乡村伦理建构过程中的地方特色。但是，乡村伦理有没有我们应该共同遵循的理论依据，如何从众多的乡村建设实践中提升理论认知，明确价值指引，总结可以借鉴的经验，为新时代中国特色社会主义乡村伦理建构提供理论指引和实践路径，对于新时期乡村建设、实现乡村振兴战略目标具有重要的理论和实践意义。

（二）实践意义

新时代中国特色社会主义乡村伦理建构更重要的意义是解决乡村伦理道德危机问题，实现乡村的和谐、有序发展。这一研究的实践意义主要体现在以下几个方面。

第一，为我国实施乡村振兴战略提供伦理支撑。乡村全面振兴是在反思、总结我国乡村发展经验基础上的战略性设计，是新时代乡村发展的新目标，是习近平新时代中国特色社会主义思想在乡村的实践，是乡村美好生活的新追求。作为一种战略部署，离不开伦理价值的引导。伦理是对社会关系的规范，一定的伦理秩序是人们对现有社会关系认识基础上的价值选择。价值理念是行动理由，是一切行为的出发点。乡村经济、乡村治理、公共交往、家庭关系以及生态建设都有其应有的伦理指向。必须充分认识和把握乡村全面振兴背后应有的伦理价值，重视伦理道德建设，为乡村全面振兴提供精神支撑和道德力量。乡村全面振兴不只是经济的振兴，还应该是乡村伦理文化的振兴，是不断提升乡风文明水平，构建新型乡村伦理共同体的过程。乡村振兴战略的首要价值就是对美好生活的追求，美好生活既是乡村振兴战略人民取向的反映，也是对美好道德生活的规定。乡村振兴战略必须以社会主义核心价值观为引领，弘扬爱国主义、集体主义和社会主义优秀道德风尚，理顺社会关系、家庭关系、人与自然的关系，正确处理各种利益关系，特别是国家利益、集体利益和个人利益之间的关系，树立正确的国家利益和集体利益观。不断满足农民的物质和精神需要，提升农民的精神风貌，积极培育文明乡风，形成良好的家风、淳朴的民风，促进农民的全面发展。建立有序和谐的社会秩序，充分展示道德关怀在乡村全面振兴中的作用。

　　乡村振兴战略需要良好的道德环境。没有良好的伦理道德环境，经济发展、社会治理以及生态保护都不可能有好的结果。乡村伦理秩序的建构是市场经济顺利进行的基础，是保证公平正义、诚实守信市场价值实现的前提，是乡村社会自治、法治与德治的应有内容。在乡村熟人社会中，人与人之间的关系更多的是靠伦理道德、风俗习惯调节的，虽然现代化因素已经深入地影响了乡村社会关系，但是"礼治"社会的属性在相当长的历史时期内还将延续，并且成为一种重要的内在约束力。乡村伦理是美丽中国建设的题中应有之义，中国优秀传统伦理文化蕴含着博大精深的生态伦理思想，特别是"天人合一"的儒家生态观，强调人与自然的和谐统一。孔子的"钓而不纲，弋不射宿"[1] 就是爱惜万物、人与万物一体的体现；孟子的"取物以顺时"的生态观，以及"仁者以天地万物为一体"的观念，对于传统农耕文明的延续具有重要的意义。

---

[1] 杨伯峻译注：《论语译注》，中华书局1980年版，第73页。

习近平总书记提出的"两山"理论，更是对新时代中国特色社会主义生态文明伦理观的高度概括，是构建和谐社会，实现社会可持续发展，建设富强民主文明美好生活远景的伦理价值引领。因此，乡村振兴战略必须有乡村伦理的支撑，只有这样才能真正实现国家富强、人民幸福、社会发展，满足人民群众对美好生活的需求。

第二，为乡村伦理提供理论依据，解决多元文化冲击造成的伦理危机。我们应该看到，改革开放以来，乡村文化受到多元价值的冲击，带来人们思想观念的混乱，使乡村伦理出现了诸多问题。一个社会没有主导价值观的引领，就很难达成社会共识，难以形成统一的共同体，社会规范的约束功能就会下降，行为失范就会发生。价值多元造成的后果，首先是伦理评价标准的失范，标准是行为的依据，道德是行为遵循的规范，它是按照善恶、好坏、美丑等来确定行为依据的，如果价值取向不同，选择就会有差异，从而出现善恶不辨、好坏不知、美丑不分的现象。多元价值取向，就会有多元道德评价标准，每一种标准在证明其"合理性"的同时，实际上会让人们辨别不清楚什么标准是正确的、应当的，造成道德评价和判断的混乱，这就弱化了道德的调节功能，造成群体分化，影响社会和谐。事实上，自改革开放以来，乡村已经发生了巨大的变化，旧的伦理道德规范已经不适应变化了的产生了很多新情况、新问题的乡村社会，乡村转型也就成为必然。建构新时代中国特色社会主义乡村伦理，就是解决价值多元化视域下乡村伦理文化的荒漠化、边缘化和无序化的问题。

提出新时代中国特色社会主义乡村伦理这一主题，就是强调新时代中国特色社会主义乡村伦理不同于传统中国乡村伦理，其重要区别是理论依据不同、指导思想不同。中国传统伦理有很多值得传承的优秀伦理文化，伦理具有阶级性，不同历史时期的伦理总是为维护一定统治阶级秩序服务的。封建社会的伦理是以封建道德钳制人民的思想、制约人民的行为，从而让人们遵循封建秩序。伦理的阶级性反映了伦理道德的不同指导思想和价值追求，决定了伦理的性质。中国特色社会主义乡村伦理以习近平新时代中国特色社会主义思想为指导，立足乡村实际，面向乡村未来。习近平新时代中国特色社会主义思想是与马克思列宁主义、毛泽东思想、邓小平理论、"三个代表"重要思想和科学发展观一脉相承的理论创新；是以人民为中心的发展思想，为人民谋利益，为国家谋复兴，根植于中国大地，是马克思主义普遍真理与中国特色社会主义具体实际相结合的思想，形成了一套包括道路、理论、制度、文化的完整的科学理论体系。它的首要价值就是人民性，以维护国家利益、人民利益为宗旨，是对中国特色社会主义理论的创新与发展，是全面建成小康社会、建设社会主义现代化强国的指导思想，是对新时代实践经验的科学概括和总结，是全国人民实现中华民族伟大复兴的行动指南。新时代中国特色社会主义乡村伦理只有以习近平新时代中国特色社会主义思想为指导，才能构建起具有中国特色的、富有生命力的、能够解决乡村发展问题的理论与实践，是乡村振兴战略取得成功的保证。

第三，为中国乡村伦理建设实践提供路径参考。近几年，乡风文明建设在全国各地乡村如火如荼地开展，由于乡村的地域、文化习俗以及资源不同，乡风文明建设的路径也不同，表现出浓郁的地方特色。从各地乡风文明建设的实践来看，基层党组织和乡村干部成为乡风建设的主导力量，通过制度设计、教育宣传促进乡村道德水平的提高，改变乡村道德状况。主要做法有：强化群众自治，发挥道德模范和身边好人以及新乡贤的引领作用，成立各种群众自治组织，如红白理事会、重要事务的民主评议会、孝老促进会、道德评议会等，通过制定各种规章制度达到自我管理、自我约束、自我提高的作用。通过村规民约改变传统陋习，倡导勤俭节约、婚事新办、丧事简办，反对高额礼金、天价彩礼，反对炫富比酷，反对铺张浪费。倡导孝老爱亲，弘扬尊老爱幼、孝敬父母的传统美德，对于孝顺父母的行为予以表扬和鼓励。整治农村不良习气，特别是对封建迷信、非法宗教、黄赌毒、黑恶势力进行打击，树立新风正气。广泛开展文明家庭、好媳妇评比活动，让身边好人、新乡贤成为引领社会舆论、匡正乡村风气的榜样，曝光不文明现象，弘扬勤劳节俭、文明质朴的新风尚。

各地乡村伦理实践虽然取得了较好的成绩，但是也存在很多问题，主要表现在以下几个方面：乡风文明建设更多的是自上而下地推动，基层党组织和乡村干部成为乡风建设的主要促进者，村民积极性并不高，并且乡村风气的改善主要依靠制度性约束或者惩罚性措施，没有形成自觉自愿的行为习惯。乡风建设的雷同化现象比较严重，创新和特色不够，有些地方还不能根据乡村实际形成具有自身特色的乡村伦理文化。还有就是乡村伦理建设的效果不好，普遍存在重外表、轻内在的问题，往往是抓一抓效果就好一些，不能养成习惯、形成长期行为。我们认为，乡村伦理建设没有固定的模式，但是有可以共同遵循的规律，只有抓住问题的本质，才能从根本上解决问题。这就要求在各地乡村实践的基础上，寻求中国特色社会主义乡村伦理建构的理论依据与实践路径，能够从理论和实践两个方面为新时代中国特色社会主义乡村伦理的建构提供参考，这正是本书的初衷。

三　国内外研究现状

（一）学术史梳理及研究动态

关于乡村社会的研究中外学者都有颇为丰富的研究成果，主要是从社会学、民族学、人类学、历史学、经济学以及政治学的视角进行的。乡村伦理是乡村社会的重要组成部分，是乡村文化的重要表现。这些研究也充分认识到乡村伦理文化对经济发展、社会关系、乡村秩序以及乡村整体发展产生的重大影响。

1887 年德国社会学家斐迪南·滕尼斯提出了"共同体"（社区）与社会的差别，认为共同体建立的基础是人的"本质意志"，这是由"选择意志"建立起的人群组合即社会的前提。[1] 社区—社会理论描述了从传统到现代的社会变迁的形态，成为研究传统乡村社会的经典理论。1893 年法国社会学家埃米尔·涂尔干用"机械团结"与"有机团结"这对概念区分了不同社会团结和整合的基础，认为传统社会是同质性基础上的社会联系。[2] 赫伯特·斯宾塞依据社会控制不同方式，将社会分为尚武社会与工业社会两种类型，也就是传统社会与现代社会，认为这是一种社会进化的过程。[3] 还有贝克的宗教社会和世俗社会、韦伯的前现代社会和现

---

[1] ［德］斐迪南·滕尼斯：《共同体与社会——纯粹社会学的基本概念》，林荣远译，商务印书馆 1999 年版。

[2] ［法］埃米尔·涂尔干：《社会分工论》，渠东译，生活·读书·新知三联书店 2000 年版。

[3] ［英］赫伯特·斯宾塞：《社会静力学》，张雄武译，商务印书馆 1996 年版。

代社会、莱德菲尔德的民俗社会和都市社会，都是对传统向现代转换过程中的社会特征的描述。① 英国社会学家齐格蒙特·鲍曼承继了滕尼斯的共同体思想，分析了共同体的温馨，然而，现代性使共同体"成为了失去的天堂"，是我们"热切希望重归其中的天堂"。② 这些成果为中外学者研究"礼俗社会"（传统乡村社区）提供了范式。

20世纪上半叶以降，一些外国学者在中国农村开展了一系列调查，取得了一些有重大影响的、对研究中国乡村伦理文化有重要参考价值的学术成果。主要有美国社会学家丹尼尔·考尔普的《华南的乡村生活：家族主义的社会学》（1925）、J.L.卜凯的《中国农家经济》（1936）、费正清的《美国与中国》（1948）、日本"满铁"的《中国农村惯行调查》（6卷，1952—1958）、美国汉学家陈佩华的《陈村：毛泽东时代一个中国农民社区的现代史》（1984）以及赵文词的《一个中国村落的道德和权力》（1984）。美国社会学家葛学浦的《华南乡村的生活》、黄宗智的《华北的小农经济与社会变迁》（1986）提出了农业的内卷化概念。杜赞奇的《文化、权力与国家——1900—1942年的华北农村》（1996）从大众文化的研究视角，分析了国家权力与传统文化之间的关系，提出了"权力的文化网络"和"国家权力内卷化"概念。H.孟德拉斯认为西方社会乡村的工业化和城镇化导致"农民的终结"。③ 20世纪90年代后西方学术界对乡村的研究由于乡村萎缩而趋冷。

20世纪上半叶中国研究乡村社会最具代表性且影响最为深远的学者是费孝通，他提出的"乡土本色""差序格局""礼制秩序""长老统治"等概念，④ 已经成为后来研究中国乡村伦理问题的经典理论。这一时期的梁漱溟、晏阳初所倡导的"乡村建设运动"是对"伦理本位之社会被破坏"⑤的回应，首次提出现代中国乡村社会伦理道德的重建问题。

改革开放以来，随着农村社会转型，农村和农民问题研究趋热，出

---

① 陆学艺主编：《中国社会学年鉴1989—1993》，中国大百科全书出版社1994年版。
② ［英］齐格蒙特·鲍曼：《共同体》，欧阳景根译，江苏人民出版社2003年版。
③ ［法］H.孟德拉斯：《农民的终结》，李培林译，社会科学文献出版社2010年版。
④ 费孝通：《乡土中国 生育制度 乡土重建》，商务印书馆2011年版。
⑤ 梁漱溟：《乡村建设理论》，上海人民出版社2006年版。

版了大量有影响的成果。如有王沪宁的《当代中国村落家族文化——对中国社会现代化的一项探索》(1991)、王铭铭的《村落视野中的文化与权力》(1997)和《走在乡土上——历史人类学札记》(2003)、周晓虹的《传统与变迁——江浙农民的社会心理及其近代以来的嬗变》(1998)、王春光的《中国农村社会变迁》(1996)、张静的《现代公共规则与乡村社会》(2006)、吴理财的《当代中国农民文化生活调查》(2011)、阎云翔的《私人生活的变革：一个中国村庄里的爱情、家庭与亲密关系1949—1999》(2006)和《礼物的流动——一个中国村庄中的互惠原则与社会网络》(2017)、贺雪峰的《乡村社会关键词——进入21世纪的中国乡村素描》(2010)和《新乡土中国》(2013)、徐勇的《现代国家：乡土社会与制度建构》(2009)、秦红增的《乡土变迁与重塑——文化农民与民族地区和谐乡村建设研究》(2012)、李培林的《村落的终结——羊城村的故事》(2004)、吴重庆的《无主体熟人社会及社会重建》(2014)、折晓叶的《村庄的再造——一个"超级村庄"的社会变迁》(1997)以及王露璐的《乡土伦理——一种跨学科视野中的"地方性道德知识"探究》(2008)和《新乡土伦理——社会转型期的中国乡村伦理问题研究》(2016)等。同时公开发表了大量有影响力的关于乡村文化与乡村伦理的学术论文，特别是21世纪以来，随着社会主义新农村建设的兴起，乡村伦理成为学者关注的重点。

1. 关于乡村文化与乡村全面振兴关系的研究

文化是一个民族的灵魂，在乡村社会中，文化具有凝聚、整合、规范、同化社会群体的行为和心理的作用。[①] 范建华等指出，文化是乡村的灵魂，文化兴则乡村兴，文化是乡村振兴战略的智慧源泉和内生动力，乡村文化振兴就是要以社会主义核心价值观为引领，大力弘扬乡土文化，构建中国特色社会主义的乡村文化体系。[②] 乡村文化振兴必须坚持文化自信，文化自信是化解乡村危机的根本。[③] 范玉刚认为，乡村全面振兴既需

[①] 朱志平、姚科艳、鞠萍：《乡村文化现代转型及其路径选择——基于马庄经验》，《中国农业大学学报》（社会科学版）2020年第4期。

[②] 范建华、秦会朵：《关于乡村文化振兴的若干思考》，《思想战线》2019年第4期。

[③] 沈一兵：《乡村振兴中的文化危机及其文化自信的重构——基于文化社会学的视角》，《学术界》2018年第10期。

要物质塑形，更需要文化铸魂；乡村文化复兴就是要实现乡土文明价值重构，它对于理解中华文明、提升社会文明程度、厚植中国特色的价值、坚定中国特色社会主义文化自信具有重要的作用。① 吴理财等指出，乡村文化产业振兴与产业兴旺目标、乡村伦理文化复兴与乡风文明目标、乡村自治文化创建与治理有效目标、乡村农耕文化复兴与生态文明目标是一致的。② 学者们普遍认为，乡村振兴，文化先行，要走"四位一体"的文化振兴之路，以物质文化筑基、精神文化铸魂、制度文化强根、行为文化固本。③ 乡村文化是乡村振兴的"根"与"魂"，实施乡村振兴必须加强农民的思想道德建设，弘扬中华优秀传统文化，以乡村文明、良好家风、淳朴民风为乡村振兴提供文化哺育和精神支撑，推动乡村振兴与生态振兴、产业振兴融合发展。④ 乡村传统文化内生着村庄延续发展的大量、有益的资源，如村庄宗祠、宗族、民俗等乡村文化，发挥好传统文化在现代村庄治理中的作用是乡村治理的独特路径。⑤ 乡村振兴以文化自信为灵魂，文化自信是乡村振兴的必然结果，乡村振兴就是要做到文化自信，要正确认识乡村文化资源的价值，注重传承和创新。⑥ 乡村文化治理是实现乡村治理、文化振兴的需要，要在乡村治理中引入"文化治理"，借"文化治理"治理乡村。⑦

2. 关于乡村文化建设路径的研究

补足乡村文化短板，有人认为应该通过驱动乡村"内力"不断优化

---

① 范玉刚：《乡村文化复兴与乡土文明价值重构》，《深圳大学学报》（人文社会科学版）2019 年第 6 期。

② 吴理财、解胜利：《文化治理视角下的乡村文化振兴：价值耦合与体系建构》，《华中农业大学学报》（社会科学版）2019 年第 1 期。

③ 李明、陈其胜、张军：《"四位一体"乡村文化振兴的路径建构》，《湖南社会科学》2019 年第 6 期。

④ 宋小霞、王婷婷：《文化振兴是乡村振兴的"根"与"魂"——乡村文化振兴的重要性分析及现状和对策研究》，《山东社会科学》2019 年第 4 期。

⑤ 汪国华、杨安邦：《农村环境污染治理的内生路径研究：基于村庄传统文化整合视角》，《河海大学学报》（哲学社会科学版）2020 年第 4 期。

⑥ 方坤、秦红增：《乡村振兴进程中的文化自信：内在理路与行动策略》，《广西民族大学学报》（哲学社会科学版）2019 年第 2 期。

⑦ 谢延龙：《"乡村文化"治理与乡村"文化治理"：当代演进与展望》，《学习与实践》2021 年第 4 期。

传统乡村文化,注重农耕文化的传承功能,形成乡村文化治理体系,提升乡村文化的服务效能。形成农民为主体的、多元参与的乡村文化振兴格局;也有人认为应该通过"外力"推动乡村文化振兴,要通过城市带动乡村的城乡融合,化解城乡文化冲突。① 徐勇指出,乡村振兴的主体是人,乡村文化的矛盾主要是村民对美好文化生活的需要和供给不平衡、不充分之间的矛盾,必须提高文化产品的供给质量和效率,提供丰富多样的文化产品和服务,通过体制机制创新,实现文化的可持续健康发展。② 赵旭东也认为,人是乡村存续和发展的关键,村民有自己对乡村文化的选择权利,要承认村民自身文化存在的意义和价值;乡村文化振兴不是恢复僵化的传统文化,而是与时俱进地在乡村农民群体和基层组织的不同利益相关者之间,在接触、合作、转变过程中带动一种文化转型。③ 张海荣等也认为,人是主导社会变迁的主体,要塑造人的文化精神,强化人性涵养,激发人的自省与自觉,通过"立人"建设,促进乡村文化。④ 乡村精英在乡村文化治理中扮演着非常关键的角色,体制内精英是乡村文化传播的主要承担者和实践者,他们利用自己的经济、文化和社会资源影响、整合乡村文化。⑤

乡村文化是中国传统文化的精髓,乡村振兴必须要进行文化振兴,这就需要发挥政府、民众、企业和社会各方面的积极性,特别是激发农民的内生动力,要通过乡村旅游实现乡村文化再造。⑥ 乡村公共文化包括内在的精神建构和外在的物质条件,要通过各种活动和仪式构筑共同的价值符号,打造公共精神;要建设各种文化设施、活动场地,提供物质

---

① 张学昌:《城乡融合视域下的乡村文化振兴》,《西北农林科技大学学报》(社会科学版) 2020年第4期。

② 徐勇:《乡村文化振兴与文化供给侧改革》,《中南学术》2018年第5期。

③ 赵旭东:《乡村文化与乡村振兴——基于一种文化转型人类学的路径观察与社会实践》,《贵州大学学报》(社会科学版) 2020年第4期。

④ 张海荣、张建梅:《向里用力:转型期乡村文化治理的根本途径》,《中国特色社会主义研究》2020年第2期。

⑤ 陈春燕、于雯君:《透视专家的影响力:农村基层文化治理中体制内治理精英的行动逻辑研究》,《青海社会科学》2019年第4期。

⑥ 史云等:《传统的未来:乡村文化振兴机制研究》,《河北农业大学学报》(社会科学版) 2020年第2期。

保障。① 乡村文化是中国特色社会主义文化的重要组成部分，乡村文化的建设水平直接影响国家治理现代化，乡村文化建设要从组织、主体、机制以及价值四个维度全面推进。② 乡村文化振兴要以社会主义核心价值观为指引，持续推进乡村思想道德建设，传承乡村优秀传统文化，践行乡村文明，重塑乡村公共文化空间，加强乡村文化人才队伍建设。③ 乡风文明建设的目标是要振兴乡村文化，焕发乡村文明的新气象；乡村优秀传统文化是新时期乡村文化的根基，是乡村文明建设的内在动力；传承乡村优秀传统文化必须唤醒农民的文化自觉，理性挖掘和传承传统农耕文化的精华。④ 振兴乡村文化要以社会主义核心价值观为指导，挖掘农村传统道德教育资源，开展农村思想道德建设，加强农村公共文化服务体系建设，不断丰富符合农民精神需求的公共文化产品与服务供给，挖掘培育乡土文化人才，发挥乡贤参与乡村文化建设的积极性，发挥政府、社会、农民群众在乡村文化建设中的合力。⑤

3. 关于乡村道德文化的研究

伦理与道德是有区别的，但是在大量的研究成果中，对这两个概念并没有进行区分。伦理主要是指制度、习俗、规范、准则等，强调人伦关系的应该之"理"，也就是一种合适的关系。道德一般认为是个体的心理和行为，也就是作为主体的行为表现，有道德行为，也有非道德行为。"道德就是要在人类社会的特定时期和特定条件下，依据客观规律，根据社会角色的责任和特征，为充当该角色的人而确定的正确角色意识、正确行为方式和行为规范。"⑥ 当然，伦理是判断一个人行为道德与否的标

---

① 耿达：《公共文化空间视角下农村公共文化服务体系建设研究》，《思想战线》2019年第5期。

② 任成金：《国家治理现代化视域下乡村文化建设的多维透视》，《云南社会科学》2020年第5期。

③ 李三辉：《乡村文化振兴的现实难题及其应对》，《长春理工大学学报》（社会科学版）2021年第1期。

④ 杨璐璐、高金龙：《乡风文明建设中农村优秀传统文化传承路径》，《黑河学刊》2020年第1期。

⑤ 欧阳雪梅：《振兴乡村文化面临的挑战及实践路径》，《毛泽东邓小平理论研究》2018年第5期。

⑥ 金建方：《人类的使命》，东方出版社2018年版，第156—157页。

准。在研究成果中，关于乡村伦理道德的文章使用的术语主要有"农村道德""乡村道德""乡村伦理""农村伦理道德"等，很多研究成果把道德问题和伦理问题看作是一致的，也有人直接使用"伦理道德"一词。

孙春晨对改革开放40年乡村道德生活变迁进行了梳理，他认为改革开放以来，乡村道德生活发生了巨大的变化：一方面，乡村道德文化的生存土壤发生了根本改变，乡村道德生活出现了一些新的气象，农民逐渐接受了一些新的道德观念、价值观，乡村社会发生了从服从伦理到自主伦理的转变；另一方面，受市场经济和现代价值观的影响，传统乡村文化也日益式微。农耕文明是中国乡村文明的根本，在乡村文化建设中必须重视乡村道德文化传统。[1] 社会个体的崛起增进了广大农民的现代意识，在与传统的决裂中，给农民的精神世界和道德认识带来了新的挑战；农民价值判断混乱，公共精神趋于式微，集体观念弱化，农村道德建设面临多元整合困境、公共性培育不足、价值取向多元等问题。只有用社会主义核心价值观引领农民思想，增强农民的价值共识，才能夯实农村道德建设的思想基础。[2] 农村经济发展的同时，农村也出现了农民理想信仰淡化、道德水平有所滑坡、农民生态伦理意识淡薄、宗教迷信活动泛起等问题，农村思想道德建设面临严峻挑战。[3] 也有人认为，改革开放以来，我国乡村道德发生了诸多变化，但最为明显的是道德由依赖型向自主型、由封闭型向开放型、由一元型向多样型的转变。[4] 当前农村存在的道德问题是伴随着农村社会发展进步而带来的阵痛，农村的改革发展，为解决这些道德问题创造了条件。[5] 提升乡村道德水平是实现乡村治理的重要内容，是乡村精神文明的中心环节。[6]

---

[1] 孙春晨：《改革开放40年乡村道德生活的变迁》，《中州学刊》2018年第11期。
[2] 霍军亮：《乡村振兴战略下的农村公民道德建设》，《西北农林科技大学学报》（社会科学版）2020年第5期。
[3] 赵增彦：《社会主义新农村道德建设面临的挑战及其成因探析》，《内蒙古师范大学学报》（哲学社会科学版）2007年第6期。
[4] 罗文章：《新时期乡村道德的变化态势》，《船山学刊》2006年第2期。
[5] 张永伟、房晓军：《关于当前农村社会道德问题的理性思考——以"返乡记"为缘起》，《西南大学学报》（社会科学版）2016年第6期。
[6] 王美玲、马先惠：《乡村文化视域下乡村道德建设的困境与出路》，《攀登》2021年第3期。

4. 关于乡村伦理存在问题与原因的研究

乡村现代化过程中，传统乡村伦理的式微成为无法回避的现实问题，这既是传统伦理文化与现代性社会发展不相适应的表现，也是受各种负面思想和观念影响的结果。① 贺雪峰指出，农村伦理危机已经成为一个较为严重的问题，而且成为较为普遍的现象，这是因为农民的本体性价值出现了危机。② 杜玉珍认为，乡村伦理问题不仅表现在日常生活中的伦理道德标准出现金钱化、利益化趋势，而且不同群体伦理标准的分化也日益严重，集体主义崩溃，个人主义严重，道德的内在约束力下降，传统美德退守，乡村不良道德生长。③ 也有人认为，当前一部分农民理想淡化、道德水准滑坡、生态伦理意识淡薄、迷信宗教，其原因是农民道德素质偏低，而这也与基层干部思想认识水平不高、道德宣传和法制建设工作不到位有关系。④ 还有人指出，随着农村社会变迁，农村伦理危机的主要表现是伦理评价标准失范，道德调控能力减弱，社会伦理、家庭伦理、个体道德出现危机，主要原因是农村伦理建设滞后、市场机制的消极影响，以及法制建设不健全等。⑤ 王芳等认为，由于城镇化推进、工业化和市场化的渗透，相同共同体渐趋衰落，乡村面临集体共同体意识弱化、乡村社会文化式微和生态环境污染的伦理困境。⑥

5. 关于传统乡村伦理的现代转型研究

传统乡村伦理式微，实现乡村伦理的现代转型成为学者们的共识。社会关系特别是生产、生活方式转变，道德观念和习惯就必然会有重大

---

① 张燕：《传统乡村伦理文化的式微与转型——基于乡村治理的视角》，《伦理学研究》2017 年第 3 期。

② 贺雪峰：《农民价值观的类型及相互关系——对当前中国农村严重伦理危机的讨论》，《开放时代》2008 年第 3 期。

③ 杜玉珍：《我国乡村伦理道德的历史演变》，《理论月刊》2010 年第 9 期。

④ 赵增彦：《社会主义新农村道德建设面临的挑战及其成因探析》，《内蒙古师范大学学报》（哲学社会科学版）2007 年第 6 期。

⑤ 郑鹏飞、薛凤伟：《社会转型背景下的农村伦理道德现状及其原因探析》，《中共郑州市委党校学报》2009 年第 2 期。

⑥ 王芳、邓玲：《从共同福祉到新型乡村共同体的重构——有机马克思主义发展观对中国新农村建设的启示》，《理论导刊》2017 年第 6 期。

改变;① 王露璐认为,乡村社会的市场化、信息化和公共生活空间的扩大,传统礼制"不足以充分料理"现代乡村的利益关系和社会矛盾。② 现代因素已全方位进入农村,改变和重塑了农民的价值观;传统家庭伦理生态系统解体,亟须确立新的家庭伦理价值和规范。中国乡土伦理的转型在很大程度上关系着我国社会全面转型的最终实现。李萍指出,现代道德必须重视与传统道德的承接,解决传统道德的继承性和发展性问题,要对传统进行理性审视、批判扬弃,不断发展、沉淀传统。③ 要实现国家治理体系和能力的现代化,乡村的主体伦理、关系伦理、制度伦理面临深刻的转型和变迁。④ 也有人认为,现代文明对乡土的挤压、乡土裂变与伦理空白成为新时代乡村的不争事实,必须重新唤醒乡村民众伦理文化,发掘乡土中国的伦理式共同体。⑤ 要注重传统道德文化对农村道德意识和道德行为的影响,要按照扬弃、改造的原则,充分发挥传统道德中的优秀文化传统,例如"公忠""诚信""仁爱"等思想,使其在社会主义新农村建设中发挥积极的伦理作用。⑥ 传统家训是中国传统伦理文化的重要组成部分,蕴含着丰富的道德价值和伦理观念,对现代乡村治理有重要的教化功能;必须发挥传统家训在净化家庭环境、维护乡村秩序的作用,通过提高农民的道德素质,增强农民对乡村的认同感,建构乡村伦理共同体。⑦ 我们应该看到现代道德文化离不开对传统道德文化的开发与转化,现代道德文化只有积极吸纳传统道德文化精神,才能建立起中国特色社会主义道德体系。⑧

---

① 陈瑛:《改造和提升小农伦理——再读马克思的〈路易·波拿巴的雾月十八日〉》,《伦理学研究》2006 年第 2 期。
② 王露璐:《新乡土伦理——社会转型期的中国乡村伦理问题研究》,人民出版社 2016 年版。
③ 李萍:《现代道德的传统承接:可能与实现》,《中山大学学报》(社会科学版)2004 年第 4 期。
④ 陈荣卓、祁中山:《乡村治理伦理的审视与现代转型》,《哲学研究》2015 年第 5 期。
⑤ 王华伟:《后伦理语境下乡村共同体的"新乡愁"》,《湖南工业大学学报》(社会科学版)2020 年第 4 期。
⑥ 李晓丽、李胜军:《试论新农村道德建设中传统道德文化思想的传承》,《黑河学刊》2011 年第 2 期。
⑦ 马爱菊:《传统家训在现代乡村治理中的作用》,《绵阳师范学院学报》2015 年第 3 期。
⑧ 蒋晓雷:《现代社会伦理对传统道德文化的渴求》,《理论月刊》2009 年第 4 期。

6. 关于新时代乡村伦理建构理论内涵的研究

关于新时代乡村伦理建构，还没有成熟的、被普遍遵循的理论成果，只有在"应当"层面的、基于不同学术视野的探讨。对这一问题的研究将直接影响未来乡村伦理的建构，有利于形成正确的价值导向，特别是在复杂多变的现实社会中，这一问题就显得更加重要。新时代乡村伦理又有人称之为"新乡土中国"，这是在肯定传统乡村文化仍然是乡村社会根基的同时作出的对乡村文化变迁的回应。"新乡土中国"应蕴含现代价值又不失乡土色彩。王露璐指出，现代乡村伦理的构建应寻求"历史之根"与"现代之源"的嫁接、"地方性知识"与"普遍性意义"的有效整合。① 中国现代化进程中的道德建设，必须回答现代道德与传统道德的承接问题。② 当代中国乡村伦理符合"内卷化"文化模式，内在地蕴含了保护文化传统的意义。③ 传统文化及其伦理精神的现代传承和转化，对于丰富农民生活、维护农村稳定以及促进农业发展具有重要作用。④ 所以，新的乡村伦理应该将社会主义伦理道德、乡村传统伦理道德中的精华因素和乡村社会实践三者有机结合起来。⑤ 这就要求我们对于传统伦理文化要做到实践上的自觉、理论上的自觉和方法上的自觉。⑥ 李建华认为，传统道德文化的现代践行必须做到教育先行，道德教育生活化是道德践行的现实根基；道德教育必须瞄准道德践行目标，这样传统道德文化才能实现现代转换。⑦ 乡村农耕文化是中华民族劳动人民生活实践的精华，探寻优秀传统农耕文化助推乡村振兴的功能，对于乡村现代化建设具有重要的意义。⑧ 还有学者认为，传统优秀

---

① 王露璐：《社会转型期的中国乡土伦理研究及其方法》，《哲学研究》2007年第12期。
② 李萍：《现代道德的传统承接：可能与现实》，《中山大学学报》2004年第4期。
③ 孙春晨：《中国当代乡村伦理的"内卷化"图景》，《道德与文明》2016年第6期。
④ 张燕：《传统乡村伦理文化的式微与转型——基于乡村治理的视角》，《伦理学研究》2017年第3期。
⑤ 杜玉珍：《我国乡村伦理道德的历史演变》，《理论月刊》2010年第9期。
⑥ 唐凯麟：《中国传统伦理文化的当代传承与弘扬》，《船山学刊》2017年第3期。
⑦ 李建华：《中国传统道德文化现代践行的寓德入教策略》，《中南大学学报》（社会科学版）2012年第1期。
⑧ 曹东勃、宋锐：《农耕文化：乡村振兴的伦理本源》，《西北农林科技大学学报》（社会科学版）2020年第3期。

家风家训有很好的道德培育和教化功能，要重视挖掘、弘扬和重建家风家训，使其成为乡村伦理重建的重要内容。① 乡村伦理共同体的建构应该焕发乡土新的生命力，要协同城乡发展，再建乡村公共空间，唤回文化乡愁的实践支撑，以新伦理塑造新农民。② 乡村伦理具有治理功能，费雪莱认为，共享发展理念对于乡村社区治理伦理建设具有积极意义，这一理念是以公共性为前提，以公共精神为内容，以尊重人性为核心的共享伦理价值体系。③ 乡村公共伦理文化建构的基础是共同体的历史文化以及现实状况，重构一种多元、有序的乡村公共伦理价值，是现代乡村共同体生成和确立的基础。④

7. 关于新时代乡村伦理的实践路径研究

如何建构新时代中国特色社会主义乡村伦理，学者们普遍认为要将中国特色社会主义价值文化的理论观念变为现实，使之成为主流价值文化。⑤ 李建华等指出，乡村发展要充分发挥农村基层自治在农村发展中的政治魅力和伦理魅力。⑥ 郑永彪认为，要重视伦理共同体在道德建设中的作用，要将传统观念和现代理念相结合，加强社会保障制度建设，培育乡村的自组织能力，加强法治宣传教育，加强感恩教育等。⑦ 要发挥现代乡贤在社会治理中的作用，激活现代社会组织活力，以传统家庭文化促进村落自治。乡规民约具有重要的道德伦理教化功能，在农民的自我教育、自我劝诫和自我约束等方面有重要的作用，以塑造新型农民、新型乡里人际关系，促进乡风文明为目标，为社会主义新农村道德建设提供

---

① 沈费伟：《传承家风家训：乡村伦理重建的一个理论解释》，《学习论坛》2019年第9期。
② 曾鹰、曾丹东、曾天雄：《后乡土语境下的新乡村共同体重构》，《湖南科技大学学报》（社会科学版）2017年第1期。
③ 费雪莱：《基于共享发展理念的农村社区治理伦理重构》，《江汉论坛》2018年第11期。
④ 申鲁菁、陈荣卓：《现代乡村共同体与公共伦理文化诉求》，《甘肃社会科学》2018年第2期。
⑤ 江畅：《我国主流价值文化构建的三个问题》，《光明日报》2012年6月21日。
⑥ 李建华、朱伟干、邢斌：《论农村基层自治的政治价值和伦理生态》，《武陵学刊》2010年第3期。
⑦ 郑永彪：《中国传统乡村代际伦理失衡及重构研究》，《首都师范大学学报》（社会科学版）2014年第1期。

支撑。① 薛晓阳认为，教育要在乡村伦理重建中扮演重要角色，要重建农民生活信仰，重视乡村伦理重建的现代意义；不仅关心农民个体命运，更要重视对其国家意识和政治使命的培养。② 要发挥乡规民约在乡村伦理中的重要道德功能，在社会主义核心价值观培育中的道德效能，形成符合中国特色社会主义制度和道路的乡村社会关系和伦理道德体系。③ 社会转型期农村家庭道德建设应该明确价值取向，树立正确的生活态度，形成应有的角色意识，具有健康的人格和生活方式。④ 家庭伦理是乡村伦理建设的重要内容，而伦理制度化成为当前重塑乡村家庭伦理的必由之路，要建设符合现代家庭伦理精神、具有乡村伦理特色的婚姻家庭关系，不断完善乡村家庭伦理规范体系。⑤

总的来看，由于国家对"三农"问题的重视，学者们特别重视对乡村治理的研究，取得了较为丰富的理论成果。但是，关于乡村伦理的研究大多散见于乡村问题的其他研究中，尚未形成系统、完整的研究资料。问题研究多于体系建构研究，还没有对中国特色社会主义乡村伦理建构做深入探讨。提出问题是必要的，但更重要的是解决问题，如果不能对新时代中国特色社会主义乡村伦理的基本问题达成共识，就难以从根本上解决现代化、市场化、信息化背景下的乡村伦理问题。

（二）研究现状评价

乡村文化和乡村伦理，这是两个密不可分的问题域，可以说研究乡村社会的历史，就是乡村文化、乡村伦理的研究史。无论是社会学家、历史学家还是其他文化学者，在乡村问题的研究中，都不可能脱离对伦理文化的剖析。乡村社会是一个整体，而在这一整体中乡村伦理文化是更能够表现乡村特色的元素。因此，对乡村伦理进行研究的学者，不只

---

① 陈振亮：《乡规民约与新农村伦理道德建设》，《科学社会主义》2013年第1期。
② 薛晓阳：《乡村伦理重建：农村教育的道德反思》，《教育研究与实验》2016年第2期。
③ 苗国强：《反躬、再塑与实现：新型乡规民约与乡村伦理重构》，《齐鲁学刊》2019年第4期。
④ 曾长秋、孙宇：《试论农村家庭道德建设的构成要素》，《吉林师范大学学报》（人文社会科学版）2013年第1期。
⑤ 张翠莲、李桂梅：《试论当代乡村家庭伦理制度化建设》，《道德与文明》2017年第5期。

是伦理学家，更多的是社会学家、人类学家和民族学家。从已有研究成果来看，单独研究乡村伦理文化的成果并不多，大部分隐含在对不同时期乡村社会的研究中；从研究方法来看，更多的成果来自田野调查，是对乡村社会的综合性考察。

从研究历史来看，每一次乡村社会的变革，都是乡村伦理文化研究成果集中产出的时期。从20世纪二三十年代的"乡村建设运动"到新中国成立以后的乡村变革，乡村的各个方面都发生了不同于传统社会的巨大变迁，社会主义新农村建设成为这一时期的重要特点。国内乡村伦理文化的大量研究成果出现在改革开放以后，一方面是由于乡村社会变迁产生了大量乡村社会问题，特别是"三农"问题，成为社会关注的焦点；另一方面是由于改革开放以来，我国学术研究处于一个新的繁荣时期，很多著名学者开展乡村调查，产出了一批学术精品。同时，研究乡村社会也成为研究中国特色社会主义现代化建设的一个切入点，有人讲，"读不懂农民，就读不懂中国"，现代化的中国是一个从传统农业大国走过来的国家，不了解中国的乡村社会，就无法理解现代化的中国。党的十八大以来，中央提出了农村脱贫攻坚战，农村是全面建成小康社会的短板，农村脱贫攻坚、贫困治理等方面的成果大量涌现，对这些问题的研究，也涉及乡村伦理文化的问题和建设方面的研究。党的十九大提出了乡村振兴战略，关于乡村问题的研究再次成为重点，其中对乡村文化振兴问题学者们从不同视角进行了研究。

从研究内容来看，对乡村面貌的描述性的研究，主要是对乡村伦理文化的观察和调研，指出了乡村伦理文化的一种客观性存在。这些研究集中在不同时期的乡村研究中，是对乡村伦理文化现状的描述。还有一些研究是对乡村伦理道德存在问题的揭示，乡村变迁必然带来伦理转型，必然带来乡村价值的多元，造成价值选择的困难，传统乡村文化与现代价值观之间的冲突就会在乡村社会的方方面面表现出来。我们都知道，问题是学术研究最直接的动力，乡村社会的问题很多是乡村伦理文化的问题，乡村文化问题是导致乡村社会诸多矛盾的更深层次的原因，具有长久的影响力。从现有乡村伦理文化研究的文献来看，分析和提出问题成为各种研究成果的重要内容，并且很多成果分析了存在问题的原因。我们认为揭示问题是重要的，但是仅仅停留在提出问题是不够的，阐释乡村伦理存在问题，并解释产生问题的原因，是为了更好地建构乡村未来伦理发展的走向，在客观分析现实问题的基础之上，构建起乡村伦理的未来发展路径才是重中之重。所以，从乡村伦理研究的内容来看，提出问题多于解决策略，分析原因多于如何建构，而如何走中国特色社会主义乡村伦理的未来之路，是现有研究的一个薄弱环节。还没有人从更深层的理论上，提出中国特色社会主义乡村伦理的理论内涵。只有搞清楚中国特色社会主义乡村伦理的理论内涵，才能够在正确的价值观指引之下，为中国特色社会主义乡村伦理建构奠定基础，也才能够为中国特色社会主义乡村伦理建构提出适合中国特色的实践路径。

　　从研究方法来看，乡村问题是一个现实问题，只有到乡村现实生活中才能够真正了解、体会乡村。所以，现有的关于乡村研究的好的成果大部分来源于田野调查，只有立足于农村、观察农村、调查农村，才能了解农村，才能够真正写出符合农村现实的、对乡村社会具有客观分析的、有价值的成果。例如，以武汉大学中国乡村治理研究中心贺雪峰教授为代表的"华中乡土派"，由于长期深入农村做调查，取得了较为丰富的关于乡村社会的研究成果。因此，乡村伦理方面的成果很多是来自社会学乡村田野调查的成果。由于伦理学具有的哲学思辨性的特点，伦理学的研究者在田野调查方面有明显的不足，从乡村调查实践中总结、提炼、思考乡村伦理问题的成果并不多。近几年，在乡村伦理研究方面成果比较集中的是南京师范大学乡村文化振兴研究中心的王露璐教授，出版和发表了《新乡土伦理——社会转型期的中国乡村伦理问题研究》《乡土伦理——一种跨学科视野中的"地方性道德知识"探究》《中国式现代化进程中的乡村振兴与伦理重建》等著作和论文，她的研究成果既重视理论文献的梳理，也重视乡村田野调查，通过积累乡村调研素材，写出了大量有影响、符合乡村现实的理论文章。总的来说，乡村伦理问题是一个现实问题，特别是乡村变迁成为乡村伦理转型的主要原因，是乡村伦理的传统与现代在乡村社会的展开，只有深入乡村社会，才能准确把握乡村伦理的现实状况。

四 研究思路和方法

(一) 研究思路

新时代中国特色社会主义乡村伦理的理论建构和实践路径，主要围绕理论和实践两个层面展开，把乡村置于宏大的历史与现实背景下，以习近平新时代中国特色社会主义思想为指导，直面乡村伦理的现实问题，阐释新时代中国特色社会主义乡村伦理的理论内涵，分析新型伦理构建的实践路径。

第一，研究乡村伦理必须立足乡村社会，乡村伦理是乡村生产、生活的文化反映。要研究特定时期的乡村伦理，就必须分析特定时期的乡村特性，分析孕育乡村伦理的社会土壤。乡村共同体是乡村伦理存在的"场域"，不同的乡村具有不同的特定地域性，不同的乡村具有不同的发展历史。乡村伦理是维护现存乡村秩序的需要，这是乡村伦理存在的价值和目标。乡村社会关系是乡村伦理建构的基础，维护什么样的乡村关系，就需要什么样的乡村伦理，特定时期的乡村伦理总是与特定时期的乡村秩序相适应的。新时代中国特色社会主义乡村伦理是现代乡村社会的反映，为新时代乡村建设服务。

第二，研究新时代乡村伦理必须分析乡村伦理的发展，在社会变迁中把握乡村伦理的转型。乡村变迁是乡村伦理流变的基础，时代在发展，乡村必然发生变迁，不变是不可能的，但是乡村变迁最终没有改变乡村本质，乡村在变与不变中坚守着自己的本质。乡村变迁必然导致伦理转型，伦理转型也就成为乡村社会的常态，没有不变的乡村，也没有不变的乡村伦理。新时代中国特色社会主义乡村伦理是自新中国成立以来，特别是改革开放以来乡村伦理延续发展的结果，研究新时代的乡村伦理构建，必然要审视乡村伦理发生、发展的过程。建构新时代中国特色社会主义乡村伦理是一个时代课题，是适应中国特色社会主义现代化、适应乡村振兴战略的文化方略。

第三，建构新时代中国特色社会主义乡村伦理，必须了解乡村伦理的现实图景，特别是新时代乡村伦理的问题，直面这些问题才能找到改革的方向。乡村伦理是乡村关系的反映，不同的乡村伦理维系着不同的乡村关系，形成特定的乡村伦理共同体。解决新时代乡村伦理问题必须分析产生问题的现实原因，这是找到问题结症的关键。

第四，阐释新时代中国特色社会主义乡村伦理的理论内涵是本书的重要内容。理论具有历史传承性，任何理论都有产生的历史渊源；马克思主义理论是新时代中国特色社会主义乡村伦理的根本理论来源，中国化的马克思主义是重要理论来源，习近平新时代中国特色社会主义思想是直接理论来源。建构新时代乡村伦理必须明确建构目标，包括价值目标、战略目标和实体目标，这是乡村伦理的理论核心。要阐释新时代乡村伦理的理论体系，包括特征、原则和内容。

第五，社会研究不只是要提出问题，更重要的是解决问题，如何从实践层面建构新时代中国特色社会主义乡村伦理，探索其实践路径是本书更为重要的内容。首先要分析新时代中国特色社会主义乡村伦理建构的社会基础，这是立足点；其次要分析建构的主体，这是乡村伦理建构的具体落实；最后要分析乡村伦理构建的机制与制度，要通过价值引领、利益协调、制度约束、行为监督和奖惩保障等机制，促进新时代乡村伦理的落实。乡村伦理建构也需要制度保障，要通过制度建设规范和约束村民行为，保证乡村伦理价值取向的实现。

（二）研究方法

1. 文献研究法

乡村伦理具有历史传承性，本书建立在大量文献资料的基础上，通过对现有文献的研读和分析，为研究提供理论支持和研究思路。

2. 价值反思法

本书应用马克思主义世界观和方法论，特别是马克思主义中国化的理论成果，指导新时代的乡村伦理研究，对乡村伦理中突出的伦理问题进行价值反思与评估。

3. 比较研究方法

运用比较研究的方法研究乡村伦理的传统与现代，乡村伦理与城市伦理的不同。

4. 田野调查法

通过广泛深入的乡村社会调研，了解当前我国乡村伦理的真实图景，发现问题、分析问题，提出解决问题的路径。

5. 案例分析法

各地的新农村建设的典型案例，为本书提供了思路，总结这些地方的案例经验和共同性规律，对于建构新时代中国特色社会主义乡村伦理，提供了重要的实践路径参考。

第一章

乡村伦理的基本论域

乡村伦理具有鲜明的多样性特色，这是由于特定乡村地域形成了特定的乡村文化。我们讨论乡村伦理必须研究乡村"场域"的特殊性、乡村伦理对特定地域乡村社会秩序维护的功能。乡村变迁必然伴随着伦理转型，伦理转型是对乡村变迁的应对。

一 乡村共同体：乡村伦理的"场域"

乡村伦理从两个层面展开，一个是空间域，另一个是时间维度。乡村伦理是特定时期特定地域的乡村伦理，这是形成乡村伦理特色的重要因素。个体是具体的存在，群体同样是具体的存在，不同的群体会形成具有本群体特征的文化特色。乡村伦理的本质是乡村生产和生活方式的呈现，是在特定地域共时性人群之间形成的协调相互关系的伦与理。

（一）乡村伦理的地域性

德国社会学家滕尼斯（Ferdinand Tonnies）提出的共同体（社区）（Community）理论，是文化产生"场域"的论述。芝加哥学派的派克（Robert E. Park）认为："根据区位组织而起来的社会（在地域的基础上建立的社会）就成了一个社区（Community），而不只是一个社会（Society）了。"[①] 虽然后来的社会学家也对这一概念进行了不同的解释，出现了很

---

① 北京大学社会学人类学研究所编：《社区与功能——派克、布朗社会学文集及学记》，北京大学出版社 2002 年版，第 55 页。

多定义，但是无不集中在以下几个方面：共同的地域、共同的联系、文化认同、情感相依等。乡村是社区的典型存在，是社区元素存在相对完整的地方，虽经社会变迁，由于其生产生活方式相对稳定，乡村共同体依然具有鲜明特色。研究乡村社会，就是研究乡村社区的独特文化，费孝通在《乡土中国》中指出："以全盘社会结构的格式作为研究对象，这对象并不能是抽象的，必须是具体的社区，因为联系着各个社会制度的是人们的生活，人们的生活有空间的坐落，这就是社区。"① 具体的社区就是与地域相联系的生产、生活、人口和文化。地域具有地方、区域的含义，伦理文化也是一种"地方性知识"，不同地域伦理文化具有不同的特点。居于其中的"局内人"形成对共同伦理的共识，从而起到约束和规范作用。这是社区文化的重要内容，"对于'局外人'，社区文化是一个重要的社区象征，了解一个社区的文化，也就在很大程度上把握了一个社区；对于'局内人'而言，熟悉和掌握本社区的文化就成为一种适应社区的'生存和生活技艺'，这种'技艺'能够使他（或她）在社区里的一切生活和活动显得'自然而然'"②。在一个社会流动特别有限的社会中，地域特征是最为明显的，地域性限制了人员的流动和文化交流，从而在共同的生活互动中形成了人们彼此之间的关系模式，也就有了显著的文化标识，这是不同群体相互区别的符号特征。佩顿指出："地点不仅就地理方面而言，还包括观念上的地点。这样的地点是由意义、文化价值取向、支配社会礼仪礼节的规则、地区性的场景和空间方位、时间和历史契机、个人经历上的因素、与会话直接相关的圈子、当前的境遇等意识形态的、宗教的华盖塑造形成。一个世界就是围绕着由类似于此的因素组成的地点而崛起。"③ 乡村正是由于其地域位置的不同，从而具有不同的地理、气候、人口特征，在特定的地域形成了不同的生产、生活方式和特定的人际交往关系，具有了显著的地域文化特色。乡村伦理发生的地域性主要体现在以下几个方面。

---

① 费孝通：《乡土中国生育制度》，北京大学出版社 1998 年版，第 91 页。
② 毕天云：《社区文化：社区建设的重要资源》，《思想战线》2003 年第 4 期。
③ [美] W. E. 佩顿：《阐释神圣——多视角的宗教研究》，许泽民译，贵州人民出版社 2006 年版，第 151 页。转引自吴理财等《公共性的消解与重建》，知识产权出版社 2014 年版，第 43 页。

1. 一定地域的生产方式

人类要生存和发展首先要满足物质生活的需要，必须进行社会生产。马克思和恩格斯在《德意志意识形态》中就认为，人们要解决吃喝住穿问题，就必须进行物质资料的生产，"人们生产自己的生活资料，同时间接地生产着自己的物质生活本身"①。任何生产过程都不是孤立个体的活动，人类生活的群体性是社会生产得以进行的前提。马克思主义认为，生产方式包括生产力与生产关系，既表明了生产能力的大小，同时也反映了人们在生产过程中的社会关系，生产关系是社会生产过程中形成的人与人之间最基本的社会关系。生产过程中必然有人与人之间的交往，形成人们在社会生产中不同的位置、地位；形成了人们对人与人之间关系的思考，从而产生了在社会生产关系基础上的思想关系。"思想的社会关系不过是物质的社会关系的上层建筑，而物质的社会关系是不以人的意志和意识为转移而形成的，是人维持生存的活动的（结果）形式。"②在社会生产活动中，人们在改造客观世界的同时也改造着主观世界，形成特定生产关系中的主观认识。社会存在决定社会意识，有什么样的社会生活就会形成什么样的文化、道德，这既是社会发展的结果，同样也是维持既定社会生活的需要。一定地域的伦理文化是维护一定地域群体关系的产物，是一定地域社会秩序得以维护的需要。马克思主义认为："人们在自己生活的社会生产中发生一定的、必然的、不以他们的意志为转移的关系，即同他们的物质生产力的一定发展阶段相适合的生产关系。这些生产关系的总和构成社会的经济结构，即有法律的和政治的上层建筑竖立其上并有一定的社会意识形态与之相适应的现实基础。物质生活的生产方式制约着整个社会生活、政治生活和精神生活的过程。不是人们的意识决定人们的存在，相反，是人们的社会存在决定人们的意识。"③乡村是农业生产的基本单位，农业生产是乡村生产的主要方式，农业生产的基本生产资料是土地，土地是农业生产的首要条件，农业生产必须在土地上进行。土地是不可移动的，具有特定性和广延性，由于地域不

---

① 《马克思恩格斯文集》第一卷，人民出版社 2009 年版，第 519 页。
② 《列宁专题文集 论辩证唯物主义和历史唯物主义》，人民出版社 2009 年版，第 171 页。
③ 《马克思恩格斯文集》第二卷，人民出版社 2009 年版，第 591 页。

同乡村生产方式各有特点，因此不同的乡村具有不同的生活方式。土地具有一定的承载量，这就决定了在一定地域上的乡村人口不可能太多，乡村规模不会太大，乡村中的人与人之间是一种熟人关系，"熟人社会"就成为村落的重要特征。由于农业生产具有自然周期，乡村生活也必然与自然周期相联系，乡村生产决定了乡村生活的状态。

2. 一定地域的社会关系

伦理是调整人伦关系的价值标准，是一定道德规范的"应然"理由，但是在不同的社会关系中，人与人之间相处的标准是不同的，这样就形成了不同的伦理关系。从广义上来说，生产关系既包括物质资料的生产，也包括人自身的生产。生产关系和婚姻关系是最基本的社会关系，在此基础上形成了各种其他社会关系，这是人们在社会交往过程中不同权利义务的体现。不同的社会关系具有不同的交往规则和交往方式。这些交往规则和方式是人们在长期的社会生活中、在交往实践中达成的共识，是对于维护共同体稳定发展至关重要的规则系统，是社会生活需要的反映。马克思主义认为："思想、观念、意识的生产最初是直接与人们的物质活动，与人们的物质交往，与现实生活的语言交织在一起的。人们的想象、思维、精神交往在这里还是人们物质行动的直接产物。"[1] 一定社会的伦理是这种关系的体现，是在反映和满足不同人际关系需要的基础上对不同社会关系和谐相处的道德要求。例如，在中国传统农业社会中，生产生活经验掌握在长老手里，年轻人要经常请教老年人以应对自然、生产和生活中的各种问题，尊老成为普遍的理念，这是中国传统注重孝文化的重要缘由。在以农业生产为主要生产方式的小农社会中，各家独自成为一个生产单位，人们战胜外在自然和其他问题主要靠亲戚和朋友，这样就形成了中国传统伦理"差序格局"的人际关系。传统乡村社会中，人们之间是一种天然的联系，不是为了一定目的而走在一起，而是生于此、长于此，并且在预期的未来是要相对稳定地与周围的人进行社会交往的，这样的交往不是短暂的，而是经常化的。人是群体性存在，不可能离开他人而存在，由于相处较为稳定，就不会计较暂时的得失，就会在未来较长的一个时期内维持一种良好的交往关系，这是传统"熟人社

---

[1] 《马克思恩格斯选集》第一卷，人民出版社2012年版，第151页。

会"伦理秩序形成的重要原因。

总之,在传统农业社会中,人们很少有机会进行流动,在一个相对固定的地域内,人际关系是比较固定的,人与人之间的制约性比较强。人们在可预期的未来,特别是由于社会关系的改变不会太大,人们对于人际关系规则的遵守比较自觉,传统伦理保持得就比较好,伦理文化显示出了鲜明的地方特色。

3. 一定地域的文化认同

认同反映了主客体之间的关系,认同既与主体的认知、价值观和自我体验有关系,也与认同客体的属性有关系。一定地域的伦理价值之所以能够在一定地域被遵循,是因为这是人们长期进行人际交往形成的交往共识,由于流动性少,人口的同质性强,在认知、价值观和自我体验方面差距不大,共同的文化认同就容易达成。

地域性强调群体成员的天然联系和共同的生活空间,这种共同体不但是一个经济利益共同体,同时也是一个命运共同体,在共同体中成员之间要想和谐相处,必然会形成彼此认可的人伦关系,形成共同的文化认知、共同的伦理道德。科恩指出:"人们经历之中的共同体的真实性,存在于他们对符号共同体的从属或承诺。"① 在共同体中的交往,特别是一定地域中的人际交往是不同群体文化产生的基础。特定群体的文化都是群体共享的文化,是在群体成员的长期互动过程中形成的。"传统的中国农村社区是一个自然的小社会共同体,村民生于斯、死于斯,再加上日常生活中千丝万缕的联系,必然积淀出一定的公共理念。这个公共理念在血缘上首先表现在家庭之内,然后根据'差序'原则,推及整个宗族。同宗族之间共同的利益和文化上的认同巩固着宗族内部理念上的公共。……村民之间的频繁交往所形成的具有地方特色的礼俗、习俗,进一步弱化了村落的公共理念。"② 共同的地域促进了村民的长期、频繁、具有未来预期的社会交往,这种特征促使很多行为可以预期,这也为社会交往活动提供了稳定性。我们讨论乡村伦理本身就是从地域上研究特殊地域的

---

① 转引自吴理财等《公共性的消解与重建》,知识产权出版社 2014 年版,第 5 页;Anthony P. Cohen, *The Symbolic Construction of Community*, London: Routledge, 1985, p.16。

② 吴理财等:《公共性的消解与重建》,知识产权出版社 2014 年版,第 63 页。

伦理属性，并且乡村伦理的变迁就是因为地域性被打破，或者是因为交通和媒介的变革导致社会交往不再局限在一定的地域，实现了不同"地域"的限制被现代交通和网络打通。这就是吉登斯所说的"脱域"（disembodying），成为现代性的重要标志，吉登斯认为"脱域""指的是社会关系从彼此互动的地域性关联中，从通过对不确定的时间无限穿越而被重构的关联中'脱离出来'"。[1] 因此，进入现代社会，乡村社区的变革打破了传统社会的固有联系，由于相互之间的生产性经济联系弱化，公共性活动缺乏，政治性参与不足，人们相互之间依存感、归属感下降，情感淡漠，实用主义社会交往成为主流，团体感、社群性被孤立的个体化生活代替，社区伦理的改变就难以避免。

（二）乡村伦理的历时性

历时性是从时间维度对乡村伦理的考察，任何事物都存在于一定的时空中，乡村伦理作为一种文化传承，要认识它必须历史地看问题，看到其历史发展的过程。历时性与共时性是对立统一的，我们考察任何事物的发展过程，都会面临这两个方面的因素。任何事物都有其历史与现实的存在，任何时候的现实都是历史堆积的结果，历时性是一个过程，也是一个结果。分析乡村伦理总是站在特定的历史阶段来看问题的。美国传教士明恩溥写的《中国的乡村生活》一书，是一百多年前一个美国学者对中国乡村社会的观察和理解，现在仍然可以看到当时中国乡村社会的影子，毕竟这是一定时期中国乡村的历史图画，我们只能用历史的眼光来看待它，而不是现实的中国乡村。列宁指出："在社会科学问题上有一种最可靠的方法，……那就是不要忘记基本的历史联系，考察每个问题都要看某种现象在历史上怎样产生、在发展中经历了哪些主要阶段，并根据它的这种发展去考察这一事物现在是怎么的。"[2] 文化是社会长期发展的产物，随着人们认识世界能力的发展，文化认知在不断地发展，文化从而变为每一个地域文化发展的一般特征。考察乡村伦理一定要历史地看问题，要在特定的时空中把握伦理文化的来龙去脉。

---

[1] ［英］安东尼·吉登斯：《现代性的后果》，田禾译，译林出版社2011年版，第18页。
[2] 《列宁专题文集　论辩证唯物主义和历史唯物主义》，人民出版社2009年版，第283页。

1. 特定时期的乡村伦理

乡村伦理总是特定时期社会乡村经济、政治和文化属性的反映，是一定时期乡村社会综合因素作用的结果。不论在何时，我们考察伦理文化时，都是站在当下的视角来审视现实的伦理状态。"历史不外是各个世代的依次交替。每一代都利用以前各代遗留下来的材料、资金和生产力；由于这个缘故，每一代一方面在完全改变了的环境下继续从事所有承揽的活动，另一方面又通过完全改变了的活动来变更旧的环境。"① 任何文化活动都是在特殊历史条件、历史环境和那个时代形成的多种可能性空间发生发展的。传统乡村伦理秩序的稳定性源自乡村历史变迁中较少的变动性，但是由于任何变迁都具有相对性，稳定总是特定意义上的稳定，对任何历史的理解都是站在特定历史阶段的理解。研究历史总是渗透着现代价值观念，事实层面受到价值层面的影响。"历史学家对于历史不仅要作出事实判断，还要作出价值判断，从而使历史具有了当代意义。一切历史都是当代史的命题，其实质就是一切历史都是思想史。人们把过去纳入当前的精神之中，没有当前的精神，就没有过去的历史。"② 一定时期的伦理文化既是对特定历史阶段经济社会生活的反映，同样也是对社会政治属性的反映。伦理文化具有鲜明的价值选择性，是一定阶级利益的反映，恩格斯指出："一切以往的道德论归根到底都是当时的社会经济状况的产物。而社会直到现在是在阶级对立中运动的，所以道德始终是阶级的道德；它或者为统治阶级的统治和利益辩护，或者当被压迫阶级变得足够强大时，代表被压迫者对这个统治的反抗和他们的未来利益。"③ 对乡村伦理的考察，除了要从地域性上理解不同伦理文化的现实意义，同样也要从历史变革过程中的时代特点去理解，这样才能在历史与现实的联系中全面认识乡村伦理。

2. 乡村伦理的传统与现代

传统与现代相对应，传统与现代既是一个时间概念，也代表着那个时代的特征。从广义上来说，任何时代都有传统与现代的区别，任何时

---

① 《马克思恩格斯文集》第一卷，人民出版社2009年版，第540页。
② 杨春贵主编：《马克思主义与社会科学方法论》，高等教育出版社2012年版，第181页。
③ 《马克思恩格斯选集》第三卷，人民出版社2012年版，第471页。

代都是从传统到现代的发展过程,传统既是一个过程也是某个时代特征的表征。每一个民族、每一个国家都有其传统与现代的区分,但是任何现代都是特定历史阶段的现代,现代化没有一个全世界公认的标准,现代化是一个从传统到现代的过程。传统文化是社会长期发展的历史积淀,历史是不可割裂的,传统是现代的传统,现代也是传统的现代。研究中国乡村伦理,不能割裂中国传统乡村伦理,既要朝前看,也要朝后看,特别是对于优秀传统伦理文化,既要继承,同时也要发扬光大。费孝通指出:"传统是社会所累积的经验。……人们有学习的能力,上一代所实验出来有效的结果,可以教给下一代。这样一代一代地累积出一套帮助人们生活的方式。"① 文化是一个积累的过程,正是这种历史脉络的延续,才铸就了丰富的文化成果。"文化本来就是传统,不论哪一个社会,绝不会没有传统的。"② 注重传统在现代社会中更加重要,这是因为随着现代社会的发展,传统往往容易被忽视、否定甚至遗忘。曾经一个时期,对我国传统文化的不自信给我们的社会主义事业造成了严重的影响。习近平总书记指出:"深入挖掘中华优秀传统文化蕴含的思想观念、人文精神、道德规范,结合时代要求继承创新,让中华文化展现出永久魅力和时代风采。"③ 坚定文化自信才能够实现文化自强,中国文化源远流长,在建设社会主义现代化强国的历程中,中华优秀传统文化必然显示出强大的生命力,中华优秀传统伦理文化是塑造中华现代文明的根基。"一个民族和国家是否具有文化自信心,对于民族的生存和国家的发展具有非常重要的意义。没有文化自信,就不可能尊重本民族的历史与文化,也不可能在全球的文化交往和交流中享有自主性和话语权。"④ 中国传统伦理最明显的标志就是乡村伦理,乡村是传统伦理的发源地,研究现代乡村伦理必须面对传统伦理的影响。费孝通指出:"在乡土社会中,传统的重要性比现代社会更甚。那是因为在乡土社会里传统的效力更大。"⑤ 因

---

① 费孝通:《乡土中国 生育制度 乡土重建》,商务印书馆2015年版,第53页。
② 费孝通:《乡土中国 生育制度 乡土重建》,商务印书馆2015年版,第53页。
③ 习近平:《决胜全面建成小康社会 夺取新时代中国特色社会主义伟大胜利——在中国共产党第十九次全国代表大会上的报告》,人民出版社2017年版,第41页。
④ 孙春晨:《以文化自信引领道德教育》,《光明日报》2016年6月13日第10版。
⑤ 费孝通:《乡土中国 生育制度 乡土重建》,商务印书馆2015年版,第54页。

此，传统乡村伦理是在长期的社会发展过程中，维护中国几千年来的乡村社会秩序的基本价值观念的道德体系，是社会人际关系的伦理应然，包括经济观念、政治观念、家庭婚姻观念、公共价值观念等，是中华几千年文明的文化支撑。

3. 传统乡村伦理的现代转换

从传统乡村伦理与现代乡村伦理的关系来看，现代乡村伦理必然依赖于传统乡村伦理的变革，一定社会的伦理道德是由其经济社会发展状况决定的；而文化对经济社会发展又具有反作用，要适应现代社会的经济发展就必须在观念、价值选择等方面突破传统思维的束缚。但是，我们也必须看到文化的继承性，变革不是抛弃，更不是全盘否定，而是要实现传统文化的创新性继承和现代性转化。现代化绝不是西方化，我们的现代化是中国式现代化，是中国共产党领导的社会主义现代化。没有传统伦理文化这个根，中华文化就不可能立足于世界民族之林。"中国特色社会主义文化，源自中华民族五千多年文明历史所孕育的中华优秀传统文化，熔铸于党领导人民在革命、建设、改革中创造的革命文化和社会主义先进文化，植根于中国特色社会主义伟大实践。"[1] 只有实现传统伦理文化的现代转换，才能在不忘传统中实现文化创新，才能推动社会主义现代化国家的发展强大。"推动中华优秀传统文化创造性转化、创新性发展，继承革命文化，发展社会主义先进文化，不忘本来、吸收外来、面向未来，更好构筑中国精神、中国价值、中国力量，为人民提供精神指引。"[2] 如何实现传统乡村伦理的现代转换，是构建新时代中国特色社会主义乡村伦理的重要内容。

二 乡村秩序：乡村伦理的存在价值

特定地域的乡村伦理是维护乡村社会秩序的道德规范，以一定的价

---

[1] 习近平：《决胜全面建成小康社会 夺取新时代中国特色社会主义伟大胜利——在中国共产党第十九次全国代表大会上的报告》，人民出版社2017年版，第41页。

[2] 习近平：《决胜全面建成小康社会 夺取新时代中国特色社会主义伟大胜利——在中国共产党第十九次全国代表大会上的报告》，人民出版社2017年版，第23页。

值追求为取向，建立在特定的人伦关系基础上。存在的合理性是以价值的合理性为依据的，不同时期的乡村伦理是为了维护特定乡村秩序而存在的。

（一）伦理与价值

伦理本身蕴含着价值追求，伦理是具有价值取向的行为规范。我们这里对伦理与价值关系的思考，主要是要理解伦理的内涵，一定伦理的价值指向是什么，伦理规范好坏的标准是什么。

1. 伦理的含义

在什么意义上理解伦理，这是一个基本的理论问题，也是本书在论述相关问题时所理解的含义。《礼记·乐记》中说"乐者，通伦理者也"。"伦"是辈、类的意思，"理"是道理、条理的意思，"伦"说明了不同人群之间的关系，包括上下长幼、不同群体的人，二者结合在一起使用就是关于不同人伦的道理，就是"应当"，表现为一系列的道德规范。西方学者对伦理含义的最初理解是"风俗习惯"，是个体在长期的生活中内化的行为规范。其实，"伦"是客观存在的关系，包括人与人之间、人与自然之间的关系等，人一出生就在一个确定的家庭、社会群体之中，形成与其父母、亲属以及周围人的各种社会关系，在这些相互关系中，存在相互之间的行为"应当"。"理"是人伦关系之理，"所谓'理'则是'伦'的主观化的能动表现和表达。在中国'伦理'传统中，'理'从来就不是在原子式的个人身上发生的所谓理性，而是由'伦'的本原和本真状态中产生的具有价值意义的真理，即所谓'天理'，它的个体化表现就是所谓'良知'"。[①] 人伦关系的好坏、善恶、是否应当具有主观性，不同主体有不同的看法，但是，如果只强调伦理之"理"的主观性，就难以形成客观的伦理标准。我们认为，在一定的群体中都有其认可的伦理之理，这是人们在长期的共同生活中，通过社会化的影响所形成的"共享价值"，是群体中的人们相互之间通过交往形成的共识和伦理标准，具有了约束、指导个体行为的作用。黑格尔指出："在考察伦理时永远只有两种观点可能：或者从实体性出发，或者原子式地进行探讨，即以单

---

① 樊浩：《中国社会价值共识的意识形态期待》，《中国社会科学》2014年第7期。

个的人为基础而逐渐提高。后一种观点是没有精神的，因为它只能做到集合并列，但是精神不是单一的东西，而是单一物和普遍物的统一。"① 伦理之"理"有其应该之理，"应该之理"不等于人的主观认知，对"理"的认识是人探索"应该之理"的过程，对应该之理的认识过程，是伦理关系走向和谐的追寻过程。我国著名的伦理学家罗国杰指出："人类为了维持自己的生存和发展，为了在社会生活中不断地完善自身、完善他人和完善社会，在长期的历史发展中，在人和人之间逐渐形成的习俗、规范的基础上产生了对人的这些关系的思考，从而形成了道德观念和道德认识，并发展为较系统的伦理思想，进而产生了伦理学。"② 对伦理关系思考形成的道德观念和道德认识，是对这种关系的群体共识，对群体成员具有共同的约束力。如果说对这种伦理关系的认识具有主观性，那么也只能是不同"类群体"的差别，伦理关系是在互动中形成的，不是个体人的意愿，而是群体的意愿，个体体验为群体意愿的形成奠定了实践基础。

  道德是伦理关系的规范，是伦理价值追求的具体化。孔子说："志于道，据于德。"这是说"道"是人生追求的理想目标，"德"是达到目标必须遵守的规范。也有人认为"道"是道路、道理，"德"是内化于个体的道德品质，"德"就是"得"。苏格拉底说"美德即知识"，道德是主体的认知，与对伦理关系的理解有关。道德标准是一定社会的群体标准，不能理解为个体标准，内化为个体的行为遵循是通过学习和教化实现的，达到"内德于己，外施于人"的效果。伦理与道德是不同的，道德一般被认为是一种褒义词，是一种美德、善心，当然这是在一定价值标准之下的美德和善心，从这个意义上理解的道德又是一个中性词，并且是有阶级属性的。传统道德首先是从时间上来划分的，当然也有内涵上的特征，继承"优秀中华道德传统"就是现代标准下的道德选择，体现了我们对于精华与糟粕的不同认知标准。时代不同，规范伦理关系的道德标准和要求是不同的。"人们自觉地或不自觉地，归根到底总是从他们阶级地位所依据的实际关系中——从他们进行生产和交换的经济关系中，获

---

① [德] 黑格尔：《法哲学原理》，范扬、张企泰译，商务印书馆1961年版，第173页。
② 罗国杰主编：《伦理学》，人民出版社1989年版，第2页。

得自己的伦理观念。"① 对任何时候的伦理道德的理解，一定是站在一定的阶级立场、一定的利益需求和一定认知水平的基础之上的，道德总是具体的，人们对于他人和社会的道德评价都是有其价值选择和指向的。"就伦理学而言，'道'则主要指做人的根本原则与方法，但此做人的原则方法有其本体论、存在论基础，因而，不是任意恣为。"② 人的个体局限、时空局限以及阶级局限都影响道德判断。总之，道德是一种意识形态，是特殊的规范调节方式，是从人的需要出发，从特定的价值来改造世界，并作出价值评价来调节社会关系。③

2. 伦理价值

价值关涉主体对客体的好坏、善恶的评价，由于价值与主体认知有关，因此，事实判断不等于价值判断。对同一个客体，不同主体的价值判断是不一样的。马克思说："'价值'这个普遍的概念是从人们对待满足他们需要的外界物的关系中产生的。"④ 价值与人的需要有关，是人的主体需要与客观对象属性之间的关系。人的需要是多样、多方面的，同样一个事物对于不同的人来说满足的程度是不同的，其价值也就不同；客观事物的不同方面对于主体来说其意义也是不同的。"人是从生活的需要出发来评价事物。说某物有价值或无价值，无非就是根据生活的需要对事物是否能够满足某种特定的需要作出一个判断。"⑤ 从主体的视角来看，满足需要就是有价值。每个人都处在特定时间、地点和特定情景之中，在不同的时间、地点就会有不同的需要，人的需要是具体的，而不是抽象的，主体对客体的评价会随着时间、地点和不同的情景而改变。从客体的视角来看，任何事物都不是永远不变的，随着时间的变迁，过去是好的东西，到了一定时期就会不适应时代发展的要求，就会成为不好的东西。因此，"不能把价值理解为任何存在物生而有之的固然属性，价值是一个关系范畴，它表明主客体之间一个特定关系方面的质、方向

---

① 《马克思恩格斯文集》第九卷，人民出版社2009年版，第99页。
② 高兆明：《"道德"探幽》，《伦理学研究》2002年第2期。
③ 罗国杰主编：《伦理学》，人民出版社1989年版，第45—57页。
④ 《马克思恩格斯全集》第十九卷，人民出版社1963年版，第406页。
⑤ 崔宜明：《道德哲学引论》，上海人民出版社2006年版，第22页。

和作用"①。价值可理解为客体为主体服务，是涉及人的行为方向和意义的问题。

　　价值与人的行为选择有关，选择什么样的伦理同样是价值问题。伦理价值选择是一定生活群体中所有人的共识。人类社会是群体性的，伦理价值就是维护社会整体秩序的和谐稳定。伦理价值不是个体选择，而是全社会人们共同的选择。伦理是人类共同生活过程中对生产、生活经验的总结，是群体文明成果的结晶，是社会长期形成的文明成果，是文化的重要组成部分。在一定意义上文化就是对行为的约束，伦理文化作为人类活动的产物，是特定历史阶段的文明沉淀，是与人类特定时期的生产生活相适应的。文化的社会适应性是文化价值的体现，文化的价值是对特定群体来说的，被认为有价值的文化就会坚持与发展，被认为没有价值的文化就会被淘汰，在历史的长河中湮灭。但是，文化客体性的存在以及文化价值性的评价是因人（群体）而异的，不要用自己的文化否定他人（他群）的文化，也不要用自己的文化替代他人的文化。对于一个国家、一个民族或者一个地域的文化来说，历史传承是文化积累、丰富并走向新高度的必然过程，这其中有选择，也有淘汰，文化变革以缓慢的速度在前进中改变。"文化惰性"是每一种文化的特性，从长期的历史时期来看，社会生产、生活不断地在修正文化，文化变迁成为必然，这种修正是与主体的需要相联系的，是主体价值观变革的结果。例如，当人们认为生活经验已经不是十分重要的时候，老人的地位就会下降，尊老孝老的传统习俗就会受到挑战，就会出现"老人危机"。有些家庭会视老人为儿孙的负担，孝敬老人成为奢求；在工作单位，老人的经验成为落后、守旧的代名词，年轻人意味着更加现代、超前、创新。文化表现为一系列的规范和要求，伦理文化是一种规范文化。伦理价值就是要研究伦理的价值，考察一定时期的伦理价值问题。一个社会正常发展必定有维系其秩序的规范，包括宗教、道德和法律制度，任何规范都受价值指引，都有其价值取向，例如善良、高尚、正义等。伦理价值是要维护群体的正常秩序，一个群体只有坚守共享价值，才能产生一致的行为。伦理是人与人之间的交往共识，是主体之间的互相认同，个体行为只有

---

① 李德顺：《价值论》，中国人民大学出版社2007年版，第86页。

符合伦理规范才能做到行为的协调一致，因此，伦理对社会行动具有共同的约束力。

伦理关系是一种价值关系，在社会关系中，人的行动是社会行动，[①]是指向他者的行为，这就要求社会行动要符合人与人之间交往的程序、结构和规则，这有利于社会的稳定。符合社会伦理的行为就会被接受、认可，有这样的行为的人就是有道德的人，否则就是不道德、恶的人。伦理道德总是具体的，道德标准通常是社会普遍认可的"应当如何"的要求，任何人的行为都要在特定道德标准下接受裁定。社会普遍认可是交往实践的产物，绝不是个人的评判。在独裁时期，可能出现个人道德价值替代整体社会价值的情况，但是这种貌似道德是最大的不道德。在交往实践中，每个人在追求个人利益最大化的同时，实现了彼此利益的平衡，从而形成了共同价值，伦理价值得到普遍遵守。"社会生活中之所以有序，最根本的一点就是人们有最低限度的共享价值标准，并依照这种标准去行动，这成为一种基本规范。"[②] 在一个共同体中，伦理是保证共同体秩序的软约束，它是通过道德规范的调节作用实现伦理目标。伦理是通过对人的内在调控实现对外部世界的管理，伦理价值既表现为对社会秩序的维持，同时也是人类自身的完善，是二者的有机结合和有机统一。人类的一切价值取向和行为规范，都是建立在人类需要的基础之上的，人类活动的终极目标就是满足自身的生存和发展的需要，这应该是伦理价值的终极标准。

（二）乡村伦理的内涵及其价值

1. 乡村伦理内涵

党的十九大报告提出了乡村振兴战略，"乡村"逐渐代替了"农村"这一概念。这两个概念意义相近，并且人们常常通用，但二者是有区别的。"农村"主要从生产方式的不同特点强调与城市的区别，"乡村"是

[①] 社会学理论认为，社会行动是指向他者的行为，行为的目的是引起他人行为符合自己的意愿。马克斯·韦伯指出，社会行动是主观的，带有一定意义的，是指向他人的行为，主要包括四个要素：行动者、目标、情景和观念。社会行动不同于行动，是通过自己的行为让行为对象产生预想的行为。

[②] 潘自勉：《论价值规范》，中国社会科学出版社2006年版，第24页。

从社区特点的不同强调与城市社区的区别。一般认为农村以农业生产为主，土地是其主要生产资料。但是，随着农村社会的发展，特别是农村产业结构的变化，农业生产已经不是农村唯一的生产方式，"产业兴旺、生态宜居、乡风文明、治理有效、生活富裕"已经成为农村发展的主要方向和目标。用"乡村"概念代替"农村"强调了乡村的地域特性、文化价值和伦理特征，代表了共同的文化价值观和社会心理。"随着农村经济的发展，农村产业结构和劳动力就业结构趋向多样化，农村不仅仅从事农业，而且从事工业、建筑业、运输业、商业等非农业，从这一意义上来说，使用'乡村'这一概念更为确切。"[①] 本书使用乡村这一概念代替农村也是出于这样的理解。

滕尼斯在《共同体与社会》一书中，把社会分为"礼俗社会"和"法理社会"，"礼俗社会"就是乡村社区，在这样的社区中人与人更多的是面对面的直接交往，大家都比较熟悉，具有共同的文化价值，社会交往以私人关系为主，控制人们行为主要是靠伦理道德、社会舆论和情感联系，人们特别看重别人对自己的评价，社会流动很小，社会变迁缓慢，社会关系相对稳定。"法理社会"是城市社区，人与人之间异质性较强，社会交往更多的是片面的，是陌生人社会；社会控制更多地靠法律、制度等正式手段。涂尔干在《社会分工论》中指出，社会结构是由社会分工决定的，是由工作方式决定的。他认为工作可以由一个人完成，也可以由多人协作完成；在一个分工极少的社会，人们的选择很少，大多是在集体意识控制下，这种社会是"机械团结"，社会角色不多，人与人之间更多的是面对面的交往。随着社会的发展，社会分工开始出现，并且越来越细，社会角色多样，人与人之间的关系更多的是基于社会地位、职业之间建立的关系，人与人之间差异较大，每个人都为共同体做出贡献，基于这样的关系相互依赖，这是"有机团结"的社会，也就是城市社区。费孝通指出，"没有具体目的，只是因为在一起生长而发生的社会"叫作"有机的团结"的社会；"为了完成一件任务而结合的社会"是"机械的团结"的社会。前者是"礼俗社会"，也就是乡村社区，后者

---

① 王露璐：《伦理视角下中国乡村社会变迁中的"礼"与"法"》，《中国社会科学》2015年第7期。

是"法理社会",也就是城市社区。在"礼俗社会"里,"生活上被土地所围住的乡民,他们平素所接触的是生而与俱的人物,正像我们的父母兄弟一般,并不是由于我们选择得来的关系,而是无须选择,甚至先我而在的一个生活环境"。① 因此,乡村社会以农业生产为主要的生产方式,社会分工少,商品交换不发达;以血缘、地缘关系为纽带建立社会联系,社会流动很少,人际关系比较稳定。

乡村社会的特点决定了乡村伦理的价值取向,乡村伦理是维持乡村的基本价值体系,是乡村的道德规范与文化信仰,是乡村共同体在长期生活、生产过程中凝聚的道德文明。乡村伦理是乡村社会关系的反映,是建立在乡村生产生活基础之上的,是维持乡村社会生产关系、人际关系的需要。乡村伦理只有适应一定社会的生产生活需要,才能存在发展,作为社会上层建筑是适合社会经济基础的产物,是维护乡村秩序的价值选择。我们认为乡村伦理是乡村社会中人与人之间、人与自然之间所遵守的准则与规范,是维护乡村社会秩序、调节乡村人际关系的价值规范。

2. 乡村伦理价值

伦理是调节人与人以及人与社会或者群体和群体之间行为的价值原则和规范。② 伦理价值规范存在的理由,也就是伦理的合理性,既具有价值追求,也具有现实需要。关于伦理价值标准一直存在功利论和道义论、动机论和效果论的不同理论。功利主义道德理论起源于边沁与穆勒,其核心观点是最大多数人的最大幸福是最大的善。功利论以行为效果作为评价行为正当性的标准,也就是说以能够维护社会稳定有序作为伦理规范好坏的标准。有利于维护社会稳定的伦理道德就一定是善的、好的。例如,儒家伦理以维护封建统治合法性为基础构建的一整套"家—国"伦理法则,形成了维护家长制的"孝"伦理和维护皇权至高无上的"忠"道德,通过道德过度社会化,对封建社会统治秩序起到了很好的巩固作用。动机论或者道义论是以伦理遵循的价值取向作为评价标准,认为无论结果如何只要动机是善的,行为本身符合正义、公正、诚实、责任等价值标准就是善的,要求行为本身的合道义性。道义论遇到的最大问题

---

① 费孝通:《乡土中国 生育制度 乡土重建》,商务印书馆2015年版,第10页。
② 万俊人:《寻求普世伦理》,商务印书馆2001年版,第46页。

就是如何判断动机是善的,如何证明行为本身是合道义的。因此,功利论和道义论都是有偏颇的。梯利说:"道德是为这个世界上的一个目的服务的,这个目的就是道德评价的最终依据。"① 因此,伦理价值既要看结果,同时也要考察伦理本身的价值追求是什么,不能单纯以结果评价其价值好坏,要做到功利和道义相统一。

乡村伦理价值的来源,从乡村整体的角度来看,在于对乡村社会秩序、乡村规范的维护与执行。乡村伦理价值作为一种价值观念,存在于乡村人的精神理念中,对乡村行为起着指引作用,对于乡村生产、生活活动的各个环节都有重要影响,对乡村运行起着重要的制约作用。乡村伦理的价值取向,"在于规范人与人、自然、社会之间的伦理关系,是人类在满足自我个人欲望与社会秩序的和谐之间的一种平衡机制"。②乡村伦理要调节乡村人际关系,反映乡村人际的交往规范,是规范村民行为的道德规范。从功利论的视角理解乡村伦理价值,就是能够维护社会稳定、维持社会秩序的伦理就是好的。如果乡村伦理不能很好地维持社会生产和生活秩序,就没有自身存在的条件,就会出现"礼崩乐坏"。很多风俗习惯在历史的批判中被淘汰,既有风俗本身价值取向的问题,同时也是由于与现实生活不相适应。从道义论的视角分析乡村伦理,只有符合正确伦理价值追求的伦理才是好的、善的。乡村伦理价值体现在村民的精神风貌中,引导村民行为,使村民行为趋于合理性与正义性的一种软约束。对乡村伦理的内化,成为村民自我约束和管理的内心法则,是实现乡村善治的必要手段。乡村伦理所指向的公平、正义等伦理规范,成为乡村伦理价值的意义所在。从这个意义上来说,厘清乡村伦理价值的评价标准至关重要,这是个历史问题,也是一个阶级问题,伦理道德要维持什么样的社会秩序,与不同的社会道德标准有关系。在我国传统社会,"三纲五常"是封建社会的道德传统,维护这样的秩序就是道德的,一切道德规范的建立都是这样的价值要求

---

① Frank Thillt, *Introduction to Ethics*, Charles Scrlbner's Sons, New York, 1990, p.154. 转引自王海明《道德终极标准新探》,《东南学术》2005 年第 1 期。
② 戴木才等:《卓越管理的道德智慧(上)——管理伦理:管理科学发展的新里程碑》,湖南教育出版社 2015 年版,第 98 页。

的体现。

乡村伦理作为一种特殊的治理方式，更大的价值在于通过塑造村民的内在价值观，对行为主体起到指引、约束、监督和规范的作用，使乡村伦理成为村民自我管理的隐形约束力。不同的道德规范决定了乡村伦理不同的价值取向，道德规范不仅直接影响行为的价值选择，同时是乡村公共行为有效合理运行的重要依据。道德规范给出了人们行为的标准，规定了什么行为是应该的，什么行为是禁止的，起到积极的监督规范作用。一定伦理价值指导下的道德规范，对于整个社会形成良好的秩序与环境，对个人行为习惯的养成，对人们的思想意识和价值观的形成都有着特殊的影响和作用。共同体生活的关键是要求每个人具有对共同生活的理性，行为养成不能只依靠外在的强制，更重要的是内化伦理道德规范使行为成为自觉。内化于心的道德规范、习惯成自然的风俗习惯在乡村社会秩序形成中具有更为重要的作用。社会实践也证明，伦理道德成为乡村社会最为行之有效的约束手段。例如，在乡村社会中，人们更强调"礼"而不太重视"法"，人们很少把纠纷解决上升为法律诉讼，认为乡里乡亲没有必要把"情面"撕破。如果纠纷到了用诉讼解决的程度，意味着双方已经成为仇人。因此，伦理道德在解决乡村人与人之间矛盾、维系社会关系中具有更大的价值。通过伦理道德教育，提升村民道德境界，起到外在约束力不能达到的效果，让心中的道德律成为指引行为、提升境界、匡正身心的内在动力。这种从根本上指导、约束村民的价值导向，将长期成为一个地域的文化特色，成为一种社会行为标准，长期影响一个地域的价值取向和行为评价。

乡村伦理价值来源也体现在对公共利益的维护上，费孝通指出："乡村社会的经济基础稳定，以农业为主，自给自足，生活方式也有自己的一套，所以延续了几千年，多少代人生活在稳定的历史继承性中。这种特殊的历史性，也表现在我们文化的精神方面。"[①] 公共利益虽然是一个有争议的概念，特别是公共利益的边界、公共利益的合理分配是需要讨论的问题，但不可否定的是公共利益是存在的。关于公共利益的标准问题，车尔尼雪夫斯基说："经常有这样的情况，即各个民族同各

---

① 费孝通：《孔林片思——论文化自觉》，生活·读书·新知三联书店2021年版，第180页。

个等级之间的利益相抵触,或者同全人类的利益相抵触;同样,也经常会有这样的情况,个别等级的利益同全民族的利益相抵触。在上述一切情况下,便产生关于有利于一些人和有害于另一些人的利益的行为、制度或关系的性质的争论……在这种情况下,理论上的正义性究竟在哪一方,这并不难于解决。全人类的利益高于个别民族的利益,全民族的利益高于个别等级的利益,多数等级的利益高于少数等级的利益。在理论上,这一次序是毋庸置疑的。他只是把几何公理——'整体大于部分''大数大于小数'——运用到社会问题上来罢了。"[1] 任何社会伦理价值的最终检验标准都是历史、人民标准,只有符合全人类发展要求的、有利于增进全体人民福祉的伦理文化才是正确的、符合人类发展要求的,也就必然是有生命的。人类社会是群体性、合作性的社会,公共理性告诉我们只有维护共同体的存在,个体才能生存和发展,对美好生活的向往和追求是群体生活的共识,只有合作才能实现共同利益,共同利益是合作的基础,没有共同利益就没有群体的合作和协调行动。"公共利益始终与政治共同体存在和发展所必需的应然价值密切相关。只有在追求'共同善'的政治社会生活中,一个美好的社会和一个良善的社会才能体现充分。"[2] 公共利益是特定社会环境中,从个体利益中抽象出来的满足共同体全体或大多数社会成员的公共需要,以此为价值取向,形成社会的伦理道德规范。总之,乡村伦理维护了乡村社会秩序,塑造了社会需要的道德人,提升了人的精神境界,完善了人格,维护了共同体的利益。

三 乡村社会关系:乡村伦理建构的基础

伦理是对社会关系的规范,不同的乡村关系需要不同的伦理道德,乡村伦理的形成基础就是乡村社会关系,乡村关系决定了乡村伦理的特点和基本内容。

---

[1] 北京大学哲学系外国哲学史教研室编译:《十八—十九世纪俄国哲学》,商务印书馆1987年版,第348页。转引自王海明《道德终极标准新探》,《东南学术》2005年第1期。

[2] 张方华:《国家治理与公共利益的达成》,《中共福建省委党校学报》2019年第5期。

（一）乡村社会关系及其伦理蕴含

1. 社会关系与伦理规范

社会关系是指人们在社会交往中形成的以生产关系为基础的各种联系的总称。社会关系反映着人们之间的结合方式，反映了现实生活状态，滕尼斯指出："我们在观察历史上的各民族时，发现了从原始的、共同体的生活形式和意志形态发展为社会和社会的选择意志形态的过程。"[①] 共同体是来自关系的社会结合。在共同体中必然形成多种社会关系，这是人类理性选择的结果，是社会合作的产物。马克斯·韦伯认为："'社会关系'这一术语用于表示众多行动者的行为……社会关系完全存在于或外在于某种或然性的存在，即存在着某种有意义的社会活动过程。"[②] 社会是由相互联系的个人组成。群体性存在是人的本质特征，也就是只有在社会关系中才能展示出人的本质。因此，马克思主义认为："人的本质不是单个人所固有的抽象物，在其现实性上，它是一切社会关系的总和。"[③] 一切社会关系反映了人在社会中的多重联系，社会关系是多层次、多面性的。按照不同的社会活动，可分为经济关系、政治关系、文化关系等；按照不同的社会基础，可分为血缘关系、地缘关系和业缘关系等；按照不同的社会性质，可分为平等关系、隶属关系和冲突关系等。

共同体生活的第一需要是社会生产，生产关系是一切社会关系的基础。马克思指出"社会生产过程的任何前提同时也是它的结果，而它的任何结果同时又表现为前提。因此，生产过程借以运动的一切生产关系既是它的条件，同样也是它的产物"[④]。在一定社会中，社会关系反映的是特定的结构形式，是人们社会地位和角色期待的规定。社会关系都是具体的，必须在社会实践中研究社会关系的属性。马克思指出："社会——不管其形式如何——是什么呢？是人们交互活动的产物。人们能

---

① ［德］斐迪南·滕尼斯：《共同体与社会——纯粹社会学的基本概念》，林荣远译，商务印书馆1999年版，第331页。
② ［德］马克斯·韦伯：《社会科学方法论》，杨富斌译，华夏出版社1999年版，第62页。
③ 《马克思恩格斯选集》第一卷，人民出版社2012年版，第135页。
④ 《马克思恩格斯全集》第二十六卷第Ⅲ分册，人民出版社1974年版，第564页。

否自由选择某一社会形式呢？决不能。在人们的生产力发展的一定状况下，就会有一定的交换［commerce］和消费形式。在生产、交换和消费发展的一定阶段上，就会有相应的社会制度形式，相应的家庭、等级或阶级组织，一句话，就会有相应的市民社会。"① 社会关系是一切社会活动的基础，是一定社会发展的现实表现，在不同的社会结构中，社会关系的表现形式和属性是不同的，随着社会结构的改变社会关系也在变化，与其相适应的制度、规范也在变化。社会结构是社会关系网络，而社会结构具有相对稳定性，这为构建社会结构的制度、意识形态、行为体系提供了可能。结构功能主义学者 T. 帕森斯认为，社会结构包括共同的价值体系、不同的制度模式、社会地位与角色等。一定的社会结构需要一定的价值体系和制度去维系，并把这种价值体系变为角色期待，人们通过履行角色责任达到对社会结构的维护。吉登斯的"结构化理论"强调，通过"规则"和"资源"的控制实现社会关系的再生产，这些规则有下列特征：（1）它们常用于谈话、互动仪式以及个人的日常生活；（2）这些规则被有能力的行动者默认和理解，并成为他们的"知识库"（stock knowledge）的一部分；（3）这些规则是非正式的，而且无明文规定和说明；（4）这些规则通过人际交往技术而显示出轻微的约束性。② 在这里吉登斯说明一定的社会关系需要一定的"制度""资源"和社会意识形态去维持，这是社会关系所表现出来的社会上层建筑。社会关系是研究社会结构、了解社会行为，探求社会政治、经济和文化现象的基础。

　　一定的社会关系必然有其维系的政治、经济和文化体系，伦理规范是社会关系的反映，是通过道德内化实现社会关系的再生产。所以，伦理规范维护社会关系的稳定，社会关系是伦理价值的取向。梁漱溟就认为："伦理本位者，关系本位也。"③ 同时他指出："随一个人年龄和生活之开展，而渐有其四面八方若近若远数不尽的关系。是关系，皆是伦理；伦理始于家庭，而不止于家庭。"④ 以维系家庭关系的家庭伦理为基础，

---

① 《马克思恩格斯选集》第四卷，人民出版社2012年版，第408页。
② 林聚任等：《社会信任和社会资本重建——当前乡村社会关系研究》，山东人民出版社2007年版，第13—14页。
③ 梁漱溟：《梁漱溟全集》第三卷，山东人民出版社2005年版，第95页。
④ 梁漱溟：《梁漱溟全集》第三卷，山东人民出版社2005年版，第82页。

形成了不同社会关系下的政治、经济、环境等伦理。传统中国社会关系中,"五伦"即君臣、父子、兄弟、夫妇、朋友。对"五伦"社会关系的伦理要求就是:"君臣有义,父子有亲,长幼有序,夫妇有别,朋友有信。"理解中国社会的伦理关系,必须理解传统中国的社会关系。有什么样的社会关系就会产生什么样的社会伦理,社会关系作为事实性的存在是具体的,是人与人、人与群体以及群体之间在具体的社会生产、生活中特定利益关系的反映。伦理是社会文化的组成部分,文化是由经济基础决定的上层建筑,伦理规范反映社会关系、社会结构形态。费孝通指出:文化"是指一个团体为了位育处境所制下的一套生活方式。……人类行为是被团体文化所决定的"。什么是"位育"?费孝通认为"一个团体的生活方式是这团体对它处境的位育。……位育是手段,生活是目的,文化是位育的设备和工具。……任何文化中也必然有一些价值观念是用来位育暂时性的处境的。处境有变,这些价值也会失其效用"[1]。分析伦理必须研究社会关系,社会关系是伦理规范存在的基础,伦理规范是社会关系的反映,是为特定的社会关系服务的。无论是费孝通还是后来的学者,都是从乡村特殊的社会生产、生活入手理解乡村伦理规范的。

2. 乡村社会关系及其伦理特征

研究乡土伦理就要理解中国的乡村社会关系,乡村伦理的变革是乡村社会关系变革的表现。乡村社会关系是与乡村社会生产、生活密切联系的,与乡村社会结构相吻合的人与人之间的关系。乡村变革的历史是乡村社会关系变化的过程,虽然乡村社会关系在历史发展过程中始终处于不断变化中,城镇化加速了乡村社会的转型,但是,能够作为乡村社会存在的基本要素没有根本性的改变,否则乡村就真的消失了。从传统乡村社会的发展过程来看,作为乡村生产、生活衍生出的乡村社会关系及其蕴含的伦理特征主要表现在以下几个方面。

第一,从社会关系的发生面来说,乡村社会关系主要发生于血缘、地缘之间和农业生产过程中。广义的社会生产分为人自身的生产和物质生活资料的生产。家庭是人类自身生产的最好形式,只有在家庭中孩子

---

[1] 费孝通:《乡土中国 生育制度 乡土重建》,商务印书馆2015年版,第339—340页。

才能正常地成长，这是婚姻制度存在的根本原因。费孝通指出："'种族需要绵续'是发生生育制度的基础。"① "婚姻有关的法律、社会，以及宗教的制裁，在他们功能上说是相同的，都是在维持人类社会生活中必需的抚育作用。"② 从生物性特征来说，人有较长的生物依赖期，没有父母的呵护养育，孩子是无法成长的，家庭成为个体成长的依靠，这就形成了浓厚的亲情以及信任感，一个人最信任的就是自己的父母、兄弟姐妹和其他亲戚。在自给自足的乡村生产方式下，一个人只能依靠父母、其他亲属去应对天灾人祸的风险，家庭互助、家族互助成为主要的救济途径。从家庭扩展开来的就是家族、宗族关系上的互助，人们离不开家庭，也离不开家族和宗族的互助，家族的权威在资源分配中发挥着重要的作用。乡村生产以农业生产为主，土地成为束缚人们社会流动的主要因素，形成了以家庭为不同核心圈的亲属共同体。费孝通指出："血缘社会是稳定的，缺乏变动；变动得大的社会，也就不易成为血缘社会。"③ "自给自足的乡土社会的人口是不要流动的，家族这个社群包含着地域的含义。"④ 在这样的共同体中，人与人之间的关系必然是按照长幼次序获得社会地位的，孝老成为维系群体关系的重要法则。人们必须遵守这样法则的原因是获得帮助和资源离不开亲属朋友的相助。亲属共同体既有血缘关系，同样也有地缘关系，共同体基于血缘、地缘关系的稳定，使得人们之间注重维持一种良好的社会关系，大家在一起互相帮衬，必须搞好彼此的关系，在可预期的未来，人们期望这种人情是可以用上的。在这样的社会关系下，人们期望生活和交往能够长期、稳定和密切，相互之间感情深厚、互助友爱。

由于家庭在社会结构中的重要地位，乡村构建起了以血缘亲属关系为纽带的伦理规范体系，孝老礼制、宗族管理成为乡村社会治理的重要手段。从国家层面来看，形成了"家国同构"的伦理治理体系，从家庭伦理扩展到了政治伦理，使"孝"与"忠"很好地统一起来。黑格尔指

---

① 费孝通：《乡土中国　生育制度　乡土重建》，商务印书馆2015年版，第145页。
② 费孝通：《乡土中国　生育制度　乡土重建》，商务印书馆2015年版，第177页。
③ 费孝通：《乡土中国　生育制度　乡土重建》，商务印书馆2015年版，第72页。
④ 费孝通：《乡土中国　生育制度　乡土重建》，商务印书馆2015年版，第73页。

出："中国纯粹建筑在这一种道德的结合上，国家的特性便是客观的'家庭孝敬'。中国人把自己看作是属于他们家庭的，而同时又是国家的儿女。在家庭之内，他们不是人格，因为他们在里面生活的那个团结的单位，乃是血统关系和天然义务。在国家之内，他们一样缺少独立的人格，因为国家内大家长的关系最为显著。皇帝犹如严父，为政府的基础，治理国家的一切部门。"① 宗法礼制一方面约束了人们的行为，同时也给予人们归属感、安全感和互助感，依次形成中国传统伦理文化体系。《礼记·曲礼上》曰："见父之执，不谓之进不敢进，不谓之退不敢退，不问不敢对：此孝子之行也。""夫为人子者，出必告，反必面，所游必有常，所习必有业，恒言不称老。"② 在家遵循家庭礼仪，在社会服从社会规范，个体修身与肩负家国责任很好地结合起来。

第二，从社会关系亲密程度来看，乡村社会关系较为密切，人们之间更多的是面对面的交往。单一的农业生产方式的乡村规模不可能太大，因为土地是基本的生产资料，在一定的地域内只能承载与其相适应的人口数，村落聚集就成为必然。在一个村落里人口数量不太多，人们又长期在一起生活，彼此之间很熟悉，大多数互动是面对面进行的。互动行为不只基于行为本身，而是全面的人格互动，人们相互之间的交往行为，除了考虑未来的交往，还受既往行为的影响。在这样的社会关系中，人与人之间的交往行为就会受到社会信用的影响，人们就特别注重行为的社会评价。由于大家彼此都很熟悉，对既往行为特别了解，社会对他的评价就成为人们是否选择与其进行交往的重要依据。这就是说，社会口碑成为个人在社会生活中能否得到别人认可的重要因素。例如，在经济交往中，口碑可以成为不用抵押的信用，具有良好口碑的人就会被他人信任，口碑成为经济交往中重要的无形资产。在熟人社会中，社会评价成为人们行为选择的重要依据，道德主要是靠社会舆论、传统习惯维系的，所以，在熟人社会中，道德能够被更好地遵守，道德的作用也就起到更大的作用。

第三，从社会关系稳定性方面来看，乡村社会流动性较小，人际关

---

① ［德］黑格尔：《历史哲学》，王造时译，世纪出版集团、上海书店出版社 2006 年版，第 122 页。

② 杨天宇：《礼记译注》，上海古籍出版社 2004 年版，第 5—6 页。

系相对稳定。人们形成的既有社会地位很难被打破，传统力量在社会生活中的作用比较强大，观念保守，创新受到更多的限制，周而复始的生活节奏在年复一年的农业生产中延续。为了维护社会秩序的稳定，等级观念在社会中被看得特别重，打破等级是大逆不道的。例如，等级身份和性别在社会交往中具有重要意义，辈分高低决定着权威和权力的大小；男尊女卑不容侵犯，上下长幼的次序不可改变。"三纲五常"的伦理规范是维持这样社会秩序的集中体现，即"君为臣纲、父为子纲、夫为妻纲"，"三从四德"的社会等级服从成为道德标准的价值取向。在熟人社会关系中，人们普遍注重"人情"和"面子"，并成为乡村伦理关系的重要影响因素。"人情"就是人们之间具有的深厚感情，长期生活在一起，并且有密切的交往才会产生这种情感。人情是相互的，在社会交往中"人情"成为一种资源，这样才会有欠"人情"的说法，"人情"交换既体现了一种含蓄，同时也成为影响人们之间互助行为、和谐人际关系的重要砝码。"亲密社群中既无法不互欠人情，也最怕'算账'，'算账''清账'等于绝交之谓，因为如果相互不欠人情，也就无须往来了。""在亲密的血缘社会中商业是不能存在的。"[1] 当然，这样的社会交往的前提是人们长期在一起生活，用老百姓的话说就是"一起生活谁都有有求于别人的时候"。如果是在流动性特别强的社会中，人们对未来没有肯定的预期，"即时结算"就成为人们的普遍做法，也就是"一手交钱，一手交货"式的人际交往，人们不会欠也不愿意欠"人情"，因为怕还不了。翟学伟指出，中国的"安土重迁和血缘关系导致了人际交往的长期性和连续性，算账、清账等都是不通人情的表现"。[2] 这也证明了，伦理道德一定是人们现实生活状况的反映。在熟人社会中，人们尤为看重"面子"，这是与身份、地位相联系的。有"面子"的人具有很高的社会威望，甚至成为道德标杆，在社会矛盾的调解中有"面子"的人会成为中间人。给某些人"面子"和不给某些人"面子"，与他在社会中的身份、地位有关，与其是否被尊重有关。"在一个小村里被公认为德行卓越的人，以大社区之标准来看，可能只是个普通的好人而已。然而，由于他们受

---

[1] 费孝通：《乡土中国 生育制度 乡土重建》，商务印书馆2015年版，第76—77页。
[2] 翟学伟：《人情、面子与权力的再生产》，北京大学出版社2005年版，第86页。

到大多数乡亲的信赖与敬重,他们仍拥有充当和事佬的资格。"[1] 正是由于人们重视身份地位,争取"面子"才成为人们社会交往的重要事情。不丢"面子"成为行为的重要约束,这样普遍的、被社会公认的道德就能很好地被遵守。

第四,从社会关系的复杂程度来看,由于社会分工不发达,生产方式较为单一,社会关系相对简单。特别是在自给自足的传统农业社会中,以家庭为单位的生产中,个人专注于自家的生产,生产生活的对外交往比较少,需要集体活动的事务不多,公共生活空间很少,人际交往范围较小,主要是以血缘和地缘为主的熟人之间的互动。公共事务普遍不被人们所关心,各自把自家的生产、生活搞好就行了,没有必要去关心公共的事。美国学者明恩溥在《中国的乡村生活》中指出,在传统农业社会中人们是不愿意在乡村道路上牺牲个人利益的,"在易遭水淹的县区养上一条四季都可使用的道路,存在三重困难:一、那些因此而受干扰的土地拥有者不会容忍;二、除了那些恰好有道路干线上土地的人,任何人都不会去关心什么道德的事情;三、无论一个人住在哪里,他们都不会提供保养道路所需要的任何物资材料"[2]。由于外出少,没有需要往外运输的产品,也就对道路需求不迫切了,有没有都可以。所以,在传统伦理中,公共生活的伦理比较少,特别是关于平等的人与人之间的交往伦理很少涉及。由于公共交往较少,人们之间形成的社会关系就是从家庭血缘关系拓展开来的、亲疏有别的"差序格局"的关系。费孝通指出:"中国乡土社会的基层结构是一种我所谓'差序格局',是一个'一根根私人联系所构成的网络'。"[3] 大家更加重视的是亲近的人、熟人之间的关系。而在私人交往的熟人社会中,人与人之间的关系被特殊化、道德化和等级化。人们之间的交往是长期形成的具有长幼尊卑等级关系的交往,伦理关系是以维护等级尊卑为己任。

由于交往关系简单,人们基本在熟人之间打交道,因而,私人关系

---

[1] 张佩国:《传统中国乡村社会的财产边界》,《东方论坛–青岛大学学报》(社会科学版) 2002 年第 1 期。

[2] [美] 明恩溥:《中国的乡村生活——社会学的研究》,陈午晴、唐军译,电子工业出版社 2016 年版,第 24 页。

[3] 费孝通:《乡土中国 生育制度 乡土重建》,商务印书馆 2015 年版,第 33 页。

相对发达。作为资源和规范意义上的人情在社会生活中具有重要的作用，特别是在与他人交往互动中成为一个重要的参考依据。"与影响和制约人们在社会生活中与他人交往、互动、建立关系的法、理、利这些规范和理念相比较，在人情的衡量评断上也并不存在为公抑或为私、孰是孰非和利害得失公平与否等问题，而只有明显的不确定性和模糊性；因人而异、因事而异、因时因地而异。"① 法律等公共生活的规则在社会交往中的作用不被重视，遵守人情规则与遵守法律规范很多时候是相互冲突的，这与两种规则的维系目标和标准不同，人情规则维护的是特定人的利益，法律规范维系的是公共利益。这就出现了社会交往的亲情法则和公平法则，对自己人和别人出现两套不同标准。亲情法则内含着情感成分，人们之间的交往不一定就是即时对等、公平、互惠互利的，而是与亲疏远近、过去的友情厚薄、是否相欠过人情有关。这个时候的伦理道德带有鲜明的人情、情感的评判标准，并且会根据交往对象的特定性，而具有不同的判断标准。

总之，社会关系是伦理存在最基本的根据，任何时候不能脱离社会关系研究乡村伦理。在一定意义上，乡村伦理是乡村社会关系的反映，内含着乡村社会关系的价值取向，只有在特定的社会关系中才能解释乡村伦理的内涵、乡村社会关系的变革也一定会导致乡村伦理的变迁。

（二）新时代乡村伦理

乡村社会关系处于不断变革中，在不同的历史时期，乡村社会关系反映了社会历史的变迁状况，乡村社会关系的变革是社会变迁在乡村的表现，是乡村伦理转型的根据。

1. 乡村伦理的现代遭遇

乡村伦理的重建是基于传统乡村伦理的式微、新时代乡村伦理存在的问题提出来的。近几年，很多学者在分析乡村问题的时候，都表现出了对乡村伦理现状的担忧，这也是不争的事实。社会变迁、乡村变革必然伴随着伦理嬗变，现实社会关系的变化必然引起社会伦理关系的变革，

---

① 李伟民：《论人情——关于中国人社会交往的分析和探讨》，《中山大学学报》（社会科学版）1996年第2期。

新旧秩序转换中的乡村伦理问题是现实社会生活的反映。市场化、信息化程度的提高，公共生活空间的扩大，现代乡村经济结构与生活结构发生变化，削弱了传统乡村社会基于血缘、地缘的家庭式和长老式道德权威力量，家庭道德传递和传统的村规民约不能约束复杂的利益关系和社会矛盾。"熟人社会"向"半熟人社会"转变，人口流动加剧，稳定与安宁的生活节奏被打破，村庄成员之间的认同感和归属感下降，村民成为单一性的原子式个体，传统乡村伦理文化生存和发展的主体性基础被动摇。现代性因素全方位进入乡村、西方文化和价值观念的隐性渗透、网络信息文化的纷扰，改变和重塑了农民的价值观。乡村大众文化对意义世界的消解，乡村文化的世俗化、市场化、娱乐化、流行化，文化放弃了对道德的承诺，失去了意义和道德培养的功能。可以说，当前乡村伦理存在的问题是这些因素综合作用的结果，主要表现在公共生活伦理的缺失、生态环境伦理的淡化和家庭伦理的混乱等方面。

乡村公共生活要求建立维系乡村公共秩序的伦理道德，一旦公共生活伦理不足以维持应有的社会秩序，社会生活就会被打乱，人们之间稳定的社会关系就不能健康发展。乡村公共生活是乡村共同体得以维系的基础，是最能体现乡村共同体和谐稳定的层面。乡村公共生活伦理缺失的主要表现是人情关系淡漠，过去维系人们关系的情感因素被金钱利益所代替，人们所预期的互帮互助关系，由于市场化的影响不复存在。我们在对乡村的调研中发现，过去农村家里盖房，甚至收割庄稼，很多都是村民们相互帮助一起干，最多管顿饭就可以了，但是现在基本没有了义务干活现象，都要给工钱。这是乡村伦理变革的重要信号，新的人际关系在乡村形成，市场经济的价值观念深入人们生活的方方面面，并且得到人们的普遍认可。这就使得人们感觉到金钱可以解决任何问题，有钱更重要，情感关系被金钱关系所代替，这也导致邻里关系冷淡，淳朴的民风被破坏。改革开放以来，随着乡村土地承包制度的改革，劳动形式发生了巨大变化，引起了乡村社会关系的变化。在土地集体时代，农民一起参加生产劳动，农民以生产劳动为基本关系构建了全部农村社会关系，集体劳动关系制约着农村社会的整个社会关系。家庭联产承包责任制实施以来，农民之间的劳动关系被打破，形成了一家一户的生产方式，农民成为原子化的个体，农民之间原来紧密的经济联系不复存在。

由于集体的分化，农民更加关心的是自己那块"自留地"，使得集体观念逐渐淡化，利己主义抬头，个人利益至上。公德意识是判断一个社会文明程度的重要标志，村民之间经济联系减少，共同体意识就会下降，村民不能在现实的交往中体会公共空间对自己的重要性，缺乏责任感，甚至没有诚信观念。公共伦理的缺乏，必然导致没有生态环境伦理意识。生态环境伦理是保持农村生产和生活空间适于人们生存发展需要的道德约束，在长期的生产与生活实践中，古人已经总结出了很多"天人合一"的生活法则。但是，面对生存问题，人们往往思考的是如何享有更加优越的生活条件，想办法最大程度地向自然界索取，只有遭到这种无度索取带来的灾难，才会想到保护环境，而往往这时已经造成了巨大的损害，并且这时才去保护的代价更大。在农村，由于村民文化水平不高，对环境保护意义的理解不深，特别是受眼前利益的诱惑，更不会理解牺牲眼前利益换取长远利益的意义，体会不到"绿水青山就是金山银山"的理念。家庭是社会的细胞，家庭伦理关系是一定社会生活在家庭价值观念上的反映。受市场经济、社会流动、金钱观念以及荣辱观等的影响，农村家庭伦理关系出现问题的主要表现是实用主义家庭关系代替了基于亲情的情感性家庭关系，金钱成为家庭成员之间交往的重要因素，这就使得夫妻关系、兄弟姐妹关系、长晚辈之间的关系被金钱所左右。传统孝道受到利益关系挑战，家庭养老在很多农村名存实亡。在一些地方，择偶功利化倾向严重，彩礼成为娶媳妇是否成功的主要砝码。人口流动频繁，两性观念变化，婚姻的忠诚度下降，离婚成为农村的普遍现象，由于婚姻引发的社会问题已经影响了农村社会的稳定。

  乡村伦理道德集中反映在村民的道德意识、习俗意识、规则意识、法治意识、民主意识、家庭观念、互助合作意识中。乡村伦理道德出现的危机，是社会变动时期出现的新旧转换过程中的问题，是社会转型过程中新旧伦理交替、新伦理弥补空缺时期出现的正常现象。这里所说的正常现象是说问题出现是正常的，但是对这些问题不能不理不管，要主动应对、积极引导这种变革，这就需要建构起新时代中国特色社会主义乡村伦理。新时代中国特色社会主义乡村伦理是新时代中国特色社会主义文化的重要组成部分。建构新时代中国特色社会主义乡村伦理是时代变迁的需要，是实施乡村振兴战略、解决新时代乡村社会诸多道德困惑与矛盾的需要，是中国特色社会主义的道路自信、理论自信、制度自信和文化自信在乡村全面振兴中的体现。任何新的伦理文化的形成必然有其现实的社会基础，是时代发展的需要，新时代中国特色社会主义乡村伦理建构可以说是正适其时。从经济基础来看，中国特色社会主义市场经济已经全面建立并且比较成熟；第一、第二、第三产融合发展，生产力发展水平大幅度提高。从政治基础来看，乡村群众自治制度已经成为中国特色社会主义民主政治在乡村治理领域的实现形式，成为健全乡村治理体系的核心内容。从文化基础来看，以为人民服务为核心、以集体主义为原则的道德观念逐步形成；个体意识增强，公共伦理精神显现，自由、平等、竞争、公平、诚信等观念深入人心；优秀传统道德思想在时代传承中得以创新；社会主义核心价值观得到普遍认同。从社会基础来看，社会实现了全面小康，人民富了起来，社会主义制度优越性充分体现，社会认同度高，人口流动、生产生活方式、社会结构、农民思想观念等都发生了显著变化。这些正是新时代中国特色社会主义乡村伦理重建的可能性和必要性。从历史的角度来看，乡村建设一直是中国革命和建设面临的问题，在实践探索中形成的丰富理论和实践经验是宝贵的财富。中国优秀传统乡村伦理文化是新时代中国特色社会主义乡村伦理建构的最深厚、最丰富、最博大精深的文化资源。马克思主义乡村建设理论是我们行动的指南，马克思主义普遍原理与中国革命和建设相结合的理论成果——毛泽东思想、邓小平理论、"三个代表"重要思想、科学发展观、习近平新时代中国特色社会主义思想是我们重要的理论遵循。从实践层面来看，近代中国学者的乡村建设实践，如梁漱溟的"创新新文化，救活旧农村"实践、晏阳初的平民教育与乡村改造、陶行知的乡村教育与"教育救乡村"，都为我们留下了宝贵的经验。通过中国共产党在革命战争年代的乡村改造实践；新中国成立以后的乡村巨变与乡村伦理的秩序重构，特别是改革开放以来，无论是家庭联产承包责任制的实施、乡村自治的治理体制的变革，还是着力解决"三农"问题，实施脱贫攻坚战略，提出乡村振兴战略，我国乡村在经济、政治与文化方面都发生了巨大变化，在乡村治理实践方面积累了宝贵的财富，这都为我们在新时代重建乡村伦理提供了理论指导和实践路径。

2. 新时代中国特色社会主义乡村伦理

建构新时代中国特色社会主义乡村伦理，必须明确其理论内涵。伦理是人伦之理，是人与人、人与自然、人与社会等关系的应然之理。应然之理就是价值追求，什么样的关系是合适的，应该如何对待不同的人和事，如何正确对待自然界，等等。这种应然之理是一定价值取向的体现，任何伦理都包括其所追求的核心价值以及体现伦理要求的道德规范。不同的价值取向会形成不同的伦理要求，封建社会的伦理要求是受封建思想价值所制约的，社会主义伦理道德是社会主义文化价值的反映。新时代中国特色社会主义乡村伦理是先进文化和时代精神的体现。首先，是以马克思主义、毛泽东思想、邓小平理论、"三个代表"重要思想、科学发展观，特别是习近平新时代中国特色社会主义思想为指导。这是新时代中国特色社会主义乡村伦理的指导思想，是伦理价值追求的基本属性，是中国实践与马克思主义理论的结合。其次，新时代中国特色社会主义乡村伦理建构必须坚持中国共产党的领导，坚持中国特色社会主义道路。党的领导是中国特色社会主义的本质要求，中国特色社会主义最本质的特征是坚持中国共产党的领导。新时代乡村伦理建构是新时代的文化建设，坚持党的领导是被中国革命和建设的成功经验所证明了的，是中国革命与建设经验的总结。作为社会主义国家，中国特色社会主义道路是乡村建设的根本，中国乡村建设必须坚持社会主义道路。正是因为我们始终坚持中国特色社会主义道路，新中国才真正强大起来，我们才离中华民族伟大复兴的中国梦越来越近。再次，新时代中国特色社会主义乡村伦理还必须坚守中华优秀传统伦理文化，这是基础与根源，是新型乡村伦理不断汲取的营养与资源。新时代中国特色社会主义乡村伦理必须以社会主义核心价值观为灵魂，乡村伦理是整个国家道德建设的重要组成部分，从伦理传统来说，乡村伦理是国家伦理建设的根基，代表了"礼俗社会"的伦理特质。乡村由于其独特的地理和文化环境，乡村伦理的建构又具有很多阻碍因素。社会主义核心价值观在乡村的认同是建构新时代乡村伦理的重要基础，因为社会主义核心价值观是体现现代社会人与人、人与社会、个人与国家之间关系的伦理要求，虽然近几年由于乡村社会的变革，新型伦理价值观念被很多人所接受，但是旧的、不适应时代要求的传统伦理仍然很难退出历史舞台，新时代乡村伦理建构必须融入社会主义核心价值观。最后,新时代中国特色社会主义乡村伦理要以社会主义乡村道德建设为主体,以全面提升农民道德素质,培养新型村民为目标,建设具有时代性、实践性、民族性、开放性的伦理思想体系,形成乡风淳朴、文明有序、和谐稳定、互助友善、诚信守法的新型乡村关系。

　　乡村伦理是对整个乡村社会关系的概括,从涉及的领域来看,主要有乡村民主政治关系、经济关系、社会公共关系、乡村家庭关系以及生态环境关系。新时代中国特色社会主义乡村伦理主要包括:乡村治理伦理、乡村公共生活伦理、乡村经济伦理、乡村家庭伦理和乡村生态伦理。新时代乡村道德规范是新时代中国特色社会主义乡村伦理的体现,乡村道德规范是对乡村生活的约束,规范着乡村的政治生活、经济生活、公共生活与家庭生活。

　　第一,乡村治理伦理。实现国家治理能力现代化,其中乡村治理是重要方面。新时代中国特色社会主义乡村伦理就是构建与当代乡村社会发展,特别是与市场经济、工业化、信息化和城镇化相适应的现代乡村治理伦理,是重塑乡村秩序、促进乡村发展的伦理建构。中国传统乡村治理是典型的礼治社会,习俗、村规、民约以及宗族长老的社会威信成为乡村秩序的维护方式。这种治理方式在一个封闭的熟人社会,特别是在"皇权不下县"的传统乡村治理结构下具有较好的作用。新时代中国特色社会主义乡村伦理的价值取向就是要实现乡村的长期发展,实现乡村全面振兴,极大地提升农民的物质和精神生活水平。既要建构新的乡村治理制度,同时也要继续发挥乡规民约、传统伦理的作用;既要发挥政府"自上而下"的治理功能,同时也要重视乡村自治的作用,从而构建一条新时代乡村治理伦理路径。要与新型乡村治理伦理相适应,倡导以为人民服务为核心,以集体主义为原则的道德规范。要求乡村基层组织领导者践行勤政务实、廉洁自律、一心为民、率先垂范、尊法守法基本道德要求。

　　第二,乡村公共生活伦理。乡村公共生活伦理是乡村共同体得以维系的基础,是乡村社会处理公共关系的伦理法则。乡村公共生活主要涉及乡村公共生活秩序、公共财产、公共设施、公共道路、公共资源、公共空间等。现代社会生产的特点是分工越来越细化,既造成了人与人之间的分化，也使得人与人之间的依赖性加强了；与自给自足的传统社会相比公共交往频繁，人们离开了他人很难生活。现代乡村的发展也同样如此，乡村公共生活成为村民的主要活动。如何在公共交往中处理人与人相互之间的关系，如何提高公民素养保护公共财物，如何在公共场所履行自己的义务，等等，都成为乡村公共生活伦理要规范的内容。这就要求在乡村大力提倡文明礼貌、助人为乐、爱护公物、保护环境、遵纪守法等公共道德规范；提倡爱祖国、爱人民、爱劳动、爱科学、爱社会主义的社会公德。

第三，乡村经济伦理。新时代中国特色社会主义乡村经济伦理是与现代乡村生产关系相适应的伦理规范。传统乡村自给自足的封闭式生产方式，商品交换极不发达，经济交往较少，相应的经济伦理是向内的、保守的自我道德。现代乡村社会生产已经成为市场经济下的商品生产，生产、交换、分配和消费关系发生了根本性变革。乡村经济发展与伦理道德的关系密切，生产、交换、分配和消费环节中的伦理问题成为乡村经济伦理研究的主要内容。劳动观念、公平正义、诚实守信、权利义务以及效率时间观念成为乡村经济伦理的重要规范。要改变乡村的经济价值观念，提升农民对市场经济的理性认识，特别是商品交换的道德操守，正确认识眼前利益与长远利益，整体利益与局部、个人利益之间的关系，要用道德的力量约束唯利是图、急功近利、损人利己等不良行为，为农村经济发展创造良好的道德环境，为农村经济发展提供伦理保障。村民要遵守勤劳、诚信、公平、节俭和理性消费等道德规范。

第四，乡村家庭伦理。家庭是社会的细胞，家庭稳定则社会稳定，我国历来重视家庭伦理建设。传统家庭伦理是建立在传统农业社会基础之上的，与小农生产、自然经济相适应，以"家国同构"、集体本位、孝忠人伦为价值追求的，维护传统社会的伦理道德。"强调家庭本位，强化父慈、子孝、夫义、妇顺、兄友、弟恭等道德范畴，对传统乡村社会的发展发挥了一定的作用。"① 但是，在走向社会现代化的过程中，传统家庭伦理已经不能完全料理现代家庭关系，构建新型家庭伦理成为客观要求。新时代中国特色社会主义乡村家庭伦理建立在现代乡村生产、生活

---

① 王露璐：《中国乡村伦理研究论纲》，《湖南师范大学社会科学学报》2017年第3期。

方式基础上，反映现代家庭结构、家庭功能、家庭成员关系，是中国特色社会主义精神文明在家庭关系中的反映，是时代精神、民族优秀传统文化与当代中国现实需要的反映；以尊老爱幼、男女平等、夫妻和睦、婚姻忠诚、勤俭持家、邻里团结等为其基本道德规范。

第五，乡村环境伦理。乡村生产生活必须处理好人与环境之间的关系。传统生产方式下，生产力水平低下，人类需要与环境生态的关系是平衡的，人类活动对环境的影响比较小。随着人类对自然资源汲取的力度加大，特别是工业化、城镇化的发展，农村传统生产方式不复存在，再加上对环境保护存在错误认识，环境问题越来越严重。需要是人类活动的最大推动力，人们对美好生活的追求不只是物质的丰富，还有健康的生活环境。有人认为人类需要的满足，必然会对环境造成影响，经济发展与环境保护之间是矛盾的。诚然，当前的环境问题是人类生产生活造成的，但是环境问题的更深层次问题是价值取向问题，是人类的认识问题，不能正确处理"绿水青山"与"金山银山"之间的关系，就仍会存在人类本位主义、城市本位等观念。建构新时代中国特色社会主义乡村环境伦理，就是要建立新时代乡村发展与环境保护的伦理关系，体现"天人合一"的理念，让绿水青山的乡村生活成为人们的向往，人类要像对待眼睛一样呵护生态环境。要遵守爱惜环境、保护动植物、节约资源、禁止乱扔垃圾等道德规范。

第 二 章

乡村伦理的历史流变

回顾历史是审视现实的基础,中国社会转型一般是从乡村变迁开始的,每一次社会变革都是乡村关系的巨大改变。作为乡村文化灵魂的乡村伦理,在历史的长河中坚守着固有元素的同时,也随着社会变迁在历史中流变。

一 乡村变迁:乡村伦理历史流变的基础

乡村伦理是在一定时期、一定地域内适应乡村社会政治、经济和文化需要的道德规范。乡村变迁是工业化、城镇化、现代化元素在乡村的渗透过程,是传统乡村因素的逐步消失、转化和创新的过程。乡村伦理的历史流变是适应乡村变迁而在伦理道德方面的变化与发展。

(一)时代发展与乡村变迁

社会发展的过程也是乡村变迁的过程,乡村变迁是时代发展的重要体现,人类社会发展的每一个时期,乡村都扮演着重要角色。乡村与城市相对应,乡村变迁的过程也是城镇化的发展过程,研究乡村伦理转型,一定要理解乡村变迁,这是乡村伦理转型的基础和依据。

1. 城镇化进程中的乡村变迁

可以这样说,人类社会的历史有多久乡村的历史就有多久。城镇化的发展导致了城乡分离,城镇化是乡村变迁的诱因,同时也是乡村走向现代化的动力。研究乡村变迁首先要理解乡村的内涵,乡村也称作村落、农村,费孝通认为:"村落是一个由各种形式的社会活动组成的群体,具有其特定的名称,而且是为一个人们所公认的事实上的社会单位。村落的特征是，农户聚集在一个紧凑的居住区内，与其他相似的单位隔开一段距离。"① 费孝通强调村落是一个地域概念，人们长期在一定地域居住就形成了村落文化。村民在这样一个相对封闭的聚集区长期生产、生活，进行社会交往，从而形成共同的价值观、伦理道德、风俗习惯、制度规范等。聚集村落的相对封闭性、社会交往的有限性和特定性，是村落文化具有鲜明特色的主要原因。王斯福指出："一个村落就是一个地域归属的界定。"② 不只是一个居住的地方，更是文化和社会建构的地方，这种场域是理解乡村关系和构造的空间单位。村落是"一个传统的地方，这包括一个所谓的'自然村'，简言之就是一个仪式上的和有历史的单位，它的居民可分为由一个起源聚落而来的后代子嗣以及（但实际上近来已是）后来的移民者"③。一般来说，"农村"与"乡村"是通用的，没有什么区别。农村主要是从事农业生产活动的地域，产业结构较为单一，是"以从事农业生产为主的劳动人民聚居的地方"④。长期以来，"农村"已经成为人们的习惯叫法，随着产业结构的多元化，特别是城镇化水平的提高，非农产业在农村广泛出现，农民不再以种地为唯一选择。特别是改革开放以来，随着乡镇企业的崛起，非农化现象越来越明显，农村不再只是从事农业的地方，用"乡村"取代"农村"是农村变迁的最好写照。乡村一方面是我国行政管理隶属关系的反映，是中国最低一级行政单位，另一方面它也反映了地域聚居区的特点。把乡村与城市相对应，能够更好地体现乡村性与城市性的区别，体现地域特征和居民聚居的特性，更能体现乡村社会的本质。

当代研究乡村问题的学者无不在现代化背景下审视乡村，始终脱离不了乡村的传统与现代，本书的研究是基于乡村变迁的乡村伦理的现实状态和未来建构，试图通过乡村社会变迁去寻找伦理建构的方向和途径。研究乡村变迁不得不提到城镇化的影响，城镇化与乡村变迁是"这一实

---

① 费孝通：《江村经济——中国农民的生活》，商务印书馆2001年版，第25页。
② ［英］王斯福：《帝国的隐喻：中国民间宗教》，赵旭东译，江苏人民出版社2009年版，第291页。
③ ［英］王斯福：《帝国的隐喻：中国民间宗教》，赵旭东译，江苏人民出版社2009年版，第302页。
④ 中国社会科学院语言研究所词典编辑室编：《现代汉语词典》，商务印书馆1990年版，第838页。

践过程的一体两面"①。城镇化的过程必然会造成乡村人口的流失,近几年村落数量的减少、空心化问题的出现就是城镇化发展的结果。如果城市是乡村的未来归属,城镇化的过程是否意味着乡村本质的消退过程?不论如何,城镇化过程中乡村要素的消失是不争的事实。但是,对于"村落终结"②的命题普遍存在争论,有人认为传统村庄与现代城市不是对立的关系,村庄可以独立存在并进行运转,虽然村庄在发展过程中发生了变化,但是"村落再造"③是未来村落发展的方向。中国现在加大对古村落的保护,就是要实现现代因素与传统村落的结合,在传统与现代之间保持张力。从城镇化过程中逆城镇化出现的现象来看,乡村生活和城市生活的并行存在,是未来的趋向。因此,乡村变迁不应该是乡村本质的消失,而是乡村在历史的发展中呈现出了变化,变迁不是乡村本真的消失,乡村的存在一定是具有乡村本质的存在。

城镇化进程中的乡村变迁,表现为人口、生产方式、乡村结构和乡村边界的变化,是城镇化过程中乡村特征的变化。

第一,随着人口流动,乡村规模在萎缩。大批农村青壮年劳动者来到城市打工,虽然还是农民身份,但大部分已经长期定居城市,并没有再回乡村的打算。很多乡村只剩下留守的妇幼老弱群体,乡村看不到上学的儿童,看不到青年人,不完整的乡村人口结构严重影响乡村的再生产,如果长期没有人口的回流,乡村的消失就是时间问题。孟德拉斯指出:"农村人口外流也带来外流地区的衰落,素质最好的人员出走了,社会僵化了,农业固守成规,农民带着怀旧的忧伤情绪回顾失去的往昔。"④

---

① 桂华:《城市化与乡土社会变迁研究路径探析——村落变迁区域类型建构的方法》,《学习与实践》2011年第11期。

② 李培林在关于广州村落的个案研究中提出了"村落的终结",指出在城镇化的过程中,羊城村已经成为一个"无农的村落",没有农民、耕地,更没有农业,几乎丧失了"村落"和"农民"的典型特征。"人们在村落终结的过程中发现,由血缘和地缘关系联结的村落灵魂,在它农民和农业的载体消失之后,仍然会长时期地'活着'。我们甚至不清楚,村落魂灵融入城市,究竟是它的死亡,还是它的新生。"(李培林:《村落的终结——羊城村的故事》,商务印书馆2004年版,第33页)"村落的影子似乎始终是一个徘徊游荡的灵魂。"(李培林:《村落的终结——羊城村的故事》,商务印书馆2004年版,第3页)

③ 折晓叶:《村庄的再造》,中国社会科学出版社1997年版。

④ [法] H.孟德拉斯:《农民的终结》,李培林译,社会科学文献出版社2010年版,第12页。

第二，乡村以农业为主要生产方式。现在的乡村普遍形成了"半农半工"的生产经营模式，支撑家庭经济的除了农业收入，也出现了办厂、做生意、外出打工等多种形式带来的收入。如果农业生产方式和农民的经济收入已经不同于传统农业社会，农民还是农民吗？孟德拉斯在《农民的终结》中指出："农民的价值作为我们西方文明的核心所在，曾受到无数的赞扬，但是那种古老的稳定被动摇后，这些价值也无法幸免于难。永恒的'农民精神'在我们眼前死去了，同时灭亡还有建立在谷物混作基础上的家族制和家长制。"[①] 乡村的生产和生活已经步入市场经济体系中，乡土田野色彩逐渐褪色，乡村生产和生活的多元化使传统乡村的影子渐行渐远。

第三，农民已经不是传统意义上的农民。特别是改革开放以来，家庭联产承包责任制实行，农民不再被束缚在农业生产中，多种经营在农村悄然崛起，市场经济给予了农民极大的奋斗空间，农民除了种地还能做生意、办工厂、搞养殖，农民变成了总经理、厂长、董事长，职业身份发生了显著的变化。乡村社会分层明显加大，贫富差距开始悬殊，传统农民形象已经改变。农民是乡村的主体，不再种地的农民还是农民吗？正如人们一直以来所困惑的，农民工到底是农民还是工人？

第四，在城镇化进程中，乡村边界模糊，乡村熟人社会已经变成了"半熟人社会"[②]。由于村民生产活动的多样性，社会生活也发生了极大的变化，传统"日出而作，日落而息"生活状态已经改变。很多乡村已经融入城市中，特别是城中村已经看不到乡村的影子。搬入城市成为村民奋斗的目标，在城镇买房是很多乡村年轻人的梦想，有条件的村民已经在城镇定居。同时，在新农村建设、脱贫攻坚的过程中，很多乡村进行了易地搬迁、集中安置等，新建的居民新区已经成为典型的"半熟人社会"的社区。我们在河北省康保县张纪镇易地扶贫集中安置小区调研时发现，这里有46栋住宅楼，17个村的搬迁户，1388户，4200名村民，

---

① [法] H. 孟德拉斯：《农民的终结》，李培林译，社会科学文献出版社2010年版，第13页。
② 这是贺雪峰在《论半熟人社会——理解村委会选举的一个视角》中提出的一个概念，把自然村看作是熟人社会，行政村称为"半熟人社会"。

这里已经成为生活设施齐全、环境整洁的城镇化社区。

总之,城镇化进程中的乡村变迁也有不同的区位特点,城中村和城郊村落由于城市的扩张,直接被城市吞噬,地理性村落已经不存在。而对于偏远、落后地方的乡村,由于人口流失较多,有些已经出现了"空心",村庄呈现出衰败的景象。有一些乡村由于非农产业的发展,特别是乡镇企业的发展,成为"非农经济聚集区"。[①] 随着城镇化进程的推进,城乡边界模糊,乡村特征的标识在逐步消失,现代化因素广泛进入乡村,乡村要素在改变,乡村还是乡村吗?乡村的本质应该是什么?

2. 乡村变迁中的"变"与"不变"

考察乡村变迁总是在一定的历史时期中,需要从纵向和横向去认识乡村。尽管有些学者对乡村的未来充满悲观,提出乡村终结的担心,并且从现实情况来看,传统乡村共同体也确实经历着一定程度的瓦解。但是,目前我国绝大多数乡村依然存在,并且有些乡村已经焕发出了新的生机和活力,成为新时期乡村建设的典范。我们只能说,中国乡村发展存在很大的差异性,不同地区、同一地区的不同村庄发展状况是不同的。在城镇化、现代化的影响下,变是正常的,乡村变迁不等于乡村本质的改变。"但在现实的乡村社会情境中,村落共同体并未完全瓦解,村民之间无论在生产生活,还是文化习俗等层面,依然存在千丝万缕的联系,'村庄'作为村落的具体呈现,依然客观存在于乡村社会的方方面面。"[②] 正是由于乡村始终处于变迁之中,在每一个历史时期,对于乡村的研究都是必要的,也只有承认乡村的存在,才有研究的必要性。

任何事物都有其存在的质的规定性,如果决定事物本质的核心内容没有发生改变,这一事物也就还有其存在的基础,就不能说这一事物不存在了。乡村变迁不等于乡村的终结,在承认乡村变迁的同时,支撑乡

[①] 折晓叶在《村庄的再造》中指出:这种非农经济是"主流的宏观社会经济体系的边缘结构,不受国家财政的支持和政策保护,具有农民自治的性质;它以村社区为基本的社会边界,经济的触角却已经伸展进社会的宏观体系,发展出完全能适应这个大体系的功能,并参与其中的竞争;它是一种有凝聚力的非农经济和社区实体,不但为本域村民提供非农就业机会和有保障的好职业,也为进入其中的外来农民提供充分的非农就业机会"。(折晓叶:《村庄的再造——一个"超级村庄"的社会变迁》,中国社会科学出版社1997年版,第4页)

[②] 毛绵逵:《村庄共同体的变迁与乡村治理》,《中国矿业大学学报》(社会科学版)2019年第6期。

村的本质因素又是什么呢？也就是乡村"不变"的因素是什么？

第一，物质生活资料的生产和再生产是人类生活的基础，是基本前提。马克思说："人们为了能够'创造历史'，必须能够生活。但是为了生活，首先就需要吃喝住穿以及其他一些东西。因此第一个历史活动就是生产满足这些需要的资料，即生产物质生活本身，而且，这是人们从几千年前直到今天单是为了维持生活就必须每日每时从事的历史活动，即一切历史的基本条件。"① 乡村生产最主要的产品是粮食，粮食是人类生活最基本的需要。传统农业生产的劳动对象是以土地为主的自然资源；生产受到气候的季节性和周期性的影响。在现代乡村社会中，虽然传统的农业生产模式已经发生了根本性的变革，特别是现代科学技术在生产中的应用，但是，土地等自然资源还是现代农业的劳动对象，这是农业生产的灵魂所在。乡村生产方式决定乡村上层建筑，建立在乡村特定生产方式基础上的乡村文化，必然带有其特定地域、生产关系等方面的特色，乡村特定的生产方式是乡村本质最基本的体现，这是乡村"不变"的基础。

第二，村落共同体仍然存在，不可能所有的人都去城市生活，大量人口滞留农村是必然的。村落是乡村社会的核心要素，是乡村社会的重要特质。在这样的地域共同体中，建构了乡村社会的特点，并且形成了共同体成员认同的文化与心理结构，形成了一种生活方式、一个生活系统。城乡作为两个生活系统，其相互联结和互通是不可缺少的，但两者不可能是替代关系。在城乡共同发展过程中，会出现这样一种趋向，一开始是大量乡村人口流向城市，特别是在自然和经济条件比较差的地方，乡村"空心化"现象严重，这一方面是由于现代化城市的吸引，另一方面也是由于乡村生活环境相对不好。随着城市人口的大量增加，城市的很多问题开始显露，交通拥挤、环境污染、食品安全水平下降、住房拥挤、空气质量下降等各种城市病出现，逆城镇化现象产生。特别是乡村振兴战略的实施和美丽乡村的建设，使乡村人口的回流开始增加，随着现代科学技术在农业生产中的广泛应用，乡村公共建设力度加大，生态环境、生活条件极大改善，乡村生活必然成为人们渴望的生活状态。从

---

① 《马克思恩格斯文集》第一卷，人民出版社 2009 年版，第 531 页。

第七次全国人口普查的统计数据来看,截至2020年,乡村人口是50979万人,城镇人口90199万人,与2010年第六次全国人口普查相比,乡村人口减少了16436万人。① 村落共同体的存在是乡村社会的时空基础,乡村必然会以一种新的面貌呈现出现代乡村的特质。

第三,村落共同体的存在是乡村社会特征形成的地域基础。现代乡村已经从封闭走向了开放,人员流动性加剧,所以有学者指出,乡村社会已经由"熟人社会"变为"半熟人社会",也有学者认为熟人社会逐渐走向了"无主体的熟人社会"②。从乡村流动的方向来看,人口流出是主要趋向,人口流入在一些发达乡村可能存在,但是不能代表乡村人口流动的主流。无论流动方向如何,人员变动会影响乡村人际关系和交往方式。但是,从总体上来看,乡村熟人社会的特质还是存在的。毕竟乡村的生产和生活与城市有着本质的区别,只要乡村共同体存在,乡村社会关系的特质就不会发生根本改变。陆益龙也认为:"熟悉关系仍代表着乡村社会的一种特质,因为这是与城市社会关系有着本质区别的。尽管在城镇化扩张和乡村劳动力流动的冲击下,乡村社会熟悉关系也处于变迁之中,但在村落生活共同体依然存续的情况下,基于地缘和血缘而形成的熟悉社会关系的特征也继续留存。"③ 乡村熟悉关系仍然体现在乡村人际交往中,人们注意舆论评价,注重情感联系,礼尚往来的互惠原则能够被普遍遵守,与城市生活中大量的"即时性交往"还是有区别的,这是乡村生活的现实需要和基础。

第四,文化具有相对独立性和稳定性,根据奥格本的"文化堕距"理论,文化变迁具有一定的滞后性,传统乡村文化并不会因为乡村社会物质生产的变化而消失,将在一个较长时间内长期存在。几千年以来形成的乡村传统文化将在现代性社会中通过不同的方式表现出来,虽然有传统与现代的碰撞,但是仍然在左右着人们的社会交往、人际关系。城镇化过程的显著特征就是乡村人口向城镇的流动,在流动过程中乡村文

---

① 国家统计局:http://www.stats.gov.cn。
② 吴重庆:《无主体熟人社会及社会重建》,社会科学文献出版社2014年版。
③ 陆益龙:《后乡土性:理解乡村社会变迁的一个理论框架》,《人文杂志》2016年第11期。

化也会在城镇生活中体现,差序格局的交往关系、礼尚往来的人情关系虽然在现代社会中处处遇到现代性的挑战,但是,这种人际交往无不体现在生活的方方面面。老乡观念、人情社会、社会关系、乡土情结等都是乡村文化在现实生活中的体现。传统乡村文化的式微并不意味着乡村文化的消失,在现代社会中乡村文化以不同的形态存在,并且优秀传统文化在现代化转型中能够发扬光大。

总之,很多学者提出了"后乡土性"这个概念,本身就说明了乡土性的存在,只是这种乡土性在经历了现代社会变迁之后显示出了新的特征,仍然叫它"乡土性"就说明乡村本质还没有消失。

(二) 乡村变迁与伦理转型

乡村发展是乡村社会整体的发展、变化过程,必然包括乡村文化的变迁。乡村伦理是基于乡村生产、生活的对乡村社会关系的反映。马克思主义认为:"不是人的意识决定人们的存在,相反,是人们的社会存在决定人们的意识。"[①] 社会存在发生变化,社会意识形态必然也发生变化,伦理是社会意识形态的重要内容。

1. 何种意义上的伦理转型

伦理转型是传统伦理向现代乡村伦理转变的问题,学者们提出了"伦理转型""伦理变迁""伦理失范""伦理重构""伦理现代化"等概念。这些概念说明了社会发展过程中的伦理变化,道出了社会变迁过程中伦理转型的不同内涵。伦理转型是伦理发展变化的过程,是伦理发展的常态,没有永远不变的伦理,只要社会发展,伦理转型就会发生。伦理失范主要是指由于社会变迁,旧的伦理常常出现不能约束现代社会关系的现象,表现为人们行为与道德规范之间的冲突。伦理重构主要是指旧的伦理道德已经不能适应社会发展,需要重新建构新的伦理道德规范,强调的是新伦理的建设问题。伦理现代化是相对于传统伦理来讲的,是要实现传统伦理向现代伦理的转化。这些概念主要包含伦理发展、变迁、转型和现代化等内涵,是伦理转型的不同表现。

德国学者查普夫认为,社会变迁是社会结构的变化,是社会从传统

---

① 《马克思恩格斯文集》第二卷,人民出版社 2009 年版,第 591 页。

到现代化的变迁,是"接受、建立、吸收现代的民主、市场经济和法治制度"。① 李培林认为,社会转型是社会结构的转型,是与现代化相适应的,融合了自身的文化传统,而不是与自身的文化传统完全决裂的,是一种特殊的结构性变动。② 因此,社会转型不只是经济结构的转型,而是在社会各个方面的一种广泛的变革。陆学艺、景天魁认为,社会转型是"中国社会从传统社会向现代社会、从农业社会向工业社会、从封闭社会向开放社会的社会变迁和发展"。③ 社会转型是社会全方位的变革,这样看来,社会转型与社会现代化密切相关,甚至可以说社会转型就是社会现代化,是"一个国家或地区的政治经济、文化等体制方面发生的根本性变化"④。社会转型不只是量的变化,更重要的是质的变化,是社会根本属性的转向,具有整体性、继承性、差异性、渐进性等特征。社会转型是社会多领域的整体推进,体现在社会生活的各个方面,如社会结构、社会关系、文化模式、价值观念、生活方式和利益格局等,涉及政治、经济、文化、制度、观念等多个层面。并且这些方面还表现出相互关联和影响性,是在社会生产力发生根本性转型基础上的社会政治、经济、文化、思维等领域的显著变化,涉及人们的生产、生活和行为方式的整体变革。社会转型不是与传统因素的完全断裂,是在传统基础上的现代超越,并且在很多方面表现出传统与现代的共生,这种共生会在传统与现代的激烈交锋中实现发展。社会转型具有差异性,作为整体的各个组成部分,不可能同步实现转变,有些领域比较快,有些领域比较缓慢,出现不协调、不同步,如思想观念变革跟不上制度变革、伦理道德不适应市场经济的发展等。社会转型的差异性,使社会结构的要素存在大量的新旧重叠、交叉,新要素代替旧要素的过程必然是一个渐进的过程,使社会转型也表现为一个渐进的过程,这也为社会发展提供了缓冲区,有利于社会的稳定。

---

① [德]沃尔夫冈·查普夫:《现代化与社会转型》,陆宏成、陈黎译,社会科学文献出版社1998年版,第80页。
② 李培林:《"另一只看不见的手":社会结构转型》,《中国社会科学》1992年第5期。
③ 陆学艺、景天魁主编:《转型中的中国社会》,黑龙江人民出版社1994年版,第2页。
④ 李昌庚:《社会转型与制度变迁——国家治理现代化的法治思维》,中国政法大学出版社2014年版,第4页。

伦理转型一般是伴随着社会转型提出的，是社会转型的应有内容。"伦理道德总是植根于人们的生产交往方式和由此决定的社会组织结构之中，为人们的生产交往有序化及其社会的稳定而存在。"① 乡村社会转型就是由传统乡村社会向现代乡村社会的转变，表现为生产方式、社会结构、价值指向等多层次社会关系的变化。传统与现代是一对相对的概念，每一个时代都存在由传统到现代的转换。伦理转型强调的是一种新的适应社会转型的新伦理，是在继承基础上的创新，这是对原有伦理的扬弃。"原有的伦理体系已不再适应新的生产交往方式，经济社会转型要求用新的伦理体系和法律制度来适应新的生产交往方式。"② 这是历史发展的必然，也是文化发展应有的样子，伦理转型其实就是文化变革的过程，是从伦理为社会生产、生活服务的视角研究伦理的适应性。

伦理转型是适应新的经济、政治、社会发展以及科学技术重大变化的需要，是伦理价值和规范的变革。伦理转型意味着传统伦理的式微，传统伦理已经不能协调现实的人与人之间的关系，人们已经不再按照传统伦理规范约束自己的行为，新的价值观、道德观开始出现，并逐步得到社会认同。但是，伦理转型同样是一个辩证的过程，不是对过去伦理的全盘否定，承认伦理转型意味着新伦理的建构问题，是在继承传统伦理文化的基础上融入现代文化精神。"原有的伦理体系同样具有很大的合理性，因此，如何协调新的伦理体系和原有的伦理体系之间的矛盾和冲突，也需要在实践中加以探索和解决。"③ 伦理转型是新伦理秩序的建构过程，我们研究新时代乡村伦理建构，必须直面乡村伦理的现代转型。

2. 伦理转型的基本特点

伦理转型是伴随着社会变迁发生的，伦理是社会上层建筑的重要组成部分，是一定经济基础的反映。马克思主义认为生产力决定生产关系，经济基础决定上层建筑，生产关系的总和构成一个社会的经济基础。因此，伦理转型是社会生产力和生产关系变革的结果。伦理转型实质是社会文化的变迁，关涉一个社会的价值观念、善恶标准、利益关系，是人

---

① 徐大建、单许昌：《伦理转型：从身份伦理到契约伦理》，《哲学研究》2013年第4期。
② 徐大建、单许昌：《伦理转型：从身份伦理到契约伦理》，《哲学研究》2013年第4期。
③ 徐大建、单许昌：《伦理转型：从身份伦理到契约伦理》，《哲学研究》2013年第4期。

们在互动共识基础上逐渐形成的认同。伦理道德不同于法律制度，没有强制执行力，伦理转型不会在短时间内发生，而是一个渐进、缓慢的过程，必然伴随着社会文化价值的冲突、适应和认同。伦理转型影响社会整体道德风尚的状况，是社会道德观念的巨大变革，从而表现出传统与现代的震荡与裂变。伦理转型有以下几个方面的特点。

第一，社会变迁是伦理转型发生的根本原因。伦理是一定社会生活的伦理，是对特定社会关系的规范，维护着一定的社会秩序。在一个稳定的社会关系中形成的伦理规范是长期形成的习惯法，是人们已经习惯、认可、不容轻易改变的规则，遵守这样的规则的行为就是道德的，否则就是对这一社会道德的背叛。共同体就是依靠这样的礼法来维护的，每一个共同体如果没有一整套用来维护共同体发展的规范，这一共同体就不能长期存在。我们抛开伦理道德的价值取向，无论何种性质的社会，都有维护社会稳定的礼法规范，它是为社会秩序的稳定服务的。孟子在《孟子·离娄下》中说"父子责善，赋恩之大者"，即子女必须绝对服从父母的教导才是道德的。孔子在《论语》中提出，人们在日常行为中要"孝、悌、温、良、恭、俭、让、宽、信、敏、惠、忠、恕、中庸等"[①]，这一系列维护封建伦理道德的规范，是维护中国传统伦理秩序的基本道德要求。一定社会的伦理道德规范，显然不是永远不变的，是随着社会的发展而不断变迁的，变迁的主要原因是社会生产生活的改变。伦理道德是一定社会的产物，生产生活关系决定社会关系，不同的社会关系决定不同的交往方式，不同的交往方式需要不同的伦理规范。因此，社会生产生活发生了变化，伦理道德也就必然需要改变，如果不能适应新的社会生产生活，就不能适应新的社会变迁的需要。不能建立与社会发展相适应的新的伦理道德，社会生活就会出现混乱，伦理失范就会频繁发生。

第二，伦理转型是一个渐进的过程，与社会物质、制度层面相比具有一定的滞后性、缓慢性。时代变迁给人们最明显的感受就是物质生活的变化，这是生产和社会生活变化的基础。物质生活的变化极容易被人们体验到，也能够在短时间内被人们所接受。同时，社会变迁还表现为

---

① 江绍伦：《活用孔子：安身立命》，新华出版社2017年版，第152页。

一定的制度、法律、体制和机制等显性规范的改变，这种变迁需要通过新旧制度的博弈来实现，一旦修改就能被执行。但是，旧的风俗、习惯、道德等传统隐性规范不会在短时间内消失，会在一定时间内，甚至长期影响社会的发展。因此，社会结构各部分的变化速度是不相同的，有些部分就会出现某种程度的"延迟"（belatedness），[①] 伦理系统往往与社会生产、生活关系不一致，社会生产实践的变革不一定马上引起伦理道德的变革，这就会造成物质生活的改变与伦理道德变化的不同步性，精神文化的变迁往往赶不上物质文明的发展步伐。改革开放以来，在经济突飞猛进、西方物质文化大量涌入国门的同时，我国社会文化领域出现了精神缺失、社会伦理道德问题凸显等问题，就是这个原因造成的。伦理道德规范对社会的制约没有强制性，是软调节，其变迁也是自发、自然的过程，是人们在社会生活的实践中，随着社会关系的变化而进行的自我选择和调节。从国家政府层面来看，伦理道德主要是通过宣传教育、激励表扬等方式在社会中加以引导，在精神文明建设中提升人们的道德水平。因此，伦理转型在一个长期的历史过程中才能被感受到，是一种潜移默化的影响，在人们不自觉的生活实践中被认同接纳，并逐渐在行为中体现出来；是一种新的精神生活道理，特别是在年轻群体中首先被接受，在新旧价值的碰撞中被选择，包含着继承与创新。

第三，伦理转型是文化冲突的过程，是新的伦理价值被认同的过程。伦理转型首先表现在价值冲突中，意味着旧的伦理价值受到新的价值观的挑战，人们对过去的伦理规范产生怀疑、否定的评价，旧的伦理道德规范不能再约束现实的社会关系，道德问题频发，价值冲突加剧。伦理转型既是伦理变革的过程，也是一种结果，在不同的历史阶段表现出不同伦理规范的现实要求。作为发展的过程，正是不断的矛盾冲突成为伦理转型的不竭动力。现实伦理标示着一定社会关系的"应然"，伦理转型意味着这种"应然"没有了存在的理由。新伦理的建构就是证明新的"应然"的合理性，这是思想文化的变革，是在价值认知、利益标准、善恶观念上的重新建构。伦理转型作为一种结果，是新的伦理道德的产生

[①] [美] 乔治·瑞泽尔：《古典社会学理论》，王建民译，世界图书出版公司 2014 年版，第 310 页。

过程，由于其适应了新的社会关系的需求，在经历了价值冲突的反思、经历了合理化的证明以后，逐步被社会普遍认同，成为人们新的道德遵循。一般来说，伦理转型的发生，会导致社会生产生活面貌发生较大幅度的变动，特别是社会价值观念的变革，影响社会道德风尚的价值取向。伦理转型导致的社会伦理价值、道德观念的改变是剧烈的，对社会政治、经济的反作用是显著的。伦理转型是思想解放运动，是价值重塑的过程，是在精神文化方面的革命。

第四，伦理转型是继承与创新的过程。伦理转型是伦理的发展过程，转型不是全盘否定，而是继承与创新。一个时期的伦理是历史与现实文化的交汇，对优秀传统伦理的继承与创新是伦理发展的现实基础。从传统伦理文化的视角来说，优秀伦理文化总是随着时代的发展不断焕发出新的生命力，能够在新的社会生活中起到其应有的作用，赋予新的内涵和约束作用。这是一个不断扬弃、改造和创新的过程，是民族伦理道德不断凝聚的过程，时代在淘汰一切不合时宜的文化，同时也在积累先进的、优秀的文化精神。社会发展总的趋势是不断进步，伦理道德也是在这一过程中发扬光大，取其精华、去其糟粕历来是对待传统伦理的应有精神，伦理转型就是一个取舍的过程。中国乡村文化源远流长，凝聚了中华民族几千年的智慧，乡村伦理转型的本质就是对传统乡村伦理的传承，同时实现乡村伦理的现代转型，这是同一历史过程的两种考察，也是相互联系的两个方面。没有创新就没有发展，传统伦理不注入时代精神就不能适应新时代的需要。伦理转型就是伦理创新的过程，是在历史的变迁中、在时代精神的不断变换中，对传统继承的同时，融入现代内涵，赋予时代精神。因此，传承与创新不可能是截然分开的，任何创新都不可能没有传承。创新是一种转型，之所以叫作转型是因为其一定是有基础的。每一个不同时期的乡村伦理都有其不同的特点，这是时代变迁的必然结果，是乡村伦理文化的时代烙印。

二　乡村伦理变迁：历史的考察

乡村变迁必然伴随着伦理转型，从几千年乡村发展的历史去认识乡村伦理的转型过程，是一个十分复杂的问题。乡村伦理转型是每一代人都能感受到的文化变迁，站在历史的长河中审视这种转型，令人千头万绪。伦理其实质就是对社会关系的规范，是表现在一定社会关系中的道德约束。乡村伦理是对乡村秩序的理解，考察乡村伦理转型就要知晓乡村秩序的变化，脱离乡村的物质与精神生产实践，不可能解释清楚乡村伦理的转型过程，乡村变迁是建构新的乡村伦理规范的基础。本节既注重对乡村伦理内容与特征的考察，同时也关注乡村伦理对乡村社会的作用机理，以及乡村变迁过程中的伦理转型。

（一）中国传统乡村伦理及其特征

中国传统乡村伦理是维护传统乡村秩序的伦理。传统乡村社会在漫长的历史发展中，其社会关系是相对稳固的，呈现出了典型的熟人社会封闭、稳定和平衡的伦理关系。费孝通指出："知足、安分、克己这一套价值观念是和传统的匮乏经济相配合的，共同维持着这个技术停顿、社会静止的局面。"[1] 我们认为乡村秩序是乡村伦理的目的，传统乡村伦理就是为维护乡村伦理关系而存在的，我们正是从这个角度，来探讨中国传统乡村伦理文化的特征。中国传统乡村以农耕生产为基础，以地缘和血缘关系为纽带，以乡村共同体和谐稳定的礼治秩序建构为目标，是对乡村生产生活方式的维护。中国传统乡村伦理关系是稳定的，乡村共同体所涉及的关系主要有血缘关系、邻里关系、公共关系、经济关系和人与自然生态之间的关系，乡村伦理主要是对这些关系的调节。传统乡村伦理集中体现在家族伦理关系、公共伦理关系、生产伦理关系和生态伦理关系中。

1. 以"孝"为核心的家庭（族）伦理道德

乡村血缘关系是联结人与人之间关系的重要纽带，这种依靠天然联系形成的社会关系，有利于维系共同体团结、抵御外部威胁、实现社会互济。乡村社会关系是稳定的，出生在一个村的人在没有重大自然灾害和其他变故的情况下，一般会世代生活在这里。社会关系稳定就有利于互济行为的实施，在可预期的未来，人情补偿就更有可能发生，从而互帮互助成为一种普遍的社会行为。但是，乡村社会的这种互助行为也是

---

[1] 费孝通：《乡土中国 乡土重建》，生活·读书·新知三联书店2021年版，第121页。

有差别的，根据关系远近的不同能够给予的帮助是不同的。费孝通在《乡土中国》中指出，乡村伦理的一个重要特征是差序格局，每一个人以"己"为中心建构爱有差等的社会圈子，他与别人的关系是以血缘关系的远近展开的有差序的关系，血缘关系决定了关系的远近，决定了互助行为的多少。这样，家庭在乡村社会中就占有重要的地位，人们要应对外界的各种挑战，能够依靠的主要力量是具有血缘关系的家庭和家族的力量。这样，家庭就成为社会生产的基本单元，当然也包括人自身的生产，既有经济上的互相依赖，也有情感上的相互依靠。家庭（家族）伦理关系就成为最基本的人伦关系，在传统乡村社会中，有很多乡村是一家一姓的人组成，家族关系的好坏关系乡村治理的好坏，家庭伦理关系就成为乡村伦理关系。乡村通过家族管理各家各户，家族通过家庭伦理管理家庭成员，这样，通过家庭成员内部的管理，实现了对乡村的社会管理。

乡村家庭关系主要有父子之间、夫妻之间、兄弟姐妹之间的关系。父子关系是纵向关系，夫妻关系和兄弟姐妹关系是横向关系。父子之间的纵向关系是不同代人之间的关系，具有不可替代的种族延续性，是一种传承关系，是上下关系，控制了下一代就等于控制了未来。所以，在家庭伦理关系中，父子关系是最为重要的核心关系，维系和调节这种关系的伦理就是"孝"。从生物学的视角来看，人具有较长的生物依赖期，刚刚出生的儿童如果没有父母的照顾是不能生存且更谈不上发展的。父母对孩子的爱是孩子成长的必备元素，在长期的照顾中，父母和孩子形成了特殊的亲情关系。家长对孩子的管教成为孩子成长的充分且必要的条件，听父母的话是对孩子成长的基本要求。孩子要感谢父母多年的教养，对父母的关心和听父母的话既是一种爱，更是一种感恩，这就是一种孝顺。"孝"既是一种情感的需要，同时也是生产生活的需要，"孝"体现了人与人之间生存的互助，没有父母的照顾，孩子便不能生存和发展，同样，人老了也需要有人照顾，这样就出现了不同代人之间的互助。只是这种互助是有"时空"差异的，这种时空差异是有风险的，如果一个人对另一个人付出了劳动，如何保证后者在日后能够回报这种付出，那就要从小灌输一种观念，要求孩子长大了要"孝顺"，这既是共同体合作所需要的，也是共同体延续所必需的。孩子是父母血脉的延续，同时也是家庭财产的继承者，孩子是父母的希望和未来，孝敬父母就是对父母最好的回报。"孝"实现了对种族的延续,实现了对共同体的维护,维护了一种秩序,维护了一种信誉,维护了家庭的稳定和家庭人际关系的和谐。

传统乡村伦理围绕着"孝"构建起了自己的道德规范体系。《孝经》中的"夫孝,德之本也,教之所由生也"①,指出了孝是一切道德的根本。孔子也认为"孝为仁之本",一个人首先爱自己的父母,才可能爱别人,这样就把个人的道德修养与社会伦理实现结合起来了。《论语·学而》说:"有子曰:其为人也孝悌,而好犯上者鲜矣;不好犯上而好作乱者,未之有也。君子务本,本立而道生。孝悌也者,其为仁之本与!"乡村生活的秩序是"孝道"的目的,其实,道德习俗都是为了共同体整体的和谐而出现的,道德评价的标准是能否实现乡村和谐与发展,"仁"的最高境界是"泛爱众",这就是说,乡村伦理以"孝"为基础,从而实现乡村整体的"仁爱"。

把"孝"与自我发展联系起来,孝就要"爱己""立身"。孩子对父母的孝就是要保护好自己,孩子是父母的未来和希望,珍爱生命就是对父母最好的报答。《孝经》中指出:"身体发肤,受之父母,不敢毁伤,孝之始也。"② 为了不使父母忧心,子女必须爱护自己,通过"孝"树立个人正确行为价值导向,有利于乡村社会的发展。同时,由于传统生产力水平低下,人力成为家业发展的重要力量,"多子多福"不但是家庭经济发展的需要,也是抵御外来侵扰的有生力量。子女不仅仅是为自己活着,更是为父母活着,为了家族活着,为了乡村未来活着。人不仅属于自己,更属于家庭、家族和整个共同体。《孝经》中指出:"立身行道,扬名于后世,以显父母,孝之终也。"③ 孩子有成就是为父母争光,这就是最好的"孝"。建功立业、衣锦还乡是对得起祖宗和子孙的事情,这不仅仅是个人的事情,而且是家庭、家族、乡村,甚至是社会、民族和国家的事情。这就将个人抱负与家族、民族和国家发展统一起来,打通了"孝"与家国天下之间的关系。

把"孝"与"忠"相联系,使"孝"具有了政治意义。倡导修身、

---

① 杜占明主编:《中国古训辞典》,北京燕山出版社1992年版,第99页。
② 杜占明主编:《中国古训辞典》,北京燕山出版社1992年版,第99页。
③ 杜占明主编:《中国古训辞典》,北京燕山出版社1992年版,第100页。

齐家、治国、平天下，将个人修身与治国平天下相联系，使修身具有了治国的意义。家庭和睦，国家就能和谐，将孝道与忠君相联系。"事君不忠，非孝也！莅官不敬，非孝也！"（《大戴礼记·曾子大孝》）这就是后来的"移孝作忠"思想。孟子说："入则孝，出则悌，守先王之道。"（《孟子·滕文公下》）逐渐形成了"以孝治天下"的思想，将"孝"的思想政治化。家与国的统一，既是家国情怀的表现，也是个人命运与国家命运的统一，"孝"可以教化民众，可以治理天下，合人心、顺民情。通过"忠孝互通"实现了"家国同构"，在家孝敬父母，在国忠于天子。"孝"理顺了家庭关系，在家长的带领下，家庭具有了归属感、安全感，克服个体在社会中的无助感，家长的权威得以建立，使得家庭这一初级社会群体具有教化和组织功能，从而使封建统治的文化教化可以在家庭中实现。黑格尔指出："中国纯粹建筑在一种道德的结合上，国家的特性便是客观的家庭孝敬，中国人把自己看作属于他们家庭的，而同时又是国家的儿女。在家庭内，他们不具人格，他们在里面生活的那个团结单位，乃是血统关系和天然义务。在国家之内，他们一样缺少独立的人格，因为国家内大家长的关系最为显著。皇帝犹如严父，为政府的基础，治理国家的一切部门。"[①] 打通家国关系，也就打通了家庭教育与国家政治教化的通道。既然"孝"的教育具有如此重要的社会意义，家风家教就不只是具有"齐家"的作用，更具有"治国、平天下"的意义。通过家风家教的教育，一个人从小获得了成为社会有用之才的思想基础，根深蒂固的道德观念成为家庭兴旺的伦理基础，也成为乡村伦理的承载主体。对于维护乡村秩序、维护封建政治统治基础发挥了重要的政治功能，因此，传统家训在传统乡村道德生活中占据举足轻重的地位。

2. 以邻里和谐为目的的公共礼治秩序

中国传统乡村社会除了重视家庭伦理的功能，通过理顺家族关系实现乡村治理，同时也重视以地缘关系建立起来的公共秩序，用"礼治"维护乡村秩序，通过"乡绅长老"树立道德权威。中国乡村社会是无"法"而有"礼"的社会，社会秩序的维护主要依靠的是以村规民约为代

---

① ［德］黑格尔：《历史哲学》，王造时译，世纪出版集团、上海书店出版社2006年版，第122页。

表的伦理道德,而不是依靠法律。费孝通在《乡土中国》中指出:"'无法'并不影响这社会的秩序,因为乡土社会是'礼治'的社会。"① 中国传统乡村治理是以自治为基础的,国家治理并没有下达到乡村一级,是"皇权不下县,县下皆自治"的乡村治理体系。乡村治理依靠的是内部力量,是村民自觉自为的行为。在熟人社会中,人们长期生活在一个共同体中,彼此之间的长期合作是十分必要的,这就需要每个人都处理好和其他人的关系,有事大家相互帮忙,有问题共同解决,说话办事也讲诚信,不能靠欺骗、隐瞒过日子,毕竟祖祖辈辈生活在一起。在这一共同体中,社会治理的手段可能更好的是"礼"而不是"法"。因为礼治注重预防,法治注重处罚和震慑;礼治不伤和气,更具有人情味道,防患于未然。礼治要求发自人们内心的认可和同意,法治是由于人们内心的害怕和恐惧。在传统乡村社会,人们生活在共同的地域中,彼此之间看重的是人品和诚信,人们的一言一行将对日后的生产生活产生较大的影响,一个没有道德的人,是一个不受欢迎的人,没有人愿意和他合作,也没有人愿意帮助他。费正清说:"从社会角度来看,村子里的中国人直到最近还是按照家族制组织起来的,其次才组成同一个地区里的邻里关系。村子通常由一个家庭和家族单位(各个世系)组成,他们世代相传,永远居住在那里。"② 村民在村庄立足,靠的是优秀的道德品质和个人修养,这种评价来自村民的共同认可,是根据乡村自己的标准认定的,具有鲜明的乡村地域特征。因为,村民看重的是村里人的评价,而不是外来人的评价,村庄自己的道德规范就成为村民的行动指南。由于各个地方的乡村习俗不同,伦理文化是有差异的,因此,乡村都有自己的村规民约,村民也都按照涵盖乡村生活各个方面的村规民约解决问题、维持秩序,而不是依靠国家法律制度的强制,自我管理、自我约束的"礼治"成为乡村社会和谐稳定的基础。因此,费孝通说:"所谓礼治就是对传统规则的服膺。生活各方面,人和人的关系,都有着一定的规则。行为者对这些规则从小就熟悉,不问理由而认为是当然的。长期的教育已把外在的

---

① 费孝通:《乡土中国 生育制度 乡土重建》,商务印书馆2015年版,第52页。
② [美]费正清:《美国与中国》,商务印书馆1987年版,第20页。转引自吴理财等《公共性的消解与重建》,知识产权出版社2014年版,第220页。

规则化为了内在的习惯。维持礼俗的力量不在身外的权力，而是在身内的良心。"① 这就道出了乡村治理的秘诀。

乡村社会秩序的维护从血缘关系来看，主要是家庭、家族伦理，族长在乡村伦理治理中起着重要的作用。从地缘关系来看，主要依靠的是乡绅长老的道德权威。乡绅一般是乡村社会中有一定威望的人，有人有较好的文化修养，有人具有一定的经济和社会地位，有人一直居住乡里，有人是归隐还乡的官员。他们一般"是粘联官民、上下、尊卑、贵贱的阶层，它甚至不是一个独立的、固定的阶层，而是一个自身面目不分明的阶层，是一个总在流动、变化的阶层"。② 乡绅凭借自己的社会影响力，成为乡村治理的道德、文化领袖。在礼治的乡村社会中，有德行、有才华、有贡献的人往往具有较大的社会引领作用，这些人成为人们公认的社会领袖，成为公平、正义的化身，乡村很多社会事务都要由乡绅来裁决。其实，乡绅的权威最主要的还是来自国家，实质上是君授的，而并不是民众委托的，是封建统治者将村治权力交给了乡绅，乡绅最终成为国家统治的工具。同时，这种"乡绅治村"模式节省了大量的封建政权的管理成本，对于以小农经济为主的乡村社会来说，从经济上来说是合算的。同时，乡绅一般生活在乡村社会，对乡村情况比较了解，从乡土情结来说，他们也愿意为乡村发展出谋划策，对于乡村事务十分积极。由于是乡里乡亲，乡绅一般对民众的生活比较关心，能够向上正确公正地反映民众的疾苦，既缓和了社会矛盾，也有利于乡村治理的实现，同时也提高了乡绅在乡村的威望，更有利于自治。

3. 自给自足的小农经济伦理

乡村伦理与乡村的生产生活相适应，中国传统乡村社会是以农业生产为主的自给自足的自然经济，这是乡村伦理发生发展的基础，也是理解乡村伦理关系的依据。"不同的生产方式产生了使观念文化根植其中的不同的经济土壤，不同性质的经济土壤会孕育不同内涵的经济伦理。"③

---

① 费孝通：《乡土中国 生育制度 乡土重建》，商务印书馆2015年版，第58页。
② 何怀宏：《选举社会及其终结——秦汉至晚清历史的一种社会学阐释》，生活·读书·新知三联书店1998年版，第142页。
③ 湖北大学中国思想文化史研究所主编：《中国文化的现代转型》，湖北教育出版社1996年版，第302页。

中国乡村是从农业社会走来的，农耕文化是乡村文化的原点，无论是乡村社会关系、乡村生存法则还是乡村的社会交往，都是以农业文明为基础的经济价值观的体现，乡村伦理的产生与乡村生产密切相连。中国农民对土地具有一种特殊的情结，因为土地是他们的生活保障。这催生了他们恋土重农的伦理思想，中国农民勤劳节俭、重义轻利、保守稳重、诚实守信。

传统农业生产以农民的体力劳动为主，劳动果实是农民辛勤劳作的结果，从种到收，差了哪一步都不行，没有劳动就不会有收获，这就是一分耕耘一分收获，这是农民常年劳动经验的总结。农业生产除了需要付出大量的体力，同时也要符合农时，不能错过耕作时间，这就要求农民适应自然周期从事农业生产活动，"日出而作，日落而息"。荀子说："春耕夏耘，秋收冬藏，四者不失时，故五谷不绝，而百姓有余食也。"这是十分辛苦的，没有这种辛苦就不会有收获。勤劳是农业生产的需要，农民要过上好日子必须常年辛勤劳作。劳动者是社会财富的创造者，只有创造财富人类才能生存与发展，勤劳成为人们赞誉的美德。中国农耕文明源远流长，孕育了中华民族勤劳勇敢的美德，也正是勤劳的美德创造了中华民族灿烂辉煌的文明。勤劳与节俭相伴，传统农业生产的劳动成果来之不易，劳动人民对辛辛苦苦换来的劳动果实十分珍惜，长期以来养成了节俭的美德。节俭是对劳动者的尊重，是对劳动成果的爱惜，是一个人最基本的道德修养。

乡村自给自足的小农经济孕育了重义轻利、保守稳重的处事法则。自给自足是为了满足自我生活进行的生产，只要家庭能够获得最基本的生活保障人们就会很满足。小富即安是农民的普遍心理，没有太多的物质欲望，这一方面是因为较低的生产力不可能创造更多的财富，人们也就没有了更高的奢望，有吃有喝就好，知足常乐；另一方面是因为他们常年生活在一个地方，只在自己的圈子里生活，自己周边的村民过着和自己一样的生活，没有外界的影响，认为眼前的生活就是最好的生活，保持稳定就是最好的选择。

在自给自足的自然经济条件下，由于生产力水平较低，生产和生活互助成为必需。在生产过程中，由于自己家庭在劳力、工具方面的不足，相互帮工和借用生产工具是常有的事。在生活过程中，由于谁家都不富裕，遇到天灾人祸时的相互接济就成为必需。村民之间只有建立良好的邻里关系，这种相互接济才能实现。村民之间的交往不是为了利益，而是人情交往，因此，他们认为人情关系比获得利益更加重要。这就要搞好相互之间的关系，他们重义轻利，人情关系大于物质利益。

农业生产有较长的周期，如果错过了时令，生产就会受到影响，按照常规生产是最稳妥的，农民没有尝试失败的成本，也没有那种敢于冒险的精神。保守稳重是他们憨厚淳朴的表现，同时也使他们失去了敢于创新的勇气。这是与市场经济条件下的生产有很大不同的，市场经济在一定程度上是风险经济，有多大风险就会有多大收获，因此，市场经济孕育的生存法则与自给自足的自然经济的生活原则是根本不同的。

传统乡村经济交往是狭窄的，主要是家庭和乡村内部的分工合作，是互通有无。由于血缘和地缘关系，彼此之间的交往不是基于"契约"，而是基于"情感"，人与人之间的互动是全面的互动，经济交往行为不只是交换有无，同时夹杂着情义、感恩、互助和面子。这就使得守信不只是经济因素，更多的是多种其他社会因素在起作用，一旦这种社会基础发生变化，诚信的社会环境就会被破坏。相互帮助、不欺骗别人、真诚对待别人是相互的，因为大家常年生活在一起，欺骗别人的人是不可能逃脱的，相当于自己断了自己的生路。"以人情信用为基础的人情交换不同于市场交换，它不是以等价交换为原则的，但却常常比契约信用更可靠，因为它以'人心'为前提，而不是以金钱为前提。"[①] 由于信任是建立在社会交往基础上的，社会交往影响信任的程度。乡村关系是有近有远的，是按照"差序格局"排列的，尽管乡村内部存在高度的信任，但是这种信任关系仍然是有差序的。

4. 天人合一的生态伦理

农耕文明特别依赖土地、气候和自然环境，农业丰收除了需要农民的辛勤劳作，同时也需要风调雨顺的好年景。农民对生态有着天然的敬畏心，他们在生产生活实践中体会到了自然环境的重要意义。生态伦理体现的是人与自然的关系，是人对生态环境应然的道德责任。自然环境是人类生存发展的基础和条件，正是自然环境提供的条件，让人类有了

---

① 李培林：《村落的终结：羊城村的故事》，商务印书馆2004年版，第95—96页。

生活的来源。当然，人类生存发展与环境保护之间存在一定的矛盾性，人类生活必须从自然界获取生产生活资料，这就会多多少少破坏自然生态，对自然界产生影响。当然，有人认为人类也是大自然的一分子，人类生存发展也是生物链中的一环。但是，人与动物的根本区别就是会制造和使用工具，并且随着人类生产力水平的提高，对自然界的影响会越来越大。人是万物之灵，人类总是站在自我的立场去理解生存和发展问题。在生态伦理理论中存在人类中心主义和非人类中心主义的不同观点。人类中心主义认为，人是自然界的主人，自然界应该为人类的生存发展服务，自然界的价值体现在人类生活的手段和工具上，"人是万物的尺度"。非人类中心主义认为，人类只是大自然中的一员，自然界的动植物和人类拥有同样的生存发展权，不应该为了人类的生存发展破坏自然。中国传统乡村伦理，主张人与自然的和谐统一，认为人是天地之心，《礼记·礼运》中指出："人者，天地之心也，五行之端也，食味，别味，而生者也。"

（二）新中国成立到改革开放前的乡村伦理

乡村伦理与乡村社会的发展相适应，新中国成立以来，乡村发生了翻天覆地的变化，突出地表现为农民翻身做了主人。土地是乡村最重要的生产资料，土地制度的变革直接导致乡村社会关系的改变，通过土地改革、合作化运动，乡村走上了集体化道路。生产方式发生变革，新婚姻法的颁布，带来乡村伦理关系的改变，乡村伦理呈现出了新的特点。

1. 土地关系重塑社会伦理关系

生产关系和家庭关系是最基本的初级社会关系。农村生产关系主要受土地关系制约，新中国成立以来，乡村巨变的主要表现是人地关系的变革，农民真正成为土地的主人。1950年颁布的《中华人民共和国土地改革法》，是新中国第一次以农民土地所有制为主的社会主义土地法。"废除地主阶级对封建剥削的土地所有制，实现农民的土地所有制，籍以解放农村生产力，发展农业生产，为新中国的工业化开辟道路。"[1] 土地

---

[1] 安子明、崔利平、王静编：《集体土地确权法律、法规与技术规范汇编》，知识产权出版社2016年版，第3页。

是农业生产最重要的生产资料，谁占有土地谁就能在生产关系中占有主导地位，就能在经济上处于统治地位。土地改革是同地主阶级作斗争的过程，通过划分阶级，彻底消灭了地主阶级占有制。到 1952 年底，全国大部分地区完成了土地制度的改革。农民获得了土地和生产资料，从经济上让农民翻了身，真正实现了"耕者有其田"，生产积极性空前高涨。土地改革后的第一年，全国农业生产就获得了大丰收。"粮食、棉花、油料等主要农产品的产量，1951 年比 1950 年分别增长 8.6%、44.8%、21.8%；1952 年又比 1951 年分别增长 14.1%、26.5%、15.8%。增长幅度超过了以往的任何历史时期。"[①] 农民摆脱了封建压迫和人身束缚，获得了经济上和政治上的当家作主，乡村社会关系得以重塑。

　　为了稳定生产，解决土地划分后出现的新问题，鼓励农民联合起来搞生产，以便克服一家一户生产规模小、生产工具不足的问题，提倡各家通过互助提高生产能力。互助组是合作社的最初形式，1951 年中共中央颁布了《关于农业生产互助合作的决议（草案）》，指出："土改后，极大地引起农民的生产兴趣和积极性。但在发展生产过程中，有些农民还缺乏劳力、资金、耕牛、农具等生产资料；有些缺乏生产技术；有时还会遇到天灾人祸等难以克服的困难。因此，广大农民既有无限的个人从事生产的积极性，又有迫切要求组织起来，互助进行调剂、帮助的愿望。党应及时引导农民组织起来。"[②] 这是生产劳动的需要，又是人与人之间相互交往的需要，同时也使农民认识到人与人之间相互帮助的重要性，有利于建构乡村社会良好的人际关系。

　　虽然农民获得了土地，但是一家一户的分散生产规模小、生产力水平低，无法满足工业发展的要求。从 1953 年起乡村开始进行合作化和集体化的生产模式改革，从互助组到初级社，一直到高级社。原来分散于各家各户的土地、生产工具、牲畜通过折价入股、无偿收回等方式归集体所有，农民在集体中参加生产劳动，由个体性的生产者变为集体生产中的一员，生产活动统一由生产队安排。

---

① 张士义：《新中国砥砺奋进的七十年》，东方出版社 2019 年版，第 26 页。
② 国家农业委员会办公厅编：《农业集体化重要文件汇编》（上），中共中央党校出版社 1981 年版，第 29—30 页。

集体所有制的改革是"社会主义改造"的重要组成部分，是社会主义公有制经济建立的基础。同时这也是当时实行"粮食统购统销"政策的需要。要实行统派购制度，必须提高农民的组织化程度，将每家每户都纳入农村集体经济组织中，确保农民的生产、分配，保证统购统销的价格稳定、粮食充足。同时，集体化改革也是乡村社会治理的需要，乡村在消灭了地主富农阶级以后，过去把持乡村政治、经济活动的地主、族长和乡绅等乡村领袖不复存在；而重新获得土地的单个农民由于没有显著的经济优势，也就成为分散化、原子化的个体，乡村公共事务就没有了召集人，乡规民约的制定和执行缺乏了组织保证。这样，建立乡村土地集体所有的农村集体经济组织，实行统一核算、统一分配的体制，壮大集体经济，使得集体组织成为乡村社会治理权力核心也就成为必然选择，集体经济组织的负责人成为乡村生产、生活的领导，成为乡规民约的制定者和执行者。因此，党政一体、政社合一的乡村集体就不只是一个经济组织，同时也是一个政治组织。这不只是一场经济改革，同时也是政治和社会变革。高级社向人民公社的过渡也就成为必然。高级社已经采取了土地集体所有制，建立人民公社使集体经济规模更大、公有化程度更高。人民公社时期是从1963年到1983年，主要表现是土地产权集体所有，统一经营、统一分配；实行政社合一，农村生产与生活实现了组织化、集体化、统一化。

新中国让农民翻身得解放，农民获得了土地，不但实现了在经济上的平等，同时也成为新中国的主人。地主阶级被打倒，平等观念被普遍认同，封建等级制的不平等思想被批判，争取平等和独立成为人们的普遍要求。农村传统社会势力的物质基础被摧毁，不但在经济上失去了地位，同样在政治上也彻底被打倒。农民的积极性被充分调动起来，农民积极参与乡村治理，成为乡村治理的主力。农村土地改革的总路线是"依靠贫农、雇农，团结中农，中立富农"，只有发挥好农民在政治参与中的作用，土地改革才能顺利开展。"经过土地改革，农民头脑中残存的以血缘、地缘为基础的宗族观念和乡土意识被内心深处的阶级感情和政治意识所取代，农民所信仰的'人各有命，富贵在天'的封建命运观、落后的迷信和宗派观念也受到强烈冲击。"① 农民广泛认同新中国政权，对党和政府的领导工作充分信任和支持，积极响应党中央的号召。在土地改革中，传统乡村社会势力被消灭，地主乡绅的土地被剥夺，政治经济权威丧失，由剥削压迫阶级变为被镇压打倒的对象，旧的农村社会结构被动摇、被打破。在新的政权中，贫雇农成为社会的主导力量，获得了广泛的政治权力，过去处于社会底层的人，现在成为国家的主人。

通过土地公有化的改革，土地关系由私有变为集体所有，集体性生产影响了集体性生活，从而重塑了农民的共同体价值观。农民的生产活动被纳入集体化的轨道，农民成为集体的一分子，农村生活也从过去的分散化走向集体化，这样的生活实践让村民重新面对人与人之间的关系。村民之间的关系，不再被传统的血缘、地缘以及礼俗道德维系，传统乡村共同体被阶级共同体所替代。村民的伦理观念也发生了改变，人们遵循新的价值观来建构彼此之间的关系，道德被赋予了高度的政治色彩，阶级标准成为道德标准的基础。马克思主义认为："观念的东西不外是移入人的头脑并在人的头脑中改造过的物质的东西而已。"② 乡村伦理一定是乡村生产生活的写照，是调整乡村社会关系的需要。集体化生产把农民的行动统一起来，个人没有太多的选择，国家与社会实现了一体化，传统的私人社会组织模式不复存在，集体利益被空前强调，集体关系着个人的利益，集体是个人生活的全部，集体出工，统一生产，生产活动都由上级制定，农民没有什么自主权。1958 年人民公社最高潮的时期，农民战天斗地炼钢炼铁，甚至吃饭也在集体食堂。农村的农业生产、文化宣传、生活娱乐等活动被高度组织化，农民的集体认同感强，社会秩序稳定。

2. 婚姻关系影响家庭伦理

新中国成立初期，影响乡村社会的另一个事件是改革旧的婚姻制度，1950 年，中央人民政府颁布了《中华人民共和国婚姻法》（以下简称《婚姻法》），这是新中国颁布的第一部关于婚姻的法律制度，它重构了婚

---

① 田天亮：《论建国初期土地改革对农村基层政权建设的推动》，《西安建筑科技大学学报》（社会科学版）2016 年第 3 期。

② 《马克思恩格斯文集》第五卷，人民出版社 2009 年版，第 22 页。

姻关系、夫妻关系、婆媳关系以及父母与子女关系。确立了男女婚姻自由原则，既包括结婚的自由，也包括离婚的自由。废除婚姻包办，实现婚姻自主，改变了旧社会男女婚姻由家庭做主的陋习，童养媳、早婚和买卖妇女的现象被杜绝。恋爱自由、婚姻自主等伴随着农民翻身解放的实现，在理念、制度和经济基础等方面获得了支持。随着广大农民思想认识的逐步提高，婚姻家庭伦理道德观念得以改变，婆媳关系得以改善，妇女地位获得提升，可以追求自己的幸福，寡妇重新嫁人不但获得了法律的支持，也逐渐被人们在观念上所接受。一夫一妻制在法律上被规定，严禁重婚和纳妾，确保了男女之间的平等关系，同时也成为家庭和睦、幸福的基础。父母与子女之间的关系也发生了变化，父母尊重子女在婚姻关系中的选择，实质上是对子女人格、自由的尊重，是新型平等、民主家庭关系的表现，是对"父为子纲"旧观念的批判。在《婚姻法》的宣传过程中，父母认识到尊重孩子的选择更是爱孩子的表现，也让孩子认识到父母都是爱孩子的，都希望孩子有个好的归属，家庭关系更加和谐了。新型家庭关系逐步建立，家庭伦理道德观念发生变化，旧的婚俗也被人们所抛弃，女性找对象很多人不再要彩礼，婚事也办得简单了，很多年轻人通过集体婚礼移风易俗。

总之，新的《婚姻法》是真正实现男女平等的法律保障，赋予了妇女在经济、政治、文化、社会以及家庭中的地位，要求夫妻之间要相互尊重、平等对待。但是，长期形成的封建旧观念不可能在短时间内消除，男尊女卑的思想、重男轻女的观念在农村还普遍存在。家长仍然在子女婚姻大事上有较大的决定权，通过媒人缔结婚姻关系仍然不在少数，特别是由于经济困难，彩礼、物质条件成为婚姻选择的重要砝码。但是应该看到，法律上的支持与观念守旧上的斗争，会随着新的价值理念的树立逐步改变，乡村风俗习惯必然在法律制度的保护下走向新的方向，新的乡村家庭伦理在改变中实现转型。

3. 乡村伦理关系的政治化

新中国成立后，阶级成分成为决定人们社会地位获得的重要影响因素。在乡村社会中，依据原先拥有土地数量的多少，以乡村家庭为单位划分为六个层次，分别是雇农、贫农、中农、小土地出租者、富农和地主。雇农、贫农是被剥削阶级，富农和地主是剥削阶级，剥削阶级成为被斗争、批判的对象，各种社会资源的获得由于阶级成分而被剥夺，例如招工、参军、上学等方面，甚至影响到人们婚姻的选择，平民家庭之间孩子的婚姻被鼓励，剥削阶级子女的婚姻受到限制，政治因素对乡村社会关系、家庭关系有重要的影响。土地关系反映的是人与人之间的关系，决定了乡村社会中人的地位，是阶级关系在经济领域的反映，是阶级斗争在土地分配上的体现。从乡村伦理的视角看，阶级关系的变革必然重新定位乡村伦理秩序，从而影响人际交往和乡村互动。可以说，阶级斗争成为当时乡村社会变迁的根本动力。新中国彻底推翻了封建地主阶级，广大农民获得翻身解放，农民在经济和政治上取得了平等的权利。农民回到了乡村政治、经济的核心位置，主人翁意识、平等意识获得了经济、政治基础。在剥夺地主阶级土地所有权的过程中，强调阶级在社会资源获得中的重要性，人与人之间的关系通过成分划分被重新组合，过去的基于乡村血缘、地缘关系建立起来的乡土秩序被阶级认同所取代，封建等级和宗族宗法观念被彻底摧毁。国家政治控制社会生活的各个方面，乡村集体化生产使村民的生产和生活实现了高度组织化。

由于阶级成分在资源分配中成为重要影响因素，阶级成为新型乡村关系的重要制约因素。土地改革时确定的阶级成分成为一种身份象征，甚至影响自己和后代。阶级关系成为人与人伦理关系建立的基础。

政治关系渗透到社会生活中，政治伦理关系融入了村民关系、家庭关系之中，表现出了社会伦理关系的政治化。过去基于血缘、地缘关系所产生的亲情、友谊被阶级关系所代替，甚至阶级斗争成为村民以往恩怨的报复手段。

（三）改革开放以来的乡村伦理

改革开放以来，乡村伦理的变革是前所未有的，可以说是乡村全面变迁的伦理回应。从1978年开始的中国改革开放首先从乡村开始，家庭联产承包责任制全面推行，农村土地产权被重构，土地的所有权与经营权分离，农民对土地具有独立经营的权利，农民摆脱了对集体的依赖，农民获得了生产自由，如何生产、怎么样生产由他们自己说了算，家庭成为土地经营的基本单位，农民生产积极性极大提升。集体经营被一家一户的个体经营所代替，农民与集体之间的关系被重塑，对集体的依赖性降低，隶属关系被打破。农民不再被完全束缚在土地上，城乡流动加剧，农民既可以从事农业生产，也可以到城市中打工，封闭的乡村生活被打破。农民也不再局限于土地的收入，非农产业得到空前发展。收入增加，生活水平提高，现代化、城镇化因素渗入乡村，组织方式多样化，生活方式现代化，社会异质性增强，传统文化逐步被现代文化所同化，传统伦理、道德秩序消解，同时，一些不良的社会文化开始侵入乡村，乡村社会迎来前所未有之变局。

1. 乡村伦理共同体更加复杂化

家庭联产承包责任制实行，农村生产由集体化走向分散化，农民生产自主性极大增强，生产积极性空前高涨，村民之间的交往由过去的公共交往更多地变为私人之间的交往。原有的乡村共同体被打破，维系共同体的政治、经济和文化基础发生变化，而支撑乡村生活的伦理文化有待重新建构，一定程度上造成了乡村伦理危机。主要表现是：乡村生态环境危机产生，家庭伦理关系出现异化，人与人之间缺乏诚信，人们的法治观念淡薄。村民对集体的依赖性变小，对集体公共性事务的关心程度下降，导致了农民的集体主义观念淡化，个人主义、自私自利思想严重，集体化行为缺少了经济和道德支撑。与此相伴的是乡村流动性愈加频繁，大批农民走出乡村外出打工或经商，乡村共同体分化加剧，异质性加大，村民的思想价值观多元，乡村社会治理难度加大。乡村伦理是乡村治理的重要手段，是乡村自治的基础，如果维系乡村治理的乡村伦理存在问题，就会造成乡村共同体秩序的混乱。自家庭联产承包责任制实行以来，乡村治理由国家重回社会，构建新的乡村伦理共同体成为乡村社会治理的关键因素。在乡村治理实践中，一方面乡村伦理道德问题成为乡村再造的障碍，另一方面有些地方已经走出一条适合自身发展需要的伦理治理之路，并发挥了良好的作用。社会变迁必然伴随着伦理转型，改革开放以来的乡村发展之路同时也是新的乡村伦理共同体的形成过程。

2. 理性主义道德观念影响伦理价值选择

市场经济的价值观全面进入乡村社会，传统伦理道德受到冲击，理性主义道德观念逐步形成。市场经济使理性主义、利益交换成为人们进行社会交往的重要原因，人们在追求利益最大化的过程中，把传统人际交往异化了，特别是随着大批农民工进入城市，在陌生社会中他们体会到了金钱的价值，传统的人情关系、乡规民约不再被人们所遵循，人们更加重视法治意识、规则意识，感情和面子因素在行为选择中的分量减少了。在市场经济、城市生活中树立的观念，随着每年春节和农忙时的返乡被带到了乡村。过去人与人之间的互帮互助、换工往来被现在的有偿劳动所代替，即时交往替代了不可预期的未来相处。对功利价值的追求被大部分人所认同，"道德人"被"经济人"所替代，与市场经济相适应的世界观和价值观被越来越多的人所认可，人与人之间的关系变得更加功利化，影响村民对乡村的认同感和归属感。在旧的伦理观念被很多人丢弃的同时，一些不良的伦理道德观念开始出现。例如，人们更加贪图物欲享受，市场经济等价交换原则充斥在人们日常生活交往的方方面面，功利性、工具性交往替代了友谊性、情感性交往，铺张浪费、消费性攀比、贪图享乐、及时行乐流行，甚至出现了赌博、性解放等恶习。我国的经济体制是社会主义市场经济，与资本主义社会的市场经济有着本质区别。因此，乡村出现的道德滑坡不是市场经济带来的，而是社会变迁过程中，由于旧的价值观念被打破而出现的社会震荡。传统伦理道德的基础是农耕文化，是与传统生产生活方式相适应的。在社会变迁过程中必然会出现新旧伦理价值观念的转型过程，这往往是容易出现问题的时期。市场经济能够促进人的理性，与市场经济相适应的理性主义道德观念被人们所认可，法治思想被更加重视，德治与法治被强调为具有同等重要的地位，德治、法治和自治成为乡村治理的必然选择。

3. 构建新型乡村伦理成为时代要求

由于乡村的碎片化、村民的原子化，乡村公共文化生活日益式微，公共理性和公共精神缺失，建构乡村公共伦理成为乡村秩序重建和整合的基础，提高个体道德修养具有重要的理论和实践意义。"乡村社会的特质集中体现在三个方面：一是村落共同体；二是熟悉关系；三是情感与道义联系。"[①] 乡村变迁使得情感道义联系弱化，熟悉关系正在被半熟悉

[①] 陆益龙：《后乡土中国》，商务印书馆2017年版，第6页。

关系所替代。① 乡村生产生活公共性的缺失，使人们之间的联系环节减少，对公共生活的关心程度下降，搞好自己的生产、过好自己的小日子成为村民的现实选择。乡村生活碎片化，村民个体化、原子化倾向不断加深，对于自身利益的重视代替了对集体利益、公共生活的关心。曾经的共同体已经失去了把村民聚集在一起的理由，公共空间越来越少且功能弱化，组织力和向心力退化，村民的集体关怀被冷冰冰的利益交换所代替。乡村公共性可以分为公共空间、公共服务、公共交往、公共规则和公共精神五个方面，② 这体现了乡村公共性，或者说这是乡村公共性建构的条件和表现。改革开放前的集体劳动场所、协商村庄事务的大队部、公共文化演出的舞台以及村庄公共广场，都是村民相互交流、信息传递和闲谈聊天的场所。改革开放以后，由于集体性生产不复存在，生产的自主权增强，村民生产生活多样化，忙碌成为普遍的状态，村民活动的公共空间萎缩，村民也没有时间聊天闲谈，特别是电视、网络的普及使村民更加注重自己的私人空间，公共交往越来越少，再加上大量人口外出打工，人们没有更多的时间去聚会、沟通和交流。集体资源的不足使公共服务也日渐萎缩，除了政府和市场提供的公共产品，很少有集体提供的服务。维持村庄秩序的公共规则由于个体化要求的多样化变得不合时宜，由于没有了权威性，乡规民约也形同虚设。公共精神在对个体化利益的追求中日渐萎缩，个体观念代替了集体主义观念。乡村公共性的消解，是乡村变迁、传统力量解体的表现，是新的共同体建构过程中出现的空白，是国家权力、社会生产、社会结构、市场经济以及乡村文化观念变革的综合作用的结果。国家的退场为社会留出了一定的自治空间，从而通过新的共同体的建构实现乡村社区的整合，但是，"乡村社会力量由于还未达到可以独掌一面的发达状态，在新的整合因素建构起来之前，乡村社会必定会呈现出一定程度的断裂和失序状态，甚至会呈现出普遍

---

① 吴理财、刘磊：《改革开放以来乡村社会公共性的流变建构》，《甘肃社会科学》2018 年第 2 期。作者指出："越来越多的陌生人开始进入乡村社会，带有逐利天性的资本大举'下乡'，于是乡村社会由温情脉脉的'熟人社会'走向狐疑猜忌的'半熟人社会'，甚至相互提防的'陌生人社会'。"

② 张良：《村庄公共性生长与国家权力介入》，《中国农业大学学报》（社会科学版）2014 年第 1 期。

的衰落和萧条景象，这是一个艰难的历程。"① 个人从家族、家庭、集体甚至阶级束缚中解脱出来，过去由国家权力整合的乡村社会结构由整体性走向了离散性。人们不再为公共性操心，自己才是最重要的，"在这样一个乡村社会里，农民的行动逻辑充斥着功利性、私利性、即时性，农民之间也越来越原子化，缺乏有效结合而处于独立无援的状态"。② 传统乡村伦理不再成为约束和制约乡村关系的文化，建立一种新的道德规范和意义体系就成为必然，这更是实现乡村全面振兴的需要。

三 后乡村伦理：现代性的视角

对于现代化进程中的乡村社会，有学者提出了"后乡土性"的概念③，它是指中国乡村社会的"乡土性"在现代化转型过程中"保持"与"变迁"，乡村社会在"变"与"不变"中呈现出自己独特的属性。基于此种理解，我们把现代化进程中的乡村伦理称为"后乡村伦理"，这个"后"是乡村伦理转型之后显示出的新特征。

（一）现代性以及乡村的现代性

现代化是社会发展的过程和结果，现代性是社会现代化所呈现出的社会特性，研究乡村现代性有助于理解现代化过程中的乡村社会。

1. 理解现代性

现代化把每一个国家主动或被动地带入，留下了不可抹掉的印迹，这就是社会现代性。"现代性就是我们的此在，我们所有的体验都立于其上，它以个体之'本己'的形式给出，却以集体的样式共出。"④ 这是现代化带给我们的后果，是研究现实问题不可回避的社会境遇。安东尼·

---

① 王玲：《乡村社会的秩序建构与国家整合——以公共空间为视角》，《理论与改革》2010年第5期。
② 吴理财、刘磊：《改革开放以来乡村社会公共性的流变与建构》，《甘肃社会科学》2018年第2期。
③ 陆益龙：《后乡土性：理解乡村社会变迁的一个理论框架》，《人文杂志》2016年第11期。
④ 晏辉：《中国形态的现代性：事实与价值的双重逻辑——价值哲学的视野》，《社会科学辑刊》2020年第6期。

吉登斯指出:"现代性完全改变了日常生活的实质,影响到了我们的经历中最为个人化的那些方面。"① 现代性是社会现代化表现在社会属性方面的特征,研究现代性应该理解现代化。

现代化表征的是社会发展的阶段和内涵,是社会发展到一定阶段区别于传统的并且具有自己内涵的社会变迁。当然,从时间序列上看,是与当下联系较为密切的阶段,从广义上说,任何时候都会有传统与现代的问题。由于现代化代表着社会的发展新阶段,因而具有先进、时髦、超前、科技等内涵,当然这不是从人类生活的终极目标和价值意义上去理解的。有很多人主张把现代化具体化明确化为西方现代化、发达国家的发展方式等,那么现代化就变为了追赶和学习西方国家的过程,甚至西方国家的发展成为发展中国家的模板。近代世界的发展开创于西方社会,特别是工业革命,这是人类生产力发展史上的大变革,改变了人类社会的整体面貌,成为现代社会政治、经济、文化变革的"元"动力。这是造成对现代化产生误解的主要原因,把现代化理解为"西化"或"欧洲化",就把现代化变为走西方的路,这是每次文化反思时都会暴露出来的一种倾向,甚至出现在改革开放初期。还有人把现代化理解为工业化,这是从经济层面对现代化的理解,容易单纯追求经济增长。因此,把现代化理解为西方化和欧洲化是不对的,作为一种发展道路来理解,现代化一定是本国走向未来社会的特定模式,"资本主义所创造出的现代性,只是众多现代性版本的初始版本或发展较为充分的版本之一,而不意味着现代性的终结"②。马克思主张"用历史的观点来看待现代性和现代社会的流变和发展"③,无疑是深刻和具有启发意义的。从现代化研究学者的观点来看,基本共识也是有的。大家都承认现代化是从传统社会向现代社会转变的过程,并且表现在经济、政治、文化、社会、心理结构以及价值观等各个方面,是社会系统的嬗变。现代化是一个不断发展的过程,不能从一个时间节点来描述,是一个渐进的过程,现代化是社

---

① [英]安东尼·吉登斯:《现代性与自我认同:现代晚期的自我与社会》,赵旭东等译,生活·读书·新知三联书店1998年版,第1页。
② 项久雨:《美好社会:现代中国社会的历史展开与演化图景》,《中国社会科学》2020年第6期。
③ 丰子义:《马克思现代性思想的当代解读》,《中国社会科学》2005年第4期。

会进步的过程，同时也是会产生很多问题的过程。现代化是非生命能源占较大比重的社会，第二、第三产业发达，分工更加细化，专门化程度更高，城镇化水平、社会流动率更高，社会分化、异质性强。人们政治参与积极性高，更加强调理性化、世俗化、自由化，对公共事务具有较为强烈的参与意识等。"现代性与传统社会相对立，它具有革新、新奇和不断变动的特点（Berman，1982）。从笛卡尔起，贯穿着整个启蒙运动及其后继者，所有关于现代性的理论话语都推崇理性，把它视为知识与社会进步的源泉，视为真理之所在和系统性知识之基础。人们深信理性有能力发现适当的理论与实践规范，依据这些规范，思想体系和行动体系就会建立，社会就会得到重建。"① 由现代化所导致的社会现代性是时代特征的显示，现代性所呈现的图景是研究现代问题绕不过去的现实。

关于现代性的内涵，西方学者给出了很多的阐释和界定。哈贝马斯认为，现代性具有时空性，是"一种与古典性的过去息息相关的时代意识"②，是新的"社会知识和时代"③。福柯把主体性阐释为现代性的本质，是反映时代特征的思想态度和时代精神。④ 马克斯·韦伯认为现代性就是理性化。国内很多学者也对现代性进行了解释，俞吾金认为：现代性是"现代社会生活中的一个最抽象、最深刻的层面，那就是价值观的层面。作为现代社会的价值体系，'现代性'体现为以下的主导性价值：独立、自由、民主、平等、正义、个人本位、主体意识、总体性、认同感、中心主义、崇尚理性、追求真理、征服自然等"⑤。几乎说尽了关于现代性的价值追求。汪晖认为："现代性是一种时间意识，或者说社会是一种直线向前、不可重复的历史时间意识。"⑥ 贺来指出："现代性不仅代表着一种文化精神和价值观，而且必然落实为一种社会组织方式和社会

---

① ［美］斯蒂文·贝斯特、［美］道格拉斯·凯尔纳：《后现代理论——批判性的质疑》，张志斌译，中央编译出版社2011年版，第2—3页。
② 唐文明：《何谓现代性？》，《哲学研究》2000年第8期。
③ ［德］哈贝马斯：《现代性的地平线——哈贝马斯访谈录》，李安东、段怀清译，上海人民出版社1997年版，第122页。
④ ［法］福柯著，杜小真编选：《福柯集》，上海远东出版社2003年版，第537页。
⑤ 俞吾金：《现代性现象学》，《江海学刊》2003年第1期。
⑥ 汪晖：《韦伯与中国的现代性问题》，载《汪晖自选集》，广西师范大学出版社1997年版，第2页。

制度安排。"[①] 李佑新认为，"现代性有其特定的指涉范围，它表征的是自启蒙运动以来所形成的现代社会群体结构的性质、特征或质态"，主要分为"外在社会结构和内在的文化心理两个方面"。[②] 从不同学者对现代性概念的理解可以看出，现代性是具有时间维度的概念，是在现代化过程中社会结构和社会心理发生的显著变革。

2. 乡村的现代性

乡村变迁脱离不了现代性的社会场域，现代性因素必然渗透到乡村社会中。乡村现代化是被动的，是伴随着工业化、城镇化、全球化的过程逐步发生的。工业化是现代化的动力，工业化极大地提高了劳动生产率，也使农业生产方式发生变革，特别是机器生产代替了人力和畜力，科学技术渗入农产品的生产和加工。城镇化就是乡村人口流向城市的过程，同时也是乡村生活发生重大变革的过程。一方面城市元素进入乡村，城市作为先进生活方式的代表，成为农村效仿的对象，农村生活的城镇化改变了传统的乡村面貌；另一方面城镇化强化了城乡之间的联系，农民的世界观、价值观在现代因素影响下发生重构。现代化从一开始就伴随着全球化的过程，是现代化促进了全球化还是全球化加速了现代化，我们不去做更多的探讨，但是，全球化对传统的破坏力度是最大的，使传统因素在外来技术和文化的冲击下发生了颠覆性的变革。越是受全球化因素影响比较大的地方，传统因素的保留就越少。总之，现代化是不可阻挡的趋势，如果不去追问现代化的"应当"模式，以理性的目光审视乡村现代化，乡村的现代转型就是不争的事实。在这一过程中，现代性因素已经全方位、多层次、整体性地进入乡村，对乡村社会的生产、生活方式、社会交往方式、乡村治理方式、价值观和伦理道德等各方面都产生了深刻的影响。

对乡村现代化的分析有两个视角，一个是被动现代化的乡村，另一个是主动现代化的乡村。中国乡村现代化主要是被动发生的，而不是自己主动选择的结果，现代化给乡村带来生产生活变革的同时，不同价值

---

① 贺来：《"现代性"的反省与马克思哲学研究纵深推进的生长点》，《求是学刊》2005年第1期。

② 李佑新：《走出现代性道德困境》，人民出版社2006年版，第18页。

标准的现代性因素破坏了传统，带来了乡村现代性的两面。"'现代性'论述的是现代化运动在给人类带来价值的同时，又如何把代价、风险甚至灾难带给了人类。"[①] 乡村的现代性同样具有这样的两面，我们在审视乡村现代化时，要从价值视角对乡村现代化进行分析。中国乡村现代化的历史伴随着中国现代化的过程，虽然不同时期、不同地域的乡村被卷入的程度不同，乡村现代化的表现可能也不一样，但是它们也具有共性。乡村现代化一方面震荡了传统因素，在反思传统中促进了社会的进步，使原有社会秩序被破坏，特别是旧的生产方式、生活方式、社会心理以及价值观念；另一方面在传统向现代转型过程中，出现了种种的问题甚至不可预期的后果。社会变迁是一个中性词，只是叙述一种变化和不同，如果从价值理性上进行评判，既有好的结果，也有恶的结果。现代化机器大生产代替人力和畜力，提高了劳动生产率，产品极大丰富，但是，机器生产的产品一定比手工生产的好吗？现代科学技术应用于农业生产，特别是化肥农药的使用，解决了农业生产产量不高、病虫害困扰等问题，却也给粮食生产带来种种危害和风险。"现代化，尤其是从'互惠共同体'（Gemeinschaft）到'法理社会'（Gesellschaft）的转变构成了异常强烈的社会疏远过程，不同社会中的大量个体在这个过程中经历了或经历着文化价值瓦解与重建的艰难时期。"[②] 乡村现代化使传统共同体瓦解，村民之间的社会交往发生改变，理性化、市场化渗透到乡村生活的方方面面，利益最大化的市场法则影响着村民的交往和行为选择。乡村流动性增强，个体化趋势明显，乡村分化日益严重，村民更加自由，选择性更多。在工具理性无处不在，功利化行为掩盖生活目的的同时，也带来了村民的无方向感和认同危机。吉登斯指出："在现代性背景下，个人的无意义感，即那种觉得生活没有提供任何有价值的东西的感觉，成为根本性的心理问题。"[③] 共同体的瓦解，不仅意味着整合机制的重新建构，

---

① 晏辉：《中国形态的现代性：事实与价值的双重逻辑——价值哲学的视野》，《社会科学辑刊》2020年第6期。
② 井世结、赵泉民：《组织发展与社会治理：以乡村合作社为中心》，中国经济出版社2017年版，第317页。
③ ［英］安东尼·吉登斯：《现代性与自我认同：现代晚期的自我与社会》，赵旭东等译，生活·读书·新知三联书店1998年版，第9页。

同时也给人们心理带来孤独、焦虑与无助感，使人们陷入"无根漂泊"的恐惧中。在理性被无限提高的同时，乡村社会中的人情、面子甚至相互之间无私帮助都随着时代的发展显得不合时宜。个体性的张扬使自我价值被无限提高和强调，村庄集体的权威动员能力下降，整合力度下降。

总之，乡村现代化给乡村带来的影响是巨大的，这是研究乡村社会问题必须面对的，乡村现代化既是引发现代乡村问题的重要诱因，也是乡村发展面临的新的机遇。我们认为，乡村现代化是不可阻挡的历史发展趋势，是乡村未来发展的方向，我国未来乡村的现代化发展一定要成为主动选择的过程，而不是被动的现代化过程。问题的关键是对现代化的认知，也就是现代化的中国图景应该是什么样子的，我们不能再重复别人走过的老路，一定要克服"现代化"已有的弊端。首先，基于中国乡土社会的现实对现代化进行审视，实现人民群众对美好社会需要的满足，是我国现代化建设的出发点和落脚点。必须克服西方现代化对物质生活、精神生活的异化，走具有中国特色的社会主义现代化之路。其次，我们站在历史与现实的交汇点，已有社会现代化是我们无法回避的现实。马克思指出："人们自己创造自己的历史，但是他们并不是随心所欲地创造，并不是在他们自己选定的条件下创造，而是在直接碰到的、既定的、从过去承继下来的条件下创造。"[1] 现代化所提供的科技、生产效率、制度创新以及思想智慧是我们进一步发展的基础，虽然有其历史局限性，但是，我们不可能回到过去，也不应该由于现代化暴露出的种种问题而回到从前，这不是历史唯物主义的观点，而是十分愚蠢的做法。只有在扬弃基础上继承，真正认清现代化的主体需要，才能选择好现代性的应有内容。最后，中国乡村现代化应该有自己的行动方案，这是一种不同于西方社会的具有本质差别的社会图景。劳动成为人们的第一需要，而不再是指向功利化的对劳动的异化，不断实现人的全面发展，以优越的社会主义制度实现所有人的利益，而不是少数人的利益。维护和巩固人民当家作主的政治制度，提升人民群众的精神生活水平，建构绿色环保的理想家园。乡村振兴战略是中国乡村现代性对这种不足的主动选择，是乡村现代化的应有方式和路径。

---

[1] 《马克思恩格斯文集》第二卷，人民出版社 2009 年版，第 470—471 页。

（二）现代性下的乡村伦理

乡村现代化同样是乡村伦理遇到的场景，传统乡村伦理正是在遭遇乡村现代性的过程中解构的。面对现代性的挑战，乡村必须在继承中创新、在创新中发展，建构具有中国特色的社会主义乡村伦理。

1. 现代性对乡村伦理的挑战

现代性是由于社会现代化而呈现出的社会属性，是社会发展的新趋势和结果。现代性既表现在物质层面，如更加先进、高端、具有科技含量的产品，也表现在思想观念层面，如新的思想、新的价值观，其往往会引发新旧文化、价值的冲突。"正因为现代性社会的这种异质性，所以，在由前现代性社会向现代性社会过渡的过程中，才会出现大范围的价值混乱与道德失范现象。"[1] 这是转型时期普遍存在的问题，转型意味着变革，变革就会出现问题、矛盾和斗争。吉登斯指出："现代性是一种双重现象。同任何一种前现代体系相比较，现代社会制度的发展以及他们在全球范围内的扩张，为人类创造了数不胜数地享受安全的和有成就的生活的机会。但是现代性也有其阴暗面，这在本世纪变得尤为明显。"[2] 现代性是社会发展的必然，在为社会发展提供各种可能性的同时，也对社会提出了巨大的挑战，这种挑战来自变革所带来的不安。人们既不安于现状，苛求对未知的探索，又在陌生社会来临的同时感受到痛苦、迷茫和焦虑，乡村伦理也在这种阵痛中面临着各种问题和挑战。

乡村现代性消解了乡村的"乡土性"，动摇了传统乡村伦理的基础。传统乡村伦理建构的社会基础主要是自给自足的农业生产，封闭的乡村生活以及稳定的村民关系，以血缘和地缘为基础的人情关系，以种族为本位的伦理秩序，以家规家训、村规民约为基本遵循的道德规范。乡村现代化是现代性因素在乡村的全面渗透，现代性与"乡土性"不是相互排斥的关系，之所以称为乡村的现代化，就是因为现代乡村社会与传统乡村社会具有不同的特征。这种不同不只是物质生活上的变化，更重要的是精神文化生活的改变。工业化是现代化的重要特征，工业化对乡村

---

[1] 高兆明：《道德失范研究：基于制度正义视角》，商务印书馆2016年版，第328页。
[2] ［英］安东尼·吉登斯：《现代性的后果》，田禾译，译林出版社2011年版，第6页。

社会的影响表现在生产和生活各方面，工业化改变了乡村的生产模式，特别是机器大生产在农业生产中的应用，使农民有了更多的闲暇时间，生活条件更加便利；汽车等交通工具的普及化，使村民的流动性加剧；互联网等信息传递的便捷性，使自媒体在乡村社会的广泛流传，村民受到多种多样文化的影响。乡村现代化也是乡村城镇化的过程，城市因素在乡村社会中不断增加，乡村自身变迁的同时，乡村人口也在向城市流动。人是乡村发展的主体，村民不再与乡村具有紧密的联系，乡村文化就会发生断裂，乡村风俗习惯、乡村伦理道德在现代理念的冲击下就不能很好地约束和规范乡村秩序。与现代化相伴随的市场化、商品化和功利化也必然在乡村社会中与传统伦理观念发生冲突，特别是理性化的做事原则在现代乡村社会中已经很有市场，人们不再顾忌面子和人情，不再把亲情作为考虑问题的出发点，金钱至上的价值追求成为人们社会交往的重要选择。现代性已经进入家庭伦理中，家庭结构小型化，核心家庭成为主要形式，个体与家庭的关系从传统的依存关系变为相互独立的关系，家庭本位与传统孝道被动摇，追求个人价值，特别是对自我生活意义的强调，多子多福、重男轻女等传统家庭观念不再被人们看重。现代化对乡村社会的影响是无所阻挡的潮流，其对乡村社会渗透是全方位、立体化、全面性的，我们无论是否承认，它也实实在在地影响着乡村社会的各个方面。

由于现代化发端于西方，对于现代化道路长期存在西方取向，现代化往往与西方化被相提并论，无论是近代的民族复兴运动，还是改革开放以来的经济建设，都存在对西方现代化的效仿和追赶，西方现代化的价值追求成为标准。"长期以来，现代性将乡村世界的图景纳入一元的绝对秩序当中，追求普遍秩序下的同质化文化，在具体的乡村生活层面，呈现出对普适真理的认可，和对单一性价值的排他性选择。"[1] 这就造成传统乡村伦理道德核心的瓦解，乡村社会在长期发展过程中孕育形成的道德价值观念，例如孝顺、勤劳、简朴、尚礼等观念在现代化的侵蚀下发生动摇、瓦解甚至是崩解。也有人认为现代化是工业化、城镇化和全

---

[1] 肖莉、王仕民：《现代性与后现代性双重视角下的乡村文化振兴》，《湖南行政学院学报》2020年第2期。

球化的过程,农村现代化成为对城市生活的学习。改革开放以来,我国的城镇化道路主要是通过人口向城市流动实现的。当然也有学者指出,中国城镇化应该走就地城镇化的道路,也就是通过城镇化建设提升城镇化水平。这就出现了让"农民上楼"的城镇化运动,很多地方通过集中安置形成了"千村一面"的城镇,改变了农民的生产和生活方式。现代化是社会变迁的结果,是社会生产力发展基础上的社会生产生活方式的改变,是现代性因素对传统的替代。既有的伦理价值在现代性因素的影响下被怀疑、被质疑甚至被认为是守旧的表现。我们认为,乡村现代化不能通过农村人口向城市流动来实现,更不是简单效仿城市人的生活,而应该是走出一条具有中国特色的、具有乡村特色的现代化之路,把提高乡村生活水平作为根本遵循,只要有利于实现乡村的美好生活就是好的现代化之路。有人认为:"中国的乡村文化对所谓新文化的吸收,不是在一种自然、自觉、理性基础上的吸收,而是在打掉了传统文化的根基之后,一种没有底气的、被动的吸收。"[1] 因此,中国特色的乡村伦理应该具有自己独特的价值追求,应该以传统伦理文化为根基,构建具有中国特色的伦理价值追求。

2. 现代化乡村伦理的建构

乡村现代化是不可阻挡的潮流,现代化的到来改变了乡村文化,同样也影响了乡村伦理,重建乡村伦理成为维护乡村秩序必须解决的问题。乡村不可能再回到传统的形式,乡村现代化是未来乡村发展的方向,不能因为现代化对传统乡村的冲击就否定乡村的现代化过程。现代化下乡村伦理的建构关键是对乡村现代化的理解,也就是现代化下乡村伦理的价值取向、主要内容、主体建构。

第一,新时代中国特色社会主义乡村伦理的价值取向。无论如何理解乡村现代化,对人的关注,特别是对人的物质生活和精神生活的提升是判断现代化的应有走向。乡村全面振兴的本质是乡村美好生活的实现,是人的全面发展和乡村社会进步,特别是乡村社会共同富裕程度上的更大超越与进步。社会发展是历史与现实相统一的选择,只有继承与创新,

---

[1] 丁永祥:《城市化进程中乡村文化建设的困境与反思》,《江西社会科学》2008 年第 11 期。

才能获得进步。中国特色社会主义现代化乡村，既要对"现代性"问题进行扬弃，又要"着眼于新时代条件下人的现实幸福、现实生活体验现实社会交往，在此基础上，又进一步开掘人在美好社会中实现全面发展的可能"。[1] 我们认为乡村现代化最主要的是不能完全效仿西方，也不能走与城市发展相同的道路，必须面向乡村社会，特别是乡村特有的生产和生活方式，走出一条具有新时代中国特色社会主义乡村伦理的文化发展之路。这种建构是对传统乡村伦理的延续，同时又是在现代化"场域"中乡村伦理的创新与发展。有学者指出："中国需要在进一步的现代化发展中对乡村本性、乡村发展的目的以及乡村与现代化发展的关系进行自觉而全面的伦理把握，深入反思被消解的乡村性与被选择的现代性之间的对立关系，揭示多样化现代性发展过程中不同乡村性的存在价值，继而发展一种乡村性与现代性互融共进的新型现代化。"[2] 价值取向是乡村伦理建构的灵魂，是伦理道德的核心要素，是导向、引领和目标。现代化发端于西方，西方现代化所追求的民主、自由、理性，我们并不否定其在西方资本主义发展过程中所起的作用，特别是在打破传统思想，树立现代理念过程中的作用。西方价值理念是在西方物质文明传入中国的过程中被认可的，并且成为一定时期现代化的模板。在西方现代化价值取向被发展中国家效仿的过程中，其所暴露出的问题也逐渐促使发展中国家对现代化进行反思，同时西方国家也提出了种种不同的观点，集中体现在西方后现代化的理论中。我们认为，虽然现代化起始于西方，但是西方现代化不应该成为所有国家追随的模式，不应该成为所有国家实现社会现代化的标准范式，每个国家都有其自身不同的特点，都应该有自己的发展道路。同样，中国乡村社会分布离散，在不同地域其差异更加明显，更不可能走相同的道路。不同地域、不同民族的风俗习惯不同，伦理道德遵循也不同。现在很多乡村出现伦理失范的问题，其最重要的原因就是传统伦理与现代文化的冲突，也就是传统的伦理道德已经不能

---

[1] 项久雨：《美好社会：现代中国社会的历史展开与演化图景》，《中国社会科学》2020年第6期。

[2] 杨伟荣、王露璐：《现代性·正义性·主体性——乡村发展伦理研究的三个基本维度》，《哲学动态》2020年第6期。

约束受现代化影响的村民的行为。同时这些问题也是不同群体对传统伦理与现代观念的不同理解造成的。特别是年轻人和老年人之间的这种差距更加明显，老人看不惯年轻人，年轻人认为老人观念太守旧。其实是他们都没有站在局外人的视角去思考这一问题，我们不应该否定优秀传统伦理文化的价值，无论任何时代传统文化都有其可汲取的精华；同时也不应该完全否定现代性的观念，否则就没有发展，创新和发展一定是传统与现代的结合，这是我们构建中国特色社会主义乡村伦理应有的观念。同时，现代化绝不等于城镇化，在乡村现代化过程中，存在一种乡村城镇化的倾向，简单把现代化理解为城镇化。只要乡村存在就应该具有独立性，具有与城市不同的图景。这几年城镇化在大踏步地发展，我们在看到城镇化率节节攀升的同时，也看到了乡村的衰败，"空心化"甚至"荒芜化"成为很多特别落后农村地区的现实状况，而现实问题是，乡村始终是中国现代化社会发展的基础，特别是农业生产是一个国家的命脉。社会现代化不能没有乡村的现代化，乡村现代化不能丢失了乡村的本质存在。对于美好生活的追求是乡村现代化的根本目标，要克服现代化工具理性与价值理性的遮蔽，基于乡村本土化的视角反思乡村现代性，反思现代乡村伦理的建构。

总之，乡村伦理遭受了来自现代化与城镇化的双重冲击，没有文化的支撑是不可能有社会的延续与发展的，没有民族文化作为底蕴是不能有自身的发展特色与创新之路的，文化自信是文明创新的基础。乡村发展必须要有乡村伦理，并且必须是中国特色的乡村伦理，这是中国乡村发展的根基。现代化下的中国乡村社会，既不能效仿城市发展之路，更不能跟随西方国家的发展模式，只能探索具有中国特色的乡村伦理。

第二，新时代中国特色社会主义乡村伦理的建构必须处理好传统与现代伦理的关系。传统乡村伦理如何应对现代化的挑战，是传统乡村伦理阻碍了现代化，还是现代化破坏了乡村伦理。传统乡村伦理遭遇现代化的冲击不只是现在的问题，从近代开始就出现了中国传统乡村伦理与西方文化的不期而遇，这是一个历史的过程。1840年，西方列强打开中国的大门，西方现代化侵入中国，这是中国传统伦理与西方文化撞击最强烈的一次，所引发的中体西用的洋务运动、图强革新的维新变法、救世图存的新文化运动，以及后来的乡村建设运动，试图实现从物质层面到制度层面、从思想层面到伦理道德层面的变革。但是由于中国传统乡村社会的封闭性，以及传统伦理文化的根深蒂固，只影响了乡村伦理的浅层次的方面，并没有动摇传统乡村伦理的基础，中国传统伦理仍然是乡村社会秩序的维护者和规范者。

新中国成立后，中国乡村社会发生了巨大变化，同时乡村伦理也在社会变迁过程中发生了巨变，与社会主义新型文化相适应的乡村伦理得以形成，特别是通过破"四旧"，新型的具有社会主义特色的新伦理、新风尚、新观念建立起来。但是，这一时期的乡村伦理是新中国伦理文化的自我改造，并没有受西方现代性价值的影响，实质上，为形成具有中国特色的社会主义乡村伦理奠定了基础。

改革开放以来，这一时期是中国乡村伦理受现代性影响最深刻的时期，特别是西方价值观对中国社会的影响。何雪峰指出："改革开放以来尤其是20世纪90年代以来，快速进展的农民理性化，极快地侵蚀着中国不同地区农村的传统，中国农村面临一场巨变。"[①] 改革开放不只是资金、技术、物器开放引进的过程，同样也是思想意识形态的输入过程。面对西方发达先进的物质技术，我们必然会反思自己落后的根源，探寻西方进步的原因，其中现代化是最被推崇的理由。在"上帝死了"的神的"祛魅"呼声中，西方所倡导的人的自由解放，对主体地位的强调，契合了国人的需要，理性化、世俗化解构了对传统的尊崇。我们承认现代化的科学、民主与自由思想对于人的解放、对于被迷信和圣神所压抑的人的主体性确立所起的作用，特别是对现代社会发展所起的巨大推动作用。但是，我们也应该看到现代化对工具理性的张扬所带来的对价值理性的异化，当物质利益成为判断行为理由的唯一标准的时候，人成了物化的单向度的人，人的生存目的和意义就被歪曲。"现代性在工具理性、资本逻辑的推动下，给人们带来了伟大的文明成果，但是也造成人与人之间的疏离和社会新的断裂和残缺，深刻影响着现代人的日常生活。"[②] 当现

[①] 何雪峰：《乡村社会关键词——进入21世纪的中国乡村素描》，山东人民出版社2010年版，第254页。

[②] 揭晓：《现代性视域下社会主义意识形态嵌入乡村日常生活探析》，《社会工作与管理》2016年第4期。

代性的负面影响带给人们种种困惑的时候,我们不得不开始反思如何理解现代化这一最根本的问题。特别是被现代化所嫌弃的传统是不是就应该完全抛弃,成为当下人们重新审视的问题。有学者认为:"当我们看到西方现代性模式中的弊端,看到西方现代性下人的生存困境,理性与价值的背离、生存意义的遮蔽、物质欲望的过度膨胀带来的精神空虚等,人们会转而向传统文化中寻求'解救'的灵药。"① 对于现代化的弊端,马克思主义经典作者早就指出:现代性使"一切固定的僵化的关系以及与之相适应的素被尊崇的观念和见解都被消除了,一切新形成的关系等不到固定下来就陈旧了。一切等级的和固定的东西都烟消云散了,一切神圣的东西都被亵渎了。人们终于不得不用冷静的眼光来看他们的生活地位、他们的相互关系。"② 确实是时候冷静思考我们需要的现代化是什么的时候了,要构建新时代中国特色社会主义乡村伦理既不是对传统的抛弃,同时也不是对"现代性"的完全接纳。应该是优秀传统伦理与现代伦理先进观念的结合,用一种新型伦理价值填补村民的"精神空洞",实现传统伦理的现代化转换,化解"现代性"所带来的消解影响。

第三,现代化乡村伦理的主体性建构问题。由于城乡差别,大量青年人离开乡村,他们用自己的脚步追随着现代化社会带来的新的生活方式,以及新的赚钱机会。很多乡村留下来的主要是老人、妇女和儿童。这些走出乡村,离开乡村土地走进城市的青年人,他们所固有的伦理文化由于缺乏了历史和地域的双重基础,既有的文化被否定。由于户籍和身份差别,他们其实无法真正融入城市,生活在城市的边缘,在乡村文化和城市文化的夹缝中,没有形成可以支撑他们生活的伦理文化,行为失序成为普遍问题。"大量青壮年在农村社区的长期不'在场',构成了农村社会主体的失陷。"成为"无主体熟人社会"。③ 生活在乡村的老年人,在传统与现代之间游离,他们看不惯年轻一代所信奉的现代文化,

---

① 闫慧慧、郝书翠:《背离与共建:现代性视阈下乡村文化的危机与重建》,《湖北大学学报》(哲学社会科学版) 2016 年第 1 期。
② 《马克思恩格斯选集》第一卷,人民出版社 1995 年版,第 275 页。
③ 吴重庆:《无主体熟人社会及社会重建》,社会科学文献出版社 2014 年版,第 172 页。

同时所固有的传统文化又被看作是落后的、守旧的甚至是顽固的，他们更无法承担起改变乡村伦理道德的重任。"农村主体的缺失带来的是乡村伦理道德，人情面子及关系运行方面的变异。"① 人是现代化的重要因素，没有人的现代化就不能真正实现乡村的现代化。中国特色社会主义乡村伦理建设，是人的思想观念和伦理行为的建设，改变乡村伦理风貌，最根本的问题是村民伦理道德观念的变革。如果缺少了乡村建设主体，伦理建设就成为空谈。有人认为现代性就是主体性的实现，认为："所谓现代性，乃人类在不断进化的条件下（涵人类自身、自然、人化自然、人造物的进化），不断发掘、重申人、人类的主体性。"② 现代性乡村伦理的主体性建构，主要是两个方面的问题，一方面是乡村建设主体的回归，即大批青年返回乡村，在乡村建设中起主导作用；另一方面是解决乡村主体的异化，使村民成为乡村价值实现的目的，而不是手段，塑造大批具有现代化理念的、能够践行新的乡村伦理文化的新型农民。

乡村主体化的回归需要解决多方面的问题，既需要乡村自身发展所具有的吸引力，同时也需要国家政策的支持，特别是国家公共投入与公共服务，还需要乡村教育的发展，不断提升村民的思想文化水平，提高村民的道德修养，充分发挥村民在乡村社会生产中的积极性、主动性。青年人的回归关键是让他们有发挥自身能力的用武之地，让他们成为乡村全面振兴的真正主力，可以说没有大批有志于乡村发展的年轻人，乡村全面振兴就是一句空话。随着高等教育的普及化，掌握现代科技文化的青年是乡村文化的未来。青年自我价值的真正体现，就是为乡村发展贡献自己的能力，乡村不但能够解决他们的生存问题，同时也能够体现他们的存在价值。有人指出："只有让农民既能成为创造财富的主体，又能与其他主体一样共享社会的发展成果，促进创造主体与价值主体内在地统一其生活实践中，才能真正让农民淡忘城市的高墙，拾回对生命尊严的守望。"③ 总之，人是乡村发展的最根本力量，乡村伦理主体的建构，不但需要有一定结构、数量的村民，更重要的是具有掌握现代科学文化

---

① 吴重庆：《无主体熟人社会及社会重建》，社会科学文献出版社2014年版，第180页。
② 庞绍堂：《现代性、主体性、限制性》，《学海》2008年第6期。
③ 黄进：《中国农民主体性的现状与重塑》，《高校理论战线》2012年第2期。

知识、具有现代经营能力、具有现代理念的新型农民，他们在这块具有浓厚传统特色的土地上，创造出充满活力、富有生命力的、指向未来的乡村伦理文化，为中国特色社会乡村建设提供伦理支持。

第 三 章

乡村伦理的现实审视

审视乡村伦理的现实状况,分析乡村伦理存在的问题,从而有针对性地加以解决,乡村伦理才能得到发展,中国特色社会主义乡村伦理就是在继承和创新中建构的。乡村伦理是现实的乡村社会在伦理观念上的反映,现实的乡村社会景象是现代化、市场化、全球化社会发展在乡村社会的投射。乡村无法回到从前,也不应该回到从前,从前并不是乡村应当的模样,乡村变迁是历史发展的必然趋势,审视现实的乡村社会、评价当下的乡村伦理是尊重社会发展选择的表现,是研究乡村伦理应有的态度。

一 新时期乡村伦理的生成基础

中国版图辽阔,乡村社会千差万别,乡村伦理呈现出不同的特点。乡村社会是乡村伦理的具体"场域",是乡村伦理图景的承载。伦理体现在不同主体的关系中,是一个共同体共享的价值理念和行动规范。

(一) 乡村伦理主体

伦理是社会关系的"应然",乡村伦理是乡村主体的伦理,是对乡村主体关系的伦理规范。乡村伦理的主体是参与乡村生产、生活的主体,乡村伦理是具体的,不能没有伦理主体的参与,如果无视伦理主体而抽象地谈论伦理,就失去了乡村伦理的基本支撑。随着城镇化的加速发展,农村人口向城市流动成为改革开放以来的人口流动的主要特征,乡村伦理的转型与乡村人口的流动相伴,人口流动意味着人与人之间关系的改变，意味着坚守乡村的主体的变动，留下来的人成为乡村伦理的传承者和实践者。研究乡村必须研究乡村社会中的人，研究乡村伦理同样必须研究乡村社会中的人，也就是乡村伦理的主体，主要包括村民、基层党组织和村委会、新乡贤、驻村干部和新兴社会组织等主体。

1. 村民

虽然发达地区和中西部地区的乡村发展水平不同，乡村人口的规模有较大差距，但是从全国整体情况来看，村民是乡村人口的主体，是乡村生活的参与者，乡村伦理的传承者、体现者、践行者，村民的道德风貌是乡村伦理的主要表现。在农耕文化时期，村民以血缘依赖关系和土地依赖关系长期生活在乡村，择土而居、安居乐业，在长期的生活中形成了独特的乡村文化。改革开放以来，在离土不离乡的社会中，乡村文化在城乡间传递。从全国的情况来看，乡村发展差别较大，不同的地区呈现出了不同的发展状况，有些地方出现了明显的"空心村"现象，留在村里的主要是老人、儿童，甚至这几年儿童也很少了，随着城市对学龄儿童户口限制的取消，很多孩子随父母到城里读书，村里基本是60岁以上的老人。在城市定居的年轻人增多，年轻人回乡村的时间越来越少。在一些较为发达的地区，虽然乡村人口相对还比较多，但是流动性增强，尤其是农业生产不再成为村民生活的主要来源，多种经营，第一、第二、第三产业同时出现，还有的乡村已经形成了以第二、第三产业为主的发展模式。村民与土地的关系、与亲属的关系、与其他村民的关系都随着产业、依附关系和交往关系的变化，特别是经济利益上的联系变少，而不同于传统社会，留在乡村中的村民是传统与现代张力下的现实的人，他们既是传统文化的传承者，同时也是现代文明的接受者，在新旧文化的撞击中呈现出现实的价值选择。

2. 基层党组织和村委会

改革开放以来，能够统领乡村共同体的只有基层党组织和党组织领导下的村委会。基层党组织是党在乡村的基层组织，是带领广大人民群众建设社会主义新农村的战斗堡垒。也只有党的基层组织才能成为"三农"工作的领导核心，村委会是在基层党组织的领导下，由村民自我管理、自我教育、自我服务的基础群众性组织。2018年，中央出台了《关于实施乡村振兴战略的意见》，强调了农村基层党组织的领导核心地位，坚持党对农村工作的全面领导，构建基层党组织领导下的多元共治的自治、法治、德治相结合的乡村治理格局。农村基层党组织既要领导农村经济工作，同时也要加强对农村精神文明建设的领导，强化思想道德建设、农村文化建设，形成有特色的村落文化。习近平总书记指出："农村要发展，农民要致富，关键靠支部。"指明了农村发展的组织核心、依靠力量和整合中心。我们应当看到，乡村社会的个体化与公共性消解成为困扰乡村社会发展的重要影响因素，在传统社会组织约束机制不再能够维持乡村秩序的背景下，基层党组织成为乡村社会发展的领导和引领核心，是实施乡村振兴战略的关键。基层党组织既是党凝聚民心、发动群众、引领发展的核心，又是乡村社会治理的领导者、推动者和实践者，还是落实党的乡村战略目标，实施党的路线方针政策的根本组织保障，更是推动乡村社会发展最重要、最活跃的力量，发挥好基层党组织在乡风文明建设中的作用具有重要的理论和实践意义。

第一，乡风文明建设必须充分发挥基层党组织的领导核心作用。乡村发展，党的领导是根本，加强党对乡村工作的全面领导，发挥党在乡村工作中举旗定向、总揽全局、协调各方的作用，健全和完善党的农村工作的领导体制和运行机制，这是乡村发展强有力的组织保证和政治保障。基层党组织是乡村社会发展的主心骨，只有在党的领导下才能保证乡村社会的政治、经济、文化和社会发展不偏离党和国家的发展方向与奋斗目标。乡村治理的核心要义就是要发挥多元主体的治理功能，这就需要基层党组织利用自身的领导核心作用，教育群众、发动群众，发挥好村委会、共青团、妇代会等团体的作用，形成全民共同参与乡村治理的格局。中国共产党的宗旨是全心全意为人民服务，只有在党的领导下，才能保证发展目标，制定正确的发展战略，不断满足农民需要，解决乡村问题，从而促进乡村发展。充分调动农民的积极性、主动性、创造性是乡村发展的出发点和落脚点，基层党组织是党在基层的代表，是人民合理合法利益的保护者，是维护农民根本利益和长远利益的实现者。基层党组织作为人民群众根本利益的代言人、维护者，只有在党的领导下才能调整利益关系，化解利益冲突，整合社会需要。基层党组织作为党在基层社会的代表，是国家权力与人民群众利益的连接点，是党的战斗力、凝聚力和号召力的最终落脚点，是实现乡村社会充满活力、和谐有序的主导力量。只有在基层党组织的领导下,才能保证乡村社会的发展,为乡村社会指路定向。

第二,要充分发挥基层党组织在乡风文明建设中的应有作用。必须加强基层党组织的建设,解决困扰乡村发展的障碍性因素。新的历史使命对基层党组织提出了新的、更高的要求,这就需要不断加强基层党组织建设,不断优化组织结构,把乡村基层党组织建设成为贯彻落实党和国家决定,领导推进农村基层社会治理,组织动员广大人民群众、推动农村经济和社会发展的坚强战斗堡垒。要以领导力建设为核心,彰显基层党组织在乡村社会各领域的政治引领力,强化基层党组织在乡村重大事项、重要问题、重要决策、重要工作方面的领导权威,防止基层党组织在乡村社会中的虚化、弱化和边缘化现象出现。

第三,探索乡风文明建设中基层党组织作用发挥的路径。要不断健全完善基层党组织的体制机制,强化基层党组织的角色自觉,主动担当、认真负责,真正起到领导核心作用;要完善密切联系群众的工作机制,以人民为中心,成为人民群众的"主心骨""引路人"。规范基层党组织的行为,强化社会监督和问责机制,形成责任权利统一的保障机制。弘扬主流意识形态,确保党员权利与党内民主,探索基层党组织联系党员的新途径,提升基层党员素质,沟通协调多元治理主体,培育和谐、文明的乡村文化氛围。

3. 新乡贤

在传统社会中,乡贤是影响乡村发展的重要力量,乡贤文化成为中国传统文化的一个重要组成部分。在几千年的乡村社会发展中,乡贤起到了沟通精英群体与乡村社会、国家权力与基层管理的作用。在传统乡村社会,乡贤一般是通过国家的选拔机制进入城市社会,在政治、经济、文化方面成为乡村值得称赞的人,由于与乡村保持着千丝万缕的联系,他们虽然离开了乡村,但是仍然影响着乡村社会的发展。还有一些人长期生活在乡村,由于他们在政治、经济和文化方面有比较高的地位,成为在乡村社会具有较大话语权和影响力的群体,他们用自己的威望影响着乡村社会的方方面面。

新时期积极发挥乡贤在乡村振兴战略中的作用,使乡贤成为新时期乡村发展的重要主体。由于时代的变迁,乡贤的内涵和外延都有了很大的变化，学者们把新时期的乡贤称为新乡贤，"是传统乡贤精神的现代映照与传承创新"①，分为"在场"和"不在场"的乡贤，"在场"的新乡贤由于他们在村里具有良好的品德、学识和声望，或者是当地的致富能手，从而赢得人们的尊重；"不在场"的新乡贤是由于上学、从商或者在外从政离开家乡，但是仍然还牵挂着家乡发展并愿意通过各种途径效力家乡发展的各行各业的精英。曾任中共中央宣传部部长的刘奇葆指出，新乡贤包括优秀基层干部、道德模范、身边好人等先进典型，在乡里成长，具有良好威望、口碑的人。② 还有人认为新乡贤还包括乡村教师、致富能人、道德模范、身边好人以及退休干部等，他们在乡里间威望高、口碑好，他们是"能够动员和组织村民、具有村庄治理能力并热心为当地做贡献的乡村精英和权威，他们具有较高的村庄治理意愿和治理能力"。③ 新乡贤在乡风文明建设中具有独特的作用。

第一，人都生活在一定的社会群体中，群体行为影响个人行为，而群体中具有重要影响力的人往往会成为效仿的对象。一个人之所以被称为乡贤，就是由于其在乡村社会广泛的影响力，他们一般具有较好的精神素养和文化知识，具有开阔的视野和人脉关系，同时又对下层社会有较多的了解，能够通过自己的表率示范、道德影响起到教化乡村、主持公道、引领风气、移风易俗等作用。

第二，随着乡村全面振兴，特别是乡村面貌的改变，青山绿水使乡村越来越具有吸引力，很多人开始回流乡村，必然给乡村带来新的气象。同时，由于乡村的发展，很多人也愿意留在乡村，乡村对人才的吸引力增强了，乡村可利用的人力资源增加，利用好这些人才，对乡村发展的作用是巨大的。现在有很多乡村活跃着新乡贤的影子，他们用自己的知识和固有的乡土情怀，感染教化乡村百姓，改善乡村风气。

第三，要创新乡贤服务乡村社会的新路径。现代乡贤与传统乡贤的重要不同就是制度环境的差异，在等级森严的封建社会中，阶层差异和

---

① 孙迪亮、宋晓蓓：《试论新乡贤对乡村振兴的作用机理》，《桂海论丛》2018年第3期。
② 刘奇葆：《创新发展乡贤文化》，http://www.xinhuanet.com/politics/2014-09/16/c_1112504567.htm。
③ 龚丽兰、郑永君：《培育"新乡贤"：乡村振兴内生主体基础的构建机制》，《中国农村观察》2019年第6期。

尊卑有别使得乡贤本身具有较高的社会地位，为他们在乡村社会发挥作用提供了社会环境。而现代市场经济条件下，村民的价值观更多的是利益为先，谁能给村里带来实惠和好处，谁就能够被尊重，就能影响他人。在脱贫攻坚的实践中，我们也看到了这样的现象，要想让村民信服，必须能够带来项目，能够让村民致富。如何发挥新乡贤在乡村振兴战略中的作用，如何通过体制机制创新构建乡村人力资源开发的新途径，是值得研究的问题。从我们的调研中可知，现在在外取得成绩的人，绝大部分愿意为家乡做点事情，只是由于对接不畅，人力资源没有得到很好的利用。

4. 驻村干部

驻村干部是新时期助力乡村发展的重要主体，是党的乡村工作方针的落实。实施脱贫攻坚以来，国家选派了大量干部驻村，给乡村社会的发展带来了一批新的力量，对乡村社会的发展起到了重要的作用。实践已经证明，驻村干部极大地推动了乡村发展，为乡村发展提供了新思想、新思路、新活力，加强了党对乡村工作的领导。乡村人口的外流，特别是乡村精英人才的流失，使得乡村缺乏创新发展的动力，外生力量的嵌入是促进、推动乡村发展的重要力量。中国革命和建设的历史经验也证明，干部驻村是党开展农村工作的有效形式，是贯彻和落实党的路线方针政策、联系党与群众、稳定农村经济社会和谐发展、增进农民幸福的重要举措。打造一支懂农业、爱农村、爱农民的"三农"工作队伍是党在新时期对乡村全面振兴的新谋划，是解决现阶段乡村人才短缺、人才流失的重要举措，是乡村"不走的扶贫工作队"。新时期驻村干部不仅对乡村经济发展、脱贫攻坚和乡村全面振兴起到了重要作用，为全面建成小康作出了重要贡献，同时也给乡村伦理建设注入了新的元素。

第一，驻村干部提升了党在乡村的影响，强化了党在乡村治理中的作用，提升了乡村治理水平。驻村干部成为党的政策的宣传者、落实者，能够让村干部和群众更好地理解党的路线方针政策，确保农村工作与党的政策的一致性，密切了党群关系，起到村干部起不到的作用。如果一个乡村干部没有较大的权威和影响力，就会导致乡村各种势力都来左右乡村事务，造成基层组织对乡村事务不敢管、没人管的问题。驻村干部是上级党委选派的干部，具有一定组织权威，同时他们超越乡村经济利益，与村民没有亲属、人情纠葛，在乡村事务的决策中更能够秉持公平正义，更能赢得村民的信任，优化了乡村政治关系，促进了乡村政治伦理的发展。

第二，驻村干部沟通了政府与乡村的关系，有利于各级政府和各个部门服务乡村，既了解了乡村的需求，也能很好地发挥服务地方的精准性、时效性、实效性。能够很好地利用资金、项目和人才方面的优势，给乡村提供了启动资金，准备了人才资源，带来了更多信息，谋划了适合乡村发展的项目，为乡村发展提供了致富渠道，发展了乡村的特色产业。驻村干部可以深入农村，真实地了解实际情况，能够直面村民需要，解决村民生产和生活中的问题。

第三，驻村干部为乡村文明带来了新风尚。他们带来了新思想、新观念和新理念，在与村民的相互接触过程中影响了他们的传统风俗。做好乡村工作必须先做好思想工作，在做村民思想工作的过程中，一定会提高村民的认识，改变村民观念。驻村干部是乡村关系的"润滑剂"，由于他们是局外人，不会被人情、利益、亲属关系影响。另外，他们在助力乡村发展的过程中给村民带来了很多实惠，用他们无私的行为树立了良好威信，村民认可他们、相信他们，他们在化解村民矛盾、和谐乡村关系方面起到了重要的调节作用，促进了乡村良好道德风尚的形成。

5. 新兴社会组织

社会组织是为了促进公共事业发展、不以营利为目的，具有正式组织形式，但是不属于政府体系的组织。社会组织在社会管理、社会服务以及民主政治建设中都占有重要地位，成为现代社会建设的主体。在传统社会中，家族和宗族组织都是社会组织的一种类型，对乡村自治起到积极作用。新中国成立后，国家权力进入乡村，施行政社合一的管理体制，农村自治空间被压缩。改革开放后，乡政村治体制形成，乡村社会空间扩大，公共事务增多，为社会组织的发展提供了条件。中共中央、国务院发布的《乡村振兴战略规划（2018—2022）》指出："搭建社会参与平台，加强组织动员，构建政府、市场、社会协同推进的乡村全面振兴参与机制。创新宣传形式，广泛宣传乡村全面振兴相关政策和生动实践，营造良好社会氛围。发挥工会、共青团、妇联、科协、残联等群团组织的优势和力量，发挥各民主党派、工商联、无党派人士等积极作用，凝聚乡村振兴强大合力。"① 形成政府治理和社会调节、居民自治良性互动格局，发挥学会、商会、研究会、各类协会和促进会，以及各类公益性福利组织和草根组织等的作用。社会组织可以弥补政府治理的局限性，克服市场机制的缺陷，可以广泛吸纳社会资源，为乡村振兴战略提供各种专业服务，促进乡风文明建设。

第一，架起了促进农村经济发展的桥梁。农村发展需要多方面的支持，农村出现的各种专业合作社、行业协会等经济组织，在促进农村经济发展中发挥着重要的作用。改革开放以来，家庭联产承包责任制极大地促进了农民的生产积极性，提高了劳动生产率，但是存在生产经营较为分散、规模较小的问题，这些经济社会组织的出现，可以把分散的农户整合起来，形成专业化生产和一体化经营，提高了农民抗风险能力，实现了农户与市场的衔接，生产、加工、运输和销售的连接，为农村经济发展架起了一座桥梁。

第二，为农村发展提供更能满足需要的服务。农村社会组织产生于基层，面向农村发展，贴近群众需要，能够更好地服务群众，特别是在扶贫济困、精准服务弱势群体等方面起到政府和市场起不到的积极作用，成为农村居民的贴心人。

第三，农村社会组织可以起到凝聚村民、融合村民关系的作用。农村社会组织一般是在农民自愿、平等的基础上形成的，起到了联系村民，共同关心、协商乡村事务的作用，也为村民提供了一个交往活动的场所，一些娱乐类的社会组织通过开展健康文明的文体活动，组织形式多样的社区活动，丰富了农民的业余生活，充实了农民的精神世界，既陶冶了情操、锻炼了身体，又密切了彼此之间的关系，融洽了村民感情，倡导了文明生活方式，提高了乡村的文明道德水平。

第四，可以起到化解乡村各种社会矛盾的作用。社会组织服务群体拉近了政府与群众的距离，它们以超越自我利益的精神，在群众中赢得了信任，由他们出面可以更好地化解居民与居民之间、居民与村组织之间的矛盾。特别是各种公益性、互益型组织，通过开展邻里互助、爱心奉献、保护环境、乡村卫生治理活动，解决了农民困难，帮助了特殊群

---

① 《乡村振兴战略规划（2018—2022）》，人民出版社2018年版，第101页。

体，极大地和谐了乡村关系，培育了农民的公共意识，为农村精神文明建设起到了极大的促进作用。

（二）乡村伦理共同体

伦理是共享文化，是在一个共同体中形成的。由于不同共同体中人与人之间关系的差异，伦理文化也是不同的。分析当前乡村社会伦理状况，必须理解乡村伦理共同体。

1. 共同体与乡村共同体

滕尼斯在《共同体与社会》中较早分析了"共同体"与"社会"的区别，他所说的共同体是一种熟悉关系，人们彼此之间休戚与共、感情相依、文化相习；具有共同的地域、共享的文化，家庭、家族、邻里关系都是滕尼斯所说的共同体。作为本质意志的共同体，情感、伦理和宗教具有左右人们行为的重要作用，人们的行动基于集体意志，行动方式是传统行动。这正是中国传统乡村共同体的样子，"传统中国千千万万的农村正是共同体的写照，兼有滕尼斯所述的血缘共同体、地缘共同体和精神共同体三种共同体的特征"[1]。我们认为共同体的状态在社会发展不同阶段是不一样的，共同体中的个人总是表现出与共同体相一致的社会属性，是一定社会关系的体现。马克思主义认为，"现实的人"是社会历史研究的出发点，马克思主义从人类社会的终极目的，也就是人的生产状态去考察评价社会发展，把人类社会的发展分为三个阶段，指出："人的依赖关系（起初完全是自然发生的），是最初的社会形态，在这种形态下，人的生产能力只能是在狭窄的范围内和孤立的地点上发展着。以物的依赖性为基础的人的独立性，是第二大形态，在这种形态下，才形成普遍的社会物质变换，全面的关系，多方面的需要以及全面的能力的体系。建立在个人全面发展和他们共同的社会生产能力成为他们的社会财富这一基础上的自由个性，是第三阶段。第二阶段为第三阶段创造条件。"[2] 马克思对人类社会发展三阶段的划分依据是人的存在状态。人的

---

[1] 朱志平、朱慧劼：《乡村文化振兴与乡村共同体的再造》，《江苏社会科学》2020年第6期。

[2] 《马克思恩格斯全集》第四十六卷（上册），人民出版社1979年版，第104页。

发展和社会的发展是一致的,人的生存状态反映了社会的发展程度。社会共同体是"由若干个人、群体和组织依据一定的方式和规范结合而成的集合体,其成员之间具有某种共同的利益追求、生活方式与价值取向"[1]。共同体反映了人的生活状态,社会共同体制约人的思想、行为。人总是属于一定的社会共同体,只有在共同体中才能获得其生存发展所需要的经济、政治、文化和社会条件。我们可以看到在"人的依赖关系"阶段,这是与农业文明的自然经济相对应的传统社会,人依赖于自然,依赖于他人,在整体性社会中个人只有听从于、依附于共同体,才能获得自身存续和发展的资源。人是没有自我独立性的,个体只是共同体中的一员,是没有个体利益的,人从属于共同体,受到等级和身份的限制,并且只有在共同体中才能生存和发展。这样的共同体主要是以地缘、血缘为基础而形成的。在"以物的依赖为基础的人的独立性"阶段,共同体是一种具有个体独立利益追求的虚幻共同体,人们彼此的联系是为了获得各自利益的最大化,这就是黑格尔所指出的市民社会,"在市民社会中,每个人都以自身为目的,其他一切在他看来都是虚无。……其他人便成为特殊的人达到目的的手段"[2]。在这样的社会中,国家与社会分离,形成国家与社会的二元结构。人与人之间的联系是一种目的与手段之间的关系,人们在统一体中相互斗争,只有在制度的约束下才会有秩序。鲍曼指出:"如果说在这个个体的世界上存在着共同体的话,那它只可能是(而且必须是)一个用相互的、共同的关心编织起来的共同体;只可能是一个由做人的平等权利,和对根据这一权利行动的平等能力的关注与责任编织起来的共同体。"[3] 只有建立在"自由个性"基础上的共同体才是真正的共同体,马克思指出:"在真正共同体的条件下,各个人在自己的联合中并通过这种联合获得自己的自由。""只有在共同体中,个人才能获得全面发展其才能的手段,也就是说,只有在共同体中才能有个人自由。"[4] 在真正的共同体中每个人都是共同体的建设者,人与人之间是平等合作的关系,

---

[1] 杨春贵主编:《马克思主义与社会科学方法论》,高等教育出版社2012年版,第205页。
[2] [德]黑格尔:《法哲学原理》,范扬、张企泰译,商务印书馆1961年版,第197页。
[3] [英]齐格蒙特·鲍曼:《共同体》,欧阳景根译,江苏人民出版社2003年版,第177页。
[4] 《马克思恩格斯选集》第一卷,人民出版社2012年版,第199页。

真正的共同体是超越了自我中心、以他者为指向的、通过与他者的对话和协商形成的既具有个性特征又具有公共性的现代社会共同体。我们无法回到传统的没有个体独立的、不平等的、具有人身依附关系的共同体，而真正的共同体也不是个人利益至上，没有公共性的共同体，而是以公共性为引领，克服了个人中心的，具有高度认同的共同体，每一个人都为这个共同体贡献自己的力量，共同体成为人们实现自我价值的手段。

乡村社会历来是一个公共空间，具有浓厚的地域、文化特色，在这样的地域文化空间中孕育了传统乡村的文化、习俗和伦理道德，形成了乡村公共舆论、社会共识，对于乡村社会的整合、和谐与交流具有重要的作用。可以说，在乡村发展的不同时期，乡村共同体呈现的样态是不同的，具有连续性、继承性、变动性的特点。考察每个时期的乡村伦理，都应该放在特定时期的乡村共同体中去审视，在共同体中分析伦理变迁。新时期伴随着社会变迁，乡村共同体出现了新的图景，有学者认为这是乡村共同体衰落的表现，也有人认为这是乡村共同体再造的过程；特别是在现代化、城镇化、市场化的推动下，乡村已经发生了巨大的变化。乡村共同体的发展与整个社会的发展步调一致，如果社会文化发生变迁，乡村共同体的文化、习俗和价值追求也会发生改变。乡村共同体的衰落是传统乡村自然共同体的衰落，也可以说是一种新的乡村共同体在形成。我国正处于社会主义初级阶段，不断提高人民群众的生活水平，让人民群众过上美好生活是我们的奋斗目标，并且我们正在为这个目标进行不懈努力。但是，这只能是一个渐进的过程，我们仍然不能完全摆脱旧的社会关系的束缚，不能完全摆脱各种物质和精神束缚，这是当今乡村共同体的现实图景，也是我们分析乡村伦理的一个框架。

2. 乡村伦理共同体的历史演变

共享精神是共同体更为本质的性质，是区分共同体特征的重要标志。从我国乡村共同体中伦理规范的不同内容以及约束机制来看，乡村伦理共同体的发展可以分为三个阶段：第一阶段是中华人民共和国成立以前，称之为传统伦理共同体；第二个阶段是中华人民共和国成立到改革开放前，传统乡村共同体逐渐瓦解，政治权力嵌入乡村社会成为维系共同体的主要力量；第三阶段是改革开放以来的乡村社会，随着家庭联产承包责任制的实施，乡村共同体由整体走向分离，旧的精神共同体坍塌，适应于市场化、现代化、城镇化的乡村共同体价值在逐步形成。

传统伦理共同体是建立在人与人的依赖关系基础上的,村民在血缘和地域共同体中,依附于家庭、家族和乡村,村落和宗族组织成为农民生产生活的依靠,由此形成特有的对乡村社区认同的精神共同体。"在这个农民社会里,个人依靠他自己的亲族维持生计,得到在现代社会中要通过保险才能取得的安全保护,还可以得到教育、娱乐和建立主要的社会关系。"① 共同体中人与人的关系决定了维系共同体的伦理文化价值,这是共同体的关键标识,伦理道德是为维护共同体需要存在的。滕尼斯指出:"精神共同体被理解为真正的人的和最高形式的共同体。"② 每个人都不属于他自己,是与家庭、家族为一个整体,个体没有自我,没有私人利益,只有家庭礼仪、家族利益和村庄共同体的利益。这是一种具有"亲密关系"的"温馨的圈子"③,具有安全感和归属感。在这样的共同体中,伦理道德是服务于人与人依赖关系的,表现为对上的孝和忠,其权威体系是通过血缘关系衍生出来的,是建立在封建等级制度基础上的。在家族内部通过辈分的划分把人的地位、权威加以分化,社会通过封建等级制度区分人的高低次序。在人与人的依赖关系中,道德的判断标准是个体能否服从整体、能否听从长辈和权威。道德的约束力也是来自群体对个体的控制,社会舆论、团体压力成为制约个体行为的重要力量。村民对宗族、国家和民族的认同,有效维护了社会稳定;同时也造成了个人价值被忽视,人们缺乏竞争意识,封闭保守、安于现状、愚忠愚孝、逆来顺受、男尊女卑等成为重要的文化性格。这种乡村伦理共同体是乡村自然与社会发展共同作用的结果,是传统乡村社会的文化支撑,作为一种文化类型,我们没有必要对其优劣进行评判,这种两面性也是基于乡村社会的现实图景而存在的。虽然传统共同体不能让个体有充分的自由,但是这种"共同体是一个'温馨'的地方,一个温暖而又舒适的场所。它就像是一个家(roof),在它的下面可以遮风避雨;它又像是一个

---

① 费正清:《剑桥中国晚清史:1800—1911》(上卷),中国社会科学出版社1993年版,第12页。

② [德]斐迪南·滕尼斯:《共同体与社会——纯粹社会学的基本概念》,林荣远译,北京大学出版社2010年版,第53页。

③ [英]齐格蒙特·鲍曼:《共同体》,欧阳景根译,江苏人民出版社2003年版,第6页。

壁炉，在严寒的日子里，靠近它，可以暖和我们的手"①。对传统伦理文化的评判，或者对传统伦理的存在价值，只有放在特定的历史阶段才能被理解，社会的变迁是理解现实伦理道德的基本根据。我们对伦理文化的审视往往是在一定价值观念基础上的评判，这种标准本身可能就是有问题的，我们不能简单否定当前乡村伦理，而应该把它放在现实社会情境中去考察。

近代以来，中国社会发生了巨大的变化，可以说政治、经济、文化都有较大的变化，但是中国广大的乡村由于没有受到城镇化、市场化、工业化的广泛影响，中国传统伦理共同体并没有发生根本改变。新中国成立后，旧政权被推翻，在政治、经济和文化等各个方面都发生了翻天覆地的变化，封建统治被推翻，政治权力深入乡村社会，乡村共同体在新的政治经济制度上被建构。中国新民主主义革命是反对帝国主义、反对封建主义、反对官僚资本主义的革命，在革命取得胜利后实现了由新民主主义向社会主义的过渡。服务于封建家长制度、家族制度以及封建等级制的伦理文化必然有其历史的局限性，有精华也有糟粕。反封建的过程也是对封建文化批判的过程，中国传统文化主要是在封建社会中孕育形成的，社会主义革命必然包含着对封建文化的革新，家长制、封建等级制在新社会中逐渐被人们所摒弃。村民获得了自由，特别是家族、家庭对年轻人的生活干预逐渐减少，最突出的表现是婚姻自主。在新生活、新风尚的倡导下，一种新的风气在乡村形成。在家庭、家族对个体的控制力量逐渐式微的过程中，政治嵌入对乡村的影响越来越大。人民公社建立，国家政权下沉到乡村社会，再加上户籍制度的限制，村民生产生活高度政治化、集体化和地域化，真正实现了"组织军事化、行动战斗化、生活集体化"。在这种计划经济体制下，村民的生产和生活是被安排好了的，只能在自己的村庄参加生产劳动，城乡壁垒森严，村民不可以在城乡之间自由流动。虽然人与人的依赖关系逐步被打破，但是，行政力量成为决定和影响乡村社会的重要变量，村民没有更多的选择权利，这就为改革开放后的家庭联产承包责任制埋下了伏笔。在这样的共同体中，生产活动集体化、社会生活政治化，政治标准成为伦理关系主

---

① ［英］齐格蒙特·鲍曼：《共同体》，欧阳景根译，江苏人民出版社2003年版，第2页。

要标准，政治伦理是社会伦理的主要内容。汉学家费正清指出："以前政府在下面的底子很薄，并且限于表面，而农民则一向被动，不问政治。现在行政管理的触角一直深入到每家茅舍，农民只要行为端正，都是人民。"① 人民标准就是政治标准，乡村生产生活的政治化和经济的集体化，既不同于人依赖人的"自然共同体"，也不同于人依赖物的"虚假共同体"，只见集体的利益，而不显个人利益，道德的崇高性就是个人利益绝对服从集体利益，个人淹没在整体中，乡村的秩序建立在集体对个人控制的基础上。

中国的改革开放首先在农村展开，主要是打破了集体化对农民生产积极性的束缚，最大限度地调动农民的生产积极性；实行家庭联产承包责任制，承认个体利益，实现集体和个体利益的最大化。个体利益被尊重，基层政权对乡村社会的控制和组织能力下降，农民获得了生产经营的极大自由。市场经济渗入乡村社会，乡村由过去的封闭、静止、单一变为开放、流动、多元，乡村已经不能再束缚农民的脚步，经济活动和社会生活已经突破乡村的范围，经济多元化、生活多样化已经成为个体自由的重要表现。在这样的乡村共同体中，个体自由化程度达到了前所未有的程度。一般来说，个性自由表现为个人自由全面发展的程度和经济发展给人的自由程度所提供的可能性。我们党提出的"以人民为中心"、"以人为本"、最大程度地满足人民群众日益增长的对物质文化的需要、实现人民对美好生活的向往、全面建成小康社会等执政理念，为新时期人的全面自由发展提供了最大的可能性，为个体发展提供了最好的社会政治环境。彻底消灭了"人依赖人"的社会制度，让人的发展成为最高目标；超越了"虚假共同体"的欺骗性，社会发展真正是为了个性发展。"小康社会的全面实现，不仅意味着历史地实现了一种基础性、兜底性的生存状态，更是实现了一种超越性、整体性的生存质量提升。所谓人之生存状态的超越性，乃是对中国数千年历史，特别是对古代中国人的生存境遇的根本改变，这同时也是现代中国社会发展的必然结果。"②

---

① ［美］费正清：《美国与中国》，张理京译，世界知识出版社1999年版，第448页。
② 项久雨：《美好社会：现代中国社会的历史展开与演化图景》，《中国社会科学》2020年第6期。

改革开放以来，我们党提出以经济建设为中心，解放和发展生产力，不断提高人民群众的物质文化水平，降低"人对物的依赖性"所带给人的不自由性。经济发达地区的乡村呈现出了多种经营全面发展的势头，经济落后地区农民也通过外出务工，获得了更多的经济收入；非农产业、非农收入已经成为农民收入的主要来源。国家乡村脱贫攻坚战略的实施，全面建成小康社会，一大批惠民政策落地实施，社会保障体系基本建立，医疗健康水平显著提高，人民群众的获得感、归属感空前增强。因此，"随着物质生产力的发展，小康性质的社会生活与不断丰富的精神生活、道德生活也随之不断生成，更多的物质性因素让人们有条件、有可能成就精神世界的丰盈状态"[1]。这是乡村伦理共同体发展的最好状态，为构建新时期乡村伦理共同体提供了政治、经济和文化基础。

3. 新时期乡村伦理共同体的现实图景

新时期乡村伦理共同体是在特定历史时期形成的共同体，具有时代特色、制度特色、道路特色、文化特色，与新时期中国乡村发展进程直接相关。改革开放以来，我国乡村社会经过40多年的建设发展，已经进入了一个新的历史时期，在主要矛盾、价值取向和主要任务等方面都发生了显著的变化。弄清乡村社会的现实图景是思考乡村伦理的根本依据。不能抽象地脱离现实生活状态去分析人的思想和道德，正如马克思所言："物质生活的生产方式制约着整个社会生活、政治生活和精神生活的过程。"[2] 很多学者在分析当前乡村伦理道德问题时，表现出强烈的对传统伦理道德的怀念，认为当代乡村问题是道德滑坡的表现，是丢失了传统伦理的表现。其实，传统伦理在传统社会中产生，并在传统社会中被人们所遵循，传统社会既是其产生的基础，也是其能够存在的条件。当传统的家庭、家族束缚以及乡土情感不再成为人们行为发生理由的时候，传统道德观念的式微也就在所难免。在中国特色社会主义现代化建设的伟大成绩中，人逐步被解放，社会朝着"人的自由而全面发展"的目标不断靠近。

---

[1] 项久雨：《美好社会：现代中国社会的历史展开与演化图景》，《中国社会科学》2020年第6期。

[2] 《马克思恩格斯文集》第二卷，人民出版社2009年版，第591页。

经济发展为村民个性发展提供了前所未有的条件，乡村生活状态得到彻底改变，为自我实现、自我发展、精神境界的提升提供了良好的条件。贫困是制约人发展的最主要因素，没有经济条件的改善，一切发展都是虚假的。从2015年开始脱贫攻坚到2020年全面建成小康社会，中国取得了反贫困实践的标志性成果。乡村整体实现了"两不愁三保障"，村民过上了"免于忧患、免于饥饿、免于困苦、有制度保障的小康生活"。[①] 能够最大限度地实现共同体成员利益、满足人民对美好生活需要的共同体是能获得人们拥护的，人们对未来生活的期盼是美好的，也会倍加珍惜来之不易的生活，也愿意为共同体的发展贡献自己的一份力量，自觉维护共同体的和谐、有序，并把它内化为每个人应有的责任。生活安定历来是伦理秩序存在的基础，贫困让人们没有了安全感，更不会有获得感和归属感，贫困会消弭人们的羞耻心和内心信念，会减少人们的社会维持意识。贫困会导致人们把物质利益的追求作为生活的主要目标，从而引发了很多"失范"行为。改革开放以来，我们以经济建设为中心，大力发展生产力，不断改善民生，加强社会保障体系的建设，在全面建成小康社会的同时提出了乡村振兴战略，这是我国乡村社会进入更加高速发展阶段的关键节点，是乡村文明提升的基础工程。乡村经济的迅速发展、社会公共文化服务体系的不断完善，必将为乡村伦理道德水平的提升、乡村精神文明建设提供坚实的政治、经济和文化基础。同时，我们也应该看到，一个社会的物质财富再丰富，如果不能改变少数人占有大量财富，大部分人占有少数财富的不平等状况，都是一种虚假的繁荣。如果不解决发展为了谁、发展依靠谁、发展成果由谁共享的问题，就会出现经济越发展，社会问题越多的现象。中国特色社会主义制度既保障经济发展的可能性，也维护了财富分配的公平性。"按劳分配、兼顾公平"是一种效率机制，也是一种保障机制。制度所提供的共建、共治、共享的体制机制，实现了社会发展与人的发展的一致性，真正把"以人民为中心"落到了实处，这是对旧制度在根本发展方向和价值选择上的超越。从脱贫攻坚到乡村振兴战略，从小康社会向美好社会的迈进，真

[①] 项久雨：《美好社会：现代中国社会的历史展开与演化图景》，《中国社会科学》2020年第6期。

正把人、人的生存状态作为出发点，这种回归克服了工具理性对价值理性的遮蔽，使"异化"了的物质追求、生活目标得以回正。

我们选择了正确的理论、制度、道路和目标，但是在发展程度上还很不充分，离实现人的自由而全面的发展还有很长的路程。物质基础薄弱仍然是制约社会整体发展的主要因素，社会发展不充分状态是社会问题产生的根源。小康社会毕竟只是社会主义初级阶段所取得的阶段性成果，离我们的理想社会的目标差距还很大，"物的依赖关系"还在很大程度上影响人的发展，劳动还是人们谋生的手段，而不是"本质力量"的确证，劳动被"异化"，甚至教育、职业选择、社会交往都被对物质利益的追求所"异化"，而不是出于自己的兴趣、爱好和对自我实现的满足。受"物的依赖关系"影响，特别是市场经济关系的建立，追求物质利益成为人们社会生活的主要目标，导致各种社会关系的"物化"，市场法则被普遍应用于人与人的交往关系中。小康社会只是解决了绝对贫困，"脱贫摘帽不是终点，而是新生活、新奋斗的起点"。[①] 新时期我国社会的主要矛盾"已经转化为人民日益增长的美好生活需要和不平衡不充分的发展之间的矛盾"。[②] 这种不平衡、不充分不只表现在经济发展水平上，还表现在人的思想认识、价值观念、社会治理水平以及法治建设等方面。乡村伦理秩序出现的问题，正是这种不平衡、不充分造成的，我们尊重人的自由个性，但是人们的思想认识还没有形成自我与社会关系的正确观念，我们尊重人的自治，但是村民还没有具备民主意识和民主能力；人们的物质生活条件得到了极大的改善，但是村民没能树立正确的财富观、消费观和劳动观。尊重人的个性发展，把人当成人来对待，并不是对个性的放任。从"人的依赖关系"状态下获得解放的人，更应该理解共同体的公共性，人与人之间要相互尊重、相互理解；公共意识是对"人的依赖关系"解放下的人存在状态的更好诠释。

经济基础决定上层建筑，上层建筑的不完善与经济基础的薄弱有关系，但是思想伦理道德建设具有相对独立性，需要一个长期的过程。建

[①] 习近平：《在全国脱贫攻坚总结表彰大会上的讲话》，人民出版社2021年版，第20页。
[②] 习近平：《决胜全面建成小康社会 夺取新时代中国特色社会主义伟大胜利——在中国共产党第十九次全国代表大会上的报告》，人民出版社2017年版，第11页。

立在传统社会基础上的文化道德观念虽然已经在现代文化的冲击下逐渐式微,但不可能完全退出历史舞台,必然在新的共同体中不时地,甚至是长期地影响人们的思想和观念。新旧观念同在一个共同体中,就会出现伦理价值标准的混乱,当"人的依赖关系"不复存在,来自传统的"长老权威"受到挑战,传统"礼"的约束机制就显得力不从心。这可能不只是伦理问题,在很大程度上也许是观念的差异。因此,我们不应该认为是经济发展导致了道德滑坡,而是经济发展不充分导致了道德滑坡。理论优势、制度优势、道路优势、文化优势还在进一步显现当中,这不是"本质"的问题,而是发展不充分的问题。无论我们是否承认,我们已经站在了这样的社会情境中,无法逃避现代性、全球化、市场化等现实,我们不可能回到传统,在现代乡村共同体中提出我们的发展方案,才是真正的实事求是。

二 新时期乡村伦理的问题分析

改革开放 40 多年的发展,乡村面貌已经发生了翻天覆地的变化,特别是中央一系列惠农政策出台,脱贫攻坚和乡村振兴战略实施,乡村发展取得了巨大的成绩。但是,伴随着经济社会的发展、社会转型,乡村伦理道德方面出现的问题也不容小觑。不解决乡村伦理问题,将严重影响乡村振兴战略的实效,尤其是在经济发展取得巨大成绩的同时,不能很好地解决伦理道德方面的问题,也会动摇经济发展的基础,影响乡村现代化建设。审视问题是发展的需要,只有直面问题才能有针对性地解决问题。本节在田野调查的基础上,分别从乡村治理伦理、经济伦理、家庭伦理和生态伦理四个方面剖析乡村伦理问题。

(一) 乡村治理伦理的现实问题

党的十九大报告指出,要"健全自治、法治、德治相结合的乡村治理体系"。[1] "三治"的真正落地是乡村治理的根本之策,自治是关键,

---

[1] 习近平:《决胜全面建成小康社会 夺取新时代中国特色社会主义伟大胜利——在中国共产党第十九次全国代表大会上的报告》,人民出版社 2017 年版,第 32 页。

德治是基础,法治是保障。德治解决的是思想认识问题,能够提高乡村治理的道德水平,具有长效性、根本性、基础性的作用。治理强调的是多元主体共治,政府不是唯一的权力中心,就是"主要由政府的一元治理转变为政府、社会组织和公民之间的多元合作治理","强调自上而下的政府治理与自下而上的社会自治之间的良性互动"。[①] 治理的目标是"善治",通过治理为公民提供良好的生活环境,实现公民享受优质公共服务。伦理是人伦之理,是建构合适社会关系的应然要求,同样也是实现治理目标的重要手段和途径。发挥伦理在社会治理中的作用是古今中外一贯的做法。治理伦理可以理解为利用伦理进行治理,也可以理解为治理中的伦理问题,无论从哪个方面去理解,核心问题就是如何实现社会治理目标,既要发挥伦理在社会治理中的作用,同样也要用伦理审视社会治理中的问题。在调研的基础上,我们认为乡村治理伦理的问题和影响主要表现在以下几个方面。

1. 乡村治理主体的伦理缺位

乡村多元治理主体的格局一直没有形成,从传统社会来说,在所形成的自上而下的管理模式以及自下而上的乡绅、族长治理模式中,农民一直是被统治、被压迫的对象,农民并没有真正的治理权力。新时代,我们在乡村大力推广新的乡村治理模式,积极发挥农村基层党组织的领导核心作用,尊重村民在乡村治理中的主体地位,充分调动他们的积极性,不断完善农村群众自治组织建设,保障村民的合法权益。有些乡村通过建立村民议事会、村民代表大会和村民理事会等,实行民主管理、民主监督。同时,有些乡村还积极发挥新乡贤在乡村治理中的作用,充分发挥他们在文化素养、社会关系、经济实力等方面的优势,使他们起到引领、示范和榜样的作用。培育乡村社会组织,特别是充分利用乡村外各种组织的力量,给乡村治理提供智力、技术和资金方面的支持,推动乡村治理的发展。但是,我们在调研中发现,很多乡村并没有形成多元治理的格局,乡村治理存在诸多问题。

第一,乡村基层党组织在有些地方的乡村治理中,领导核心作用发

---

① 曾庆捷:《"治理"概念的兴起及其在中国公共管理中的应用》,《复旦学报》(社会科学版)2017年第3期。

挥不理想，特别是基层组织弱化、虚化、边缘化问题突出。在我们的访谈中有些村干部就认为，现在的乡村党员人数较少，现有的党员基本都年龄较大，由于年轻人大都在外打工，发展党员较困难，基层党组织在乡村领导核心作用不能很好地发挥，特别是党员的模范带头作用对村民的影响力下降了。在问卷调查中，对于"本村基层党组织能否发挥领导核心作用"的问题，27.9%的村民表示本村的基层党组织能够很好地发挥领导核心作用，为百姓干实事；40.5%的受访者认为本村基层党组织基本能够发挥领导核心作用；25%的村民表示并没有感觉到本村基层党组织发挥了领导核心作用；6.6%的村民认为本村的基层党组织形同虚设，并没有起到任何作用。

  乡村基层政权是国家权力在乡村的落实机构，改革开放以来，通过"乡政村治"模式，强化了乡镇政府一级的权力行使，给予乡村更大的自主权，这就要求村干部要正确、规范地履行自己的职责，如果村干部在乡村治理中不能履职尽责，就会做出损害群众利益，甚至危害群众合法权益的行为，将对乡村治理造成巨大的危害。从目前的调研情况来看，有些地方存在一定程度的"村霸治村"、宗族治村，村干部不作为、乱作为等现象。少数人把持乡村治理权力，是值得关注的一个问题，由于经济发展成为乡村全面振兴的重要因素，很多经济能人、致富能手成为乡村领导，如果他们利用手中的权力攫取钱财，将严重侵蚀基层政权。在一些地方的乡村调查中，有村民就反映每到乡村选举，就有人开始拉票，通过送钱送物，甚至威胁利诱等手段获得选票。这些人一旦成为村干部，就会想方设法为自己捞钱，一般不会考虑乡村的发展。基层政权的掌权者虽然权力不大，但是他们的行为处处关系着老百姓的利益，他们的腐败是村民眼前能看得到、听得到的腐败，严重损坏了党在人民群众中的形象，严重侵害了村民的合法利益。还有一部分村干部"不作为"，在任不干事，既不关心村里的事情，也不关心村民的利益，缺乏一个干部应有的责任担当，回避村里的矛盾，不去大胆开创乡村发展的未来，保稳定、保平安，使乡村失去了发展机会。

  第二，乡村自治要求村民要真正成为乡村治理的管理者、服务者和监督者。但是，在现实的乡村治理中，很多乡村并没有发挥好村民在乡村治理中的主体作用，很多村民缺乏参与乡村治理的责任感和义务感，缺少主动参与乡村治理的主人翁意识，并没有意识到乡村的事情就是自己的事情，认为那只是上级领导和村干部的事情。这种现象具体体现在乡村民主选举、民主决策和民主监督中。

民主选举是决定乡村发展的大事，选出一个优秀的领路人是乡村发展的关键。但是，我们在调研中发现，村民在选举中对于自己的投票权并不重视，参与选举的积极性不高。很多村民在填写选票时比较随意，谁和自己关系好就给谁投票，甚至出现由他人代投。在部分地方出现拉票、贿选的问题，通过给村民口头承诺、发红包、请客吃饭等方式获得选票。特别是在一些经济条件比较好的乡村，这种现象更普遍。对于村民来说，明知道存在贿选一般也不会向上级反映，认为这是得罪人的事情，多一事不如少一事，认为谁当选都差不多。还有一些地方存在暴力选举的问题，都是村内矛盾长期得不到解决、村民怨言比较多的乡村。很多村存在不同姓氏的宗族，在选举中往往相互争夺，甚至出现暴力事件；还有些村干部长期把持乡村政权，不让其他村民参与选举，在选举中做出一些威胁、报复的事情，而这些人往往在连任干部期间有照顾少数人利益、侵害集体利益等行为，村里矛盾比较突出，选举成为矛盾激化的焦点。

民主决策是乡村自治的关键环节，村民一定要积极行使自己的权利，关心村里的大事小情。在实际的工作中，很少有村民对村里的事情较真，很多人是睁一只眼闭一只眼。由于村民不关心，往往村干部也不会过多征求村民意见，村集体的事情大都由村干部决策。一位村干部表示：

> 对于村里的事情我们也会征求村民的意见，村民要么就是不表态，要么就是只从自身利益出发，从来不考虑集体和其他村民的利益。

这一方面反映了村民对村集体事务的关心程度，另一方面也反映了村干部在认识上的偏差，总是认为村民发表意见就是在无理取闹。这样就会形成一种局面，村民认为发表意见也没用，村干部不会听他们的；村干部认为村民只知道从自己的利益出发，听不听他们意见都一样。我们在很多村调研时发现，村里的村务信息不公开，例如财务收支状况已经很多年没有更新了，就是有公开的信息也很笼统，并不能看到更详细的开支项目。因此，很多村民对党的政策十分赞赏，对这几年国家的发展，特别是脱贫攻坚、乡村全面振兴取得的成绩十分满意，而对村级组织并不满意。由于对村级组织的失望和无奈，特别是对村干部的不信任，很多村民认为民主监督就是一种形式，提意见等于没提，不会起到任何作用，反而得罪人。这样，村民长期游离于民主监督之外，加剧了有些村干部独断专行、滥用权力，村民更加不信任、不满意、不配合的恶性循环状态。

2. 乡村治理手段的伦理冲突

乡村治理必须重视伦理建设，古今中外的实践证明，伦理道德对社会的影响作用具有更长久的效果。通过伦理道德建设，使人们从思想认识到行为养成，都能够自觉地按照伦理道德规范行为，从而养成一种习惯，形成一种社会习俗。然而，在市场经济充斥一切领域的时代，在过于强调理性化的社会中，乡村治理手段出现了重经济手段轻思想教育、重政治权威轻道德自觉、重法治轻德治的现象。

第一，受市场经济的影响，利益被认为是调节人们行为最有效的手段。其实，在中国传统社会中一直存在义利之辩，儒家在义利问题上主张重义轻利，坚守某种伦理规范和道德原则是生命最为重要的事情。然而，随着现代社会乡村伦理价值的转型，特别是受市场经济观念的冲击，道德追求不再成为人们的首要目标，经济利益逐渐在社会评价中占据主导地位，甚至有些人认为，只要给钱其他都不重要了。经济手段成为调动人们积极性的主要方式，道德评价的功能下降了，导致社会价值导向发生变化。我们在河北坝上乡村调研时发现，为把脱贫攻坚和乡村文明建设同步推进，由县、乡、村统筹资金在村里设置很多公益性岗位，通过发放补助，让村民参加村里的志愿服务、打扫卫生、看路护村等乡村文明创建活动；有些村还设立了"道德银行"，激励村民做好人好事、孝老敬老、助人帮扶等，利用"道德银行"的积分兑换礼品。这些措施在短期内确实能够起到激励作用，但是如果不解决村民的思想认识，不提高村民的道德觉悟，外在的特别是经济利益的激励总是有限的，并且不能持续长久。

第二，我国自古就有乡村自治的传统，乡村事务由乡村自己管理，形成了以乡绅、族长为管理者，依靠道德权威、村规民约实现乡村治理的机制。中华人民共和国成立以来，由于乡村治理模式的改变，政治权威逐渐代替了道德权威。改革开放以来，建立乡政府，实行村民自治，具有中国特色的"乡政村治"模式成为乡村最基本的治理框架，乡村治理仍然主要依靠自上而下的政治管理，而没有充分发挥村民道德自觉的作用。乡村干部主要依靠政治权威来实施管理，村民被动听从上级指挥，道德引领不被重视，道德模范不被尊重。由于不重视乡村道德风尚的培育，村民的道德自觉就难以形成，在调研中有村民认为：

  村里的事情主要是干部说了算，干部听从乡里的，乡里听从县里的，村民没有什么发言权，过去那些德高望重的人并没有多少话语权。

  重视道德引领的作用，就会尊重和重视有德之人，就会在社会中大力宣传、表扬和奖励道德模范，发挥道德模范在乡村治理中的作用，这是一种文化治理，而不是政治治理。西汉刘向在《说苑·指武》中写道："圣人之治天下也，先文德而后武力。凡武之兴为不服也。文化不改，然后加诛。"[①] 这就是说，道德治理具有根本性和长效性。

  第三，在传统乡村治理中，道德治理是主要手段，这既与传统社会的特点相一致，也与文化传统有关系。在"熟人社会"中社会流动很少，依靠社会舆论、传统习惯和内心信念制约的伦理道德在社会秩序维持中具有很好的作用。同时，在我国文化传统中，历来主张通过"教化"实现社会秩序。现代社会，随着传统道德观念的式微，社会治理更强调法治的作用，认为法治具有立竿见影的作用。但是，如果一个社会单纯依靠法治来治理社会，其成本一定是很高的，并且不能从根本上解决问题，我们常说法律是道德的底线，守德就不会犯法。乡村治理一定要处理好德治与法治之间的关系，一定要坚持德治为先，在市场经济建设中更加重视道德的作用。在调研中，有村民就认为：

---

① （汉）刘向撰：《说苑校证》，向宗鲁校正，中华书局1987年版，第380页。

> 过去村里人有个磕磕碰碰都是私下协商一下就行了，乡里乡亲的一般不好意思谈赔偿，现在人们的观念不同了，稍微有一点矛盾就会不顾面子，不顾人情，计较利益得失，甚至有人故意讹人，社会风气不一样了。

这一方面反映了人们的法治意识增强了，另一方面也反映了村民之间已经不太顾忌邻里亲情，这是"陌生人社会"的特征，是乡村道德问题在乡村治理中的反映。

3. 乡村治理路径的伦理困境

从乡村治理路径分析乡村伦理存在的问题，主要表现在乡村道德教育不被重视，村规民约没有普遍建立，乡村道德氛围没有形成。

第一，要积极开展乡村道德教育活动，通过形式多样、内容丰富、多种途径的道德教育，让村民知荣辱、懂道德、见行动。由于村民普遍文化水平不高，辨别是非的能力比较差，一些人的价值观和世界观有问题，特别是在市场经济条件下，有些人只求利益而丧失道德，甚至会出现不以为耻反以为荣的不正常现象。良好道德风气的养成必须靠长期的教化与影响，不能把道德规范内化于心，就难以让村民获得道德认同、践行道德行为。乡村不太重视伦理道德教育，并且有些人认为人们都在讲功利，很少有人讲道德了。

> 人们都在忙着赚钱，村里也不重视对村民进行教育，村民也不愿意听这些说教，村民业余生活单调，约束越来越少，赚钱成为影响村民行为的主要因素。

道德行为产生于群体互动中，产生于彼此的关注。现在的乡村集体活动很少，村民都在各自忙碌，相互交往很少，彼此很少顾及他人，社会对违德行为的约束降低了。

第二，村规民约的治理功能失调，新的村规民约建设存在诸多问题。民俗是传统乡村社会的文化灵魂，深深融入村民生产生活中，成为村民的行为规范，引领乡村风气。但是，随着乡村变迁、人口流动、市场经济的冲击，旧的社会习俗已经不能再约束当下的社会秩序，构建新的乡村规范成为需要，这是新时期乡村道德建设的重要内容。乡村具有鲜明的地方特色，自古就有自治的传统，村规民约是每个村根据自身的特点对村民的道德要求和行为约束，有利于维护乡村社会和谐从而实现乡村治理目标。但是，现在很多乡村已经没有了对村民约束的村规民约，即使制定了村规民约其功能也在下降，很多人不知道、不熟悉村里的这些要求，制度成为摆设。在我们的调查中，当被问及"本村是否有完善的村规民约"时，18%的村民表示本村有完善的村规民约并且自身也非常熟悉；38%的被访者表示本村有完善的村规民约但是自己不太熟悉，只了解一点内容；28%的村民对本村是否有完善的村规民约并不清楚；16%的村民表示本村并没有完善的村规民约。这一方面是由于乡村不注重村规民约的建设，同时也是由于村规民约的制定不切合乡村实际，造成村规民约成为一种形式、一纸空文。另一方面是由于对村规民约的宣传和执行力度不够，落实不到位，很多村民并不了解其内容，认可度较低。村规民约都有其产生、存在的历史阶段，建设适应时代需要的、具有地方特色的乡规民约是乡村治理体系现代化的组成部分，是建设有中国特色的社会主义新农村的需要。新时期乡规民约要遵守宪法和法律的要求，要在社会主义法治建设的总体框架下体现地方特点、适应乡村发展、尊重村民意愿。坚决反对利用乡规民约实现某些家族、个人的利益，使其成为一部分人掌控乡村的"私典"，让黑恶势力披上合法外衣。

第三，"三治"真正落地的合力没有形成。党的十九大报告指出，要"健全自治、法治、德治相结合的乡村治理体系"。"三治"的真正落地是乡村治理的根本之策，自治是关键，德治是基础，法治是保障。乡村治理必须发挥村民的积极性，实现村民的民主参与、民主管理，通过村民组织使得村里的事务都有村民参与，能反映村民意愿。这些组织既可在日常乡村事务管理中发挥作用，又能在突发公共事件中迅速起到预警、动员和组织功能。只有自我管理才是真正的管理，必须让全体村民都参与到村民"自治"组织工作中，但是很多乡村在落实村民自治方面雷声大雨点小，形式大于内容。

乡村治理最根本的路径就是村民道德水平的提高，要创新、汲取、挖掘、梳理传统道德文化精华；发挥新乡贤、村民先进典型的示范作用，特别是道德模范以及孝老爱亲、见义勇为和诚实守信的先进人物。要建立健全道德建设的制度保障，建立道德模范评选制度、村民互助制度、乡村礼仪活动制度、科学的道德奖惩制度和卫生管理制度。在我们的调查者中，当被问及"本村是否组织过'文明家庭''敬老模范'等评选活动"时，21%的村民表示本村每年都会举办一次模范评选活动，这说明这些乡村注重本村的道德风尚建设，通过模范评选活动能够激发模范在本村的引领示范作用；29.6%被访者表示本村偶尔有"文明家庭""敬老模范"等的评选活动；32.9%的受访者表示本村没有举办过类似的评选活动；16.5%的人表示不清楚。教育村民养成文明的生活习惯，丰富村民精神生活，使社会主义核心价值观在乡村落地生根，这是大部分乡村存在的短板。

乡村有法不依现象的出现，除了传统习惯和深厚的人情社会的特点，法治解决手段的不便捷和成本高也是主要原因。要下沉公检法，建立"一村一警"机制，通过巡回法庭方便村民诉讼。要培育村民信仰法律的社会氛围，通过对黑恶势力的打击，增强村民对法律的认同感。同时也要规范执法，特别是要提高乡村干部的法治化意识和水平。

（二）乡村经济伦理的现实问题

《伦理学大辞典》认为经济伦理是指"存在于经济运行和活动中的价值目标、伦理关系、道德原则和道德规范的总和"。[①] 经济是由生产、分配、交换和消费组成的整个过程，乡村经济伦理就是表现在这些经济环节中的伦理关系。传统中国是农业社会，中华文明发展史是与农业文明发展史相伴随的；特别是传统乡村经济伦理表现出的"务本重农、勤勉耕作、信任熟人、互帮互助、勤俭节约、量入为出"[②] 等特征，是中国乡村经济伦理的主要表现。乡村经济伦理表现出的现实问题，其产生的重要原因就是乡村生产、生活以及乡村价值观念出现的变化，影响了乡村的生产和经济生活，造成乡村经济发展与传统伦理规范的不相适应问题。

1. 丢失伦理道德的致富观

诚实劳动、勤劳致富的观念发生转变，不劳而获、投机取巧被一些

---

① 朱贻庭：《伦理学大辞典》，上海辞书出版社2002年版，第115页。
② 李明建：《乡村经济伦理的转型与发展》，《道德与文明》2017年第5期。

人推崇。中华民族是勤劳勇敢的民族，诚实劳动、勤劳致富一直是我们的传统美德，我们正是秉承这种精神创造了中华民族的灿烂文明。但是，随着社会变迁，特别是市场经济、利益优先观念充斥了人们的头脑，造成一些人盲目崇拜金钱和利益，只关注金钱获得的结果，而不重视金钱获得的过程，只要能赚钱就不会考虑是否有道德风险，甚至是否会犯罪。这种现象在很多乡村表现得特别明显，对道德和法律的漠视甚至到了令人惊异的地步。

第一，致富必须遵守社会公德，必须符合一定的经济规范，我们常说"不义之财分文不取"，就是必须恪守社会公德，不能见利忘义、见钱眼开，在利益面前不能不择手段。例如，随着网络的发展，有些乡村出现了依靠诈骗致富的现象，甚至有些村庄整村村民都从事诈骗活动，做成了"产业"，虽然这些人大部分是文化程度不高的农民，但是，他们却通过娴熟的诈骗技巧欺骗了各种职业的人。

这就造成了严重的是非观念扭曲，甚至到了以骗不到钱为耻辱，骗钱成功的人成为被崇拜的对象的地步。一旦一种扭曲的价值观被人们普遍认同，其破坏力是十分可怕的，就会使这种不道德甚至犯罪行为大行其道，成为一股社会流毒。

第二，价值观指引人的行为，在传统价值观念被颠覆以后，对一些人来说就是摆脱了在获得利益方面的束缚，不再考虑是否被别人笑话，是否被传统道德谴责，有的人荣辱观颠倒，为了利益完全不顾廉耻，不顾社会的谴责。体现在财富观上，主要表现为崇尚金钱万能，把金钱作为衡量一切价值的标准，人性被金钱欲望侵蚀，贪图享乐，精神空虚，个人主义严重，个人利益高于一切，人情关系冷漠，只要有利益，就会不择手段。在一些乡村调查时，有村民就说：

> 现在的社会风气和以前不同了，人们寻找一切机会赚钱，能赚钱、赚大钱成为主要目标。

这是造成不正当、不道德、不合法手段获取利益的主要原因，很多人放弃了对法律的敬畏，放弃了对道德的信仰。也要看到，虽然存在这些问题，但是这并不能代表乡村的整体面貌，在我们的调查中发现，当我们问到如何看待"村民之间已经没有了纯粹的相互帮忙，只有金钱关系"这一说法时，14.4%的被访者表示本村大部分人做事时只讲金钱利益；40.8%的被访者认为村民之间只有个别人是为了金钱利益才去帮忙；29.4%的人认为村民之间仍然保持了良好的互帮互助美德；15.4%的人认为说不清楚。村民之间彼此熟悉和了解，平时互相帮忙也是举手之劳，很多人并不图金钱或其他回报。

第三，在利益获得多元化的时代，投机取巧成为一部分人的信条，很多人相信机遇和命运，而不相信勤劳致富，不相信踏踏实实赚钱，把致富的希望寄托在投机取巧上，妄想一夜暴富，这就养成了人们的惰性，滋长了不劳而获的恶习。我们在乡村调查的数据显示，一部分农民不再认为踏实干活能致富。当然，市场经济确实给人们提供了很多的发展机会，也使一部分人在市场变动中获得了利益，但是这毕竟不是一个社会财富增长的方式，社会必须依靠劳动才能增长财富。如果社会中的每一个人都不去劳动而是靠投机获得利益，那这个社会就很危险。投机只会让人堕落，无所事事，不愿意付出努力，不愿意吃苦，现在乡村有很多年轻人游手好闲、不务正业，就是这种思想在作祟。

2. 缺失诚信的交易观

乡村生产在满足农民自己消费的基础上，大部分产品投入市场，商品生产成为农业生产的主要方式。市场经济的灵魂就是诚信守约，这样才能获得有序、正常的发展，不讲诚信唯利是图不但严重损害市场秩序，最终结果也是两败俱伤。乡村是社会主义现代化建设的重点、难点，市场化与现代化是相伴的，没有发达的市场化就不能建成现代化。市场化是乡村社会未来发展的关键，只有形成良性运转的乡村市场，才能实现乡村的富裕，这是乡村全面振兴的关键因素。因此，我们必须直面乡村问题，为乡村发展构建良好的市场秩序。

第一，假冒伪劣产品成为乡村市场化的最大障碍，不诚信交易最大的问题就是产品以次充好，以假货欺骗消费者。绿色、环保是乡村产品的卖点，这是拉动乡村经济、农民实现富裕的应有手段，只要在这方面下功夫，农民实现富裕是不成问题的。实践也证明，很多高附加值的农产品正是由于其绿色、环保成为既受人们欢迎也有较好市场价格的产品。农产品是关系人们身体健康的产品，例如蔬菜、牛奶、粮食等，在这些产品上作假无疑是图财害命，但是，很多农民为了眼前利益，大量使用农药，在牛奶中掺假，牛肉注水，养猪使用添加剂、瘦肉精等，让人们对农产品市场失去信心，甚至已经不敢相信任何产品了，这样就陷入了一种恶性循环，好产品卖不了好价钱，伪劣产品的价钱也不低，造成了劣币驱逐良币的现象。我们在乡村调研时，有些农民就说：

> 这些打了农药的菜是卖给城里人的，我们农民吃的都是不打农药的。

虽然，商品经济就是要赢得好的市场，但是一定要以自己过硬的质量取胜，而不是通过作假甚至是"作秀"获得暂时的市场，商品一旦失去信任，让人们产生不安全感，就很难再赢得市场。

第二，诚信缺失的另一种表现就是在经济交易过程中，商业主体使用欺诈手段故意不履行合约的现象。很多人为了眼前利益，不惜以破坏市场秩序最终导致信任缺失为代价，这一方面是由于乡村市场经济发展不成熟，另一方面是由于农民商业道德水平较低。市场经济是法治经济，如果在市场经济发展过程中，缺乏对人们追求利益的正确价值观引领，人们缺乏法律意识、责任意识等伦理观，就会导致这种破坏市场经济的不道德、不合法行为发生。市场经济的健康发展，必须有法治做基础，合法的经济行为要受到保护，违法的经济行为必须受到惩罚。不守诚信、不守合约不仅会给别人带来经济损失，农民自己也由于不重视合约在经济交往中的重要性，很多人在经济交往中上当受骗。在调研中，有农民说：

> 由于怕被欺骗，农民一般不相信陌生人，像蔬菜、牛羊这些产品都是通过熟悉的"中介人"卖出去的，虽然价钱低一点，但是由于常年打交道已经达成了信任。人们不相信合同，只认熟人。

因此，当前乡村经济交往过程中出现的问题，既是一个道德问题，也是一个法律问题，只有双管齐下，才能最终解决问题。

3. 扭曲的财富分配观

市场经济在带来财富增长的同时，也使财富分配出现不均衡，在效率优先、兼顾公平的分配制度下，一部分人先富起来了，社会出现了贫富分化。社会分化是市场经济的正常现象，是促进经济发展、提高社会劳动效率的需要。改革开放以来，我国农村改革解决的主要问题就是效率不高的大锅饭问题，家庭联产承包责任制的实施，极大地提高了农民生产的积极性，促进了乡村经济的发展。分配正义不是平均主义，差距更彰显伦理，对劳动价值的承认是道德的基础。分配正义可以激发诚实劳动者的积极性，承认财富创造者所做的贡献，具有促进社会发展的作用。在很多乡村还存在平均主义思想严重、"仇富"心理普遍的现象。

第一，原始平均主义思想在传统社会中普遍存在，人们"不患寡而患不均"，只要大家和自己一样，即使生活很清贫也很安定，一旦别人的生活水平超过了自己就会很不舒服。乡村是"熟人社会"，这种相互攀比的现象一直比较突出，只能自己比别人强，不容许别人比自己强，对于比自己挣得多的人犯"红眼"病，会感到心里不舒服，很多人缺乏竞争意识，思想保守，存在"等、靠、要"思想。很多人具有"仇富"心理，对于村里先富起来的人，既嫉妒又痛恨。近几年，国家大力实施脱贫攻坚战略消除乡村绝对贫困，通过实施精准扶贫，解决贫困户的生存和发展问题，出现了很多人羡慕贫困户甚至嫉妒贫困户的现象，有人故意装穷，想办法把自己变成贫困户，他们不能忍受差别对待，这就出现了由于脱贫攻坚而激化村民矛盾的现象。

第二，不能正确认识经济分配中的机会平等、规则平等和结果正义之间的关系。乡村普遍存在"贫困文化"现象，主要表现是有严重的宿命论思想，总是把自己的失败、贫困归因于命不好，是老天爷没有给自己机会，不承认成功者的努力和付出，只强调结果平等，不承认机会和规则的平等。迷信权力在财富获得中的作用，认为自己失败的原因是没有"后门"、没有人脉，自己的外在条件差、环境差，有时又特别自卑，主动性差、内生动力不足。安于现状又不喜欢看到别人比自己强，缺乏竞争意识又羡慕嫉妒成功者，在调研中有些村民说：

> 村里发财的人都是上边有人、有资源，并不是凭自己的能力，如果他和自己一样的条件，也不会混得那么好。

过于看重分配结果的平等，又不从自身寻找失败的原因，他们理解的共同富裕就是通过对有钱人的"杀富"，重新分配财富，让付出劳动多的人承担更多的社会责任，这是一种严重不尊重劳动者、不尊重劳动财富的表现，不利于经济增长，不利于社会发展。

4. 不合理的消费观

农村经济的发展，特别是农民的富裕，逐渐使节俭、朴实的传统美德被丢弃，农村也逐渐出现了高消费现象。这一方面反映了当前村民消费水平的提高，在满足了基本生活需要以后享受性消费在增长；另一方面也折射出了村民不合理的消费观念，主要表现就是超前消费、炫耀性消费现象比较突出。

第一，红白事花费攀比严重，很多农民多年积蓄都花在了这些方面，甚至很多人不惜借债办事。我们在调查中发现，现在大部分年轻人结婚要购买私家车，并且越来越讲究品牌，家庭经济条件好一点的青年人会在县城或镇里买房，这成为很多地方结婚必需的花费，并且大部分人家会花费很多钱举行结婚庆典，请豪华车队、婚庆公司、摄影团队等，这就造成很多家庭因为给孩子结婚陷入贫困。在调查中有村民表示：

> 村里年轻人结婚都会买车，现在都流行这个，如果自己不买就觉得自己混得不好，让别人笑话。

乡村是熟人社会，炫耀性消费可以获得他人的羡慕和认同，从而获得自我满足感和存在感，消费行为已经无法自控，是社会消费逻辑导致的一种结果。

第二，"人情消费"成为农村家庭不能承受之重，很多地方的村民送礼名目越来越繁多，有婚丧嫁娶、生儿育女、小孩满月、老人过生日、升学参军、喜迁新居等等，几乎什么事情都要举办仪式、酒席，人情消费支出逐渐增多，很多人又想通过请客收回自己送出去的礼金，想办法以种种理由举办酒席，这样就陷入了一种恶性循环。人情礼俗消费也随着范围的不断扩大，具有了敛财的性质，破坏了社会的道德风气。在我们的调查中，当被问及"本村人情消费现象是否严重时"，44.7%的村民表示严重（包括很严重和比较严重），小到小孩满月，大到老人寿辰，都是人情消费；33.7%的被访者认为本村人情消费不是很严重；14.6%的被访者认为本村人情消费现象不太严重；7%的受访者认为本村人情消费现象不严重。而且越是经济不发达的地区，礼金反而越大，并且呈逐年上涨的趋势，有的已经占到家庭支出的一大部分。在访谈中有很多村民认为：

> 随礼问题已经成为大家的共同负担，酒店吃饭更是巨大的浪费，大家都不是受益者。

农村人情消费是一种"面子"消费，也是一种攀比性消费，更是传统人情礼俗文化的异化性消费。特别是在市场经济社会中，其"隐形表达"的功能越来越明显，可能与"权力寻租"、社会腐败相联系，会严重影响乡村的道德风尚，不利于乡村振兴战略的实施。

第三，从消费结构来看，物质性消费高于精神性消费，从众性消费、节日性消费高。在物质消费中大手大脚，对精神性消费较为吝啬，一般很少买书、看商业性演出，不注重在科技文化素养提高方面的投入。农村盲目从众消费比较突出，看见别人买，自己就要买，这既是相互攀比造成的一种现象，也是农民消费非理性的表现。注重传统节日性消费，平时省吃俭用，过节大吃大喝铺张浪费，只要能给自己争"面子"，就舍得花钱。由于不良生活习惯的影响，农村中普遍存在抽烟、喝酒、赌博等的不良消费现象。不注重保健性、健康性消费，特别是在农闲时节，赌博性娱乐现象比较突出，很多人由于赌博家庭破裂，甚至酿成更严重的后果，既毁坏了家庭，也造成很多社会隐患。

（三）乡村家庭伦理的现实问题

家庭伦理问题是社会经济、文化变革在家庭关系中的反映，是对社会生产力发展、生活方式变迁、伦理价值观念变化的折射，说明当前乡村家庭伦理道德建设正处于转型期、建构期。因此，家庭伦理问题不能只归因于个体道德问题，其更是乡村社会变迁在伦理转向层面的反映。在我们的调查中，当问到"您认为和谐家庭最应该具备哪三个条件"时，大部分人认为夫妻恩爱、赡养老人、遵纪守法是和谐家庭最应该具备的条件。只有正视这些问题，才能对家庭伦理关系出现的矛盾冲突进行反思，从而构建新时期中国特色社会主义乡村家庭伦理。

1. 乡村尊老、敬老和养老道德观念淡化

尊老、敬老、养老是美德、义务和责任，"孝"是中国传统道德文化的核心，尊老爱幼是中华民族的美德，是人类延续在不同代人之间关系的道德要求。在家庭关系中，年轻人对老年人的道德责任是家庭伦理的主要问题，具有基础性、决定性和建构性作用。家庭伦理的变革与老年人在家庭中地位下降，失去了在家庭生活中的话语权，失去了经济掌控权有关；是传统"孝"观念发生转变的表现，具体来说主要有以下几方面的问题。

第一，空巢老人与留守儿童问题。空巢老人一般是指因子女成家或者进入城市而没有人照顾、独居的留在乡村的老人。与空巢老人相对应的是留守儿童，这些儿童与老人生活在一起，在生活照料、思想教育和心理成长等方面都存在很多问题。传统社会建立在血缘关系基础上，共同生活的大家庭能够很好地抵御各种风险，家庭成员之间的自我独立性差，老人具有至高的地位，家庭成员之间具有良好的代际互助功能，真正起到了"养儿防老"的作用。改革开放以来，由于城镇化的加速，越来越多的人进入城市，乡村人口减少，特别是年轻人大部分去了城市，乡村只剩下了老年人和孩子。当然现在也有一些老人进城和孩子一起生活，但是大部分是由于子女需要老人对他们进行生活上的照顾，或者是帮助子女带孩子干家务。乡村空巢老人问题，一方面是家庭结构发生变化的影响，反映了子女与父母之间关系的变化，子女追求自由独立，不愿意和父母生活在一起。另一方面就是子女不愿意承担照顾老人的义务，让老人们自己生活，老人们忍受着物质上的贫困与精神上的孤独。这一问题既反映了老人生活上的无奈，也是老人不被尊重和敬重的表现。"留守儿童"不但增加了农村老人的负担，而且严重影响了孩子的身心发展，也造成家庭关系的不和谐。在访谈中有农村老人说：

孩子在城里打工经常不回村里，时间长了会打个电话问候一下，他们在城里花销大，我们也不需要他们接济；我们自己能种点地，村里给点低保，给村里打扫卫生也能挣点钱。前几年孙子在这边念书，也基本是我们在管孩子。

第二，虐待老人现象时有发生。农村老人不但面临精神上的孤独，很多人还面临生活上的贫困，有的人把一生的积蓄都花在了儿子结婚上，背负沉重的债务负担。很多老人因为年老无法从事生产劳动，没有生活来源只能依靠子女养老，很多人被子女看成是累赘。有的家庭虽然有好几个孩子，但是都不承担对老人的养老责任，在奉养老人的问题上相互推诿，甚至发生冲突，严重伤害了老人们的感情。即使有的人在舆论和法律的监督下不得不赡养老人，但是在生活照料以及衣食供给上不管不顾，甚至有的故意虐待老人，特别是婆媳关系紧张，老人在伤心和绝望中生活，体会不到生活的温暖，调查显示，农村老人的自杀率逐年增高，已经成为一个必须重视的问题。

第三，农村"啃老"现象突出。"啃老"是年轻一代人对老一辈人在物质和金钱方面的依赖和掠夺，父母不但要负担成年子女的日常开销，还要透支给孩子负担教育费用，结婚还要买房、买车，还要负担带孩子、养孩子的开销，由"养儿防老"变为了"养儿啃老"。孩子啃老有的是由个人不思上进、好逸恶劳导致的，但更多的人是出于对老人的不孝敬，没有承担起自己应有的家庭责任，把老人对子女的帮助当成理所当然的事。在访谈中，有老人说：

儿子没有正式工作，为了给他娶媳妇几乎花光了家里的所有积蓄，现在儿子成家了，但是还要负担他们一家的开销，有了孙子以后更是成为了我们老两口的负担，儿媳也经常说，你儿子挣不到钱，你们必须帮助，要不这日子没法过。

2. 乡村婚姻伦理的多重危机

家庭是建立在婚姻、血缘和收养关系基础上的初级社会群体，婚姻关系是家庭关系的重要内容，婚姻伦理影响家庭关系的和谐，影响家庭的稳定。婚姻伦理具有民族性、地域性和时代性，社会变迁是婚姻伦理问题的时代原因，传统婚姻伦理在全球化、市场化、现代化和城镇化的影响下，出现了多元危机。

第一，择偶标准的功利化。恋爱结婚是婚姻的开始，择偶标准是恋爱结婚的重要理由。一般认为婚姻关系是否稳定和谐是判断家庭关系好坏的标准，"百年好合""白头偕老"是人们对婚姻的祝福。而婚姻稳定长久的基础是内在精神上的吸引，能够志趣相同，有共同的语言，而不是外在条件和物质利益，因为这些因素是不稳定的，所以建立在这些因素基础上的婚姻也是不稳定的。这是人们对择偶标准功利化诟病的主要原因。当然，物质利益在缔结婚姻关系时也是应该考虑的一个因素；但是，如果成为唯一考虑的因素那就是错误的。择偶功利化的主要表现是：以对方的家庭经济条件和社会地位为标准，个人感情服从家庭经济条件，要求高价彩礼，要求对方满足买房买车等物质条件，金钱成为缔结婚姻的主要因素。在调查访谈中，有青年认为：

> 农村青年找对象主要凭借经济实力，只要有钱其他条件不好的也能找到对象，如果经济条件太差就很难说了。时代不同了，现在男青年的观念也变了，也希望找个经济条件好的女的来改变自己的命运。

第二，婚姻忠诚度下降，性伦理趋向开放和自由，婚姻稳定性脆弱。人口流动加速，传统社会的稳定秩序被打破，人与人交往范围的扩大，对婚姻的稳定性也造成了影响。在城镇化、网络化、现代化过程中，很多农民进城，开阔了眼界，同时也接受了新的价值观，特别是西方性开放的思想。还有的夫妻两地分居，出现了很多"留守妇女"。村民的性观念在个性解放、个体自由的价值取向下，也变得更加开放，当前已经不是"谈性色变"的年代了，人们对于"婚前性行为"和"婚外性行为"更加宽容，并且其不再成为人们议论关注的重点，很多村民认为"这是个人隐私，和自己没有关系"，只要双方愿意无可厚非。虽然仍有很多人认为"婚外性生活"是不道德的，但是他们认为这种现象现在很普遍，特别是很多人并不认为这是多么丢人的事情，荣辱不清、羞耻不分。有村民认为：

> 现在村里年轻人离婚的很多，好多人外边有人（婚外情），这已经见怪不怪了，很多妇女的丈夫常年在外打工，夫妻关系也不好。时代不同，人们的观念都变了，老观念跟不上新形势了。

3. 乡村家庭亲子、亲属关系的淡漠

家庭除了婚姻关系就是血缘关系，血缘关系主要有亲子关系和亲属关系。有人说社会越是走向现代化，人们走亲戚的次数越少，因为人们的生活水平提高了，互助行为就减少了，没有了利益上的依赖，感情的联系就少了。现代社会家庭规模小型化，家庭功能减少、外化，亲属之间的互动交往减少，如果不是在传统节假日几乎很难见面，即使是亲子之间也是如此。

第一，家庭亲子关系失衡。传统家庭关系中，老人是家庭中地位最高的人，是家庭凝聚的核心，就是"家长"，具有生产生活的决策权、决定权、指挥权，尊重老人是理所当然。而现在的农村，父母权威下降，家庭的重点已经转到孩子身上，村民更关心的是自己的子孙而不是老人，全家人围绕着儿子孙子转，老人成了被忽视、被嫌弃的人。其实，这不仅仅是一个家庭中的问题，也是全社会的问题，在知识和技术统治的社会中，经验已经让位于技术，年轻人成为社会财富的主要创造者和领跑人，老人成为守旧、过时、没用的代名词，只有年轻人才代表未来。在一些家庭中，老人被认为没必要穿太好的衣服，也没有必要用新的、时髦的产品，用的手机是年轻人淘汰下来的，衣服是年轻人不穿的，而家里的孩子吃的奶粉是最贵的，吃穿都是讲究环保的，孩子花多少钱都满足，在老人身上则是能少花尽量少花。在访谈中，有一个老年人说：

> 现在儿子和媳妇不愿意让我们和他们一起生活，儿媳妇认为我们就是累赘，只知道向我们要东西，从来没有问过我们需不需要钱，去年，老头子住院看病，他们一分钱也没有出，说是没有钱。现在，儿女们还不如国家照顾得多，有低保、有医疗保险的。

第二，家庭亲属关系冷漠。亲属关系同样受现代社会流动、城镇化加速发展的影响。在传统社会中，兄弟姐妹以及各种有亲属关系的人，大都住得比较集中，居住距离很近，甚至好多人生活在一个村子里，人们之间既是亲戚又是邻里，在生产生活中相互关照，社会互动频繁，互助行为也比较多，情感自然比较深厚。而现代社会中，个体独立性加强，异质化程度高，即使是农民职业分化也呈现多样化，亲属之间的居住空间变大，好多人生活在不同省份和城市，俗话说"远亲不如近邻"，这就限制了相互之间的交往，亲属之间的互动变少，使得亲属之间的互助行为变得少了，由于没有更多的利益交往，很多亲属基本不走动。公共交往替代了私人交往，亲情缺失会造成社会孤独，会加剧社会冷漠。现在乡村社会治理出现的问题，也与亲属关系冷漠有关系。当有人遇到困难的时候，人们也不会看在亲属、邻里之间的关系上而相互帮助。社会互助是人类群体生活的本质，在陌生人社会中，各种志愿服务组织成为社会互助的重要力量，如果能继续发挥亲属互助的作用，让这种传统支持力量在现代社会中焕发生机，其意义是巨大的。

（四）乡村生态伦理的现实问题

乡村生态伦理问题的本质是经济发展与环境保护之间的矛盾，树立"绿水青山就是金山银山"理念，是解决二者矛盾的根本之策，但是，由于局部利益、眼前利益和个人利益之间的矛盾，乡村生态伦理的问题还是比较突出的。

1. 村民的生态伦理观存在问题

村民是生态活动的参与者，村民的生态伦理意识直接关系生态保护，乡村生态伦理问题从根本上来说是村民的生态伦理观存在的问题。

第一，村民的生态伦理知识匮乏。不知晓生态、生态系统，对于人与自然环境之间的关系缺乏理解，对当前的生态伦理问题认识不足。不理解当今社会人与自然关系日益紧张的现状，对于空气污染、水土流失、水污染、垃圾污染、水资源匮乏等自然生态问题的严重性意识不到，对于我国保护自然环境的重要性没有一个全面准确的认识。村民生态伦理法律知识缺乏，对于生态伦理违法行为，特别是野生动物保护方面的法律法规缺乏了解，虽然存在很多违反生态保护法律规定的行为，但是自己并不知晓，这是生态伦理问题频繁出现的根本原因。我们在调查中发现，很多村民对于哪些野生动物属于保护动物，是国家几级野生动物物种并不清楚，所了解的一些知识都是听别人说的，自己并不知道具体的法律条例。

第二，村民的生态伦理意识淡薄。对经济发展与生态环境保护之间的关系不能正确认识，经济利益放在第一位，只要有钱可赚就不会考虑环境问题。更不会主动参与生态环境保护，甚至对于政府生态保护措施产生误解，成为生态保护的旁观者，而不是积极的参与者。

> 我们一直以来就是这样生产生活，农村人只能从身边的环境中弄点钱，身边的这些资源就是我们生活的来源，这是很正常的，如果这也不能做，那也不能做，我们怎么生活啊。

没有保护生态的忧患意识，看不到当前生态环境问题的严峻性，只追求眼前利益，不考虑长远利益，甚至对于一些社会组织的环境保护活动无动于衷，认为这些人是闲得没事干，不理解也不知道他们的工作意义。

第三，对村民的生态伦理观教育不足。进行生态伦理教育是树立村民生态伦理观的基础工程，是改善乡村环境、提升村民生活品质的重要工作。生态伦理观教育不足既是基础教育在生态伦理教育方面不足的表现，也是各级地方政府对村民生态伦理教育不重视的表现，没有能够让村民充分认识到生态伦理建设对乡村长期发展的重要性，没有通过多种教育形式在村民中进行生态伦理教育，只重视对生态违法行为的惩罚，而不重视对生态违法行为的预防，这是造成生态违法行为屡禁不止的根本原因。

2. 乡村生产中的生态伦理问题

村民是生态伦理的参与者、建设者、维护者，农业生产直接与生态环境相联系，可以说生态环境是农业生产的承载，是农业生产的源泉。乡村生产生态伦理问题关系美丽乡村建设，关系农业生产的未来，是建设绿色可持续发展农业的关键。

第一，乡镇企业中的生态伦理问题。乡村生产不只是农业生产，也包括很多乡镇企业的生产活动。这些企业场地一般是在乡村，利用乡村现有的物质资源和人力资源进行生产加工，由于企业管理者环境保护意识较差，特别是由于技术落后、资金短缺、监督管理不到位等原因，很多乡镇企业存在严重的生态伦理危机，主要表现为水污染、大气污染、废料污染和资源浪费。这些企业很多是村办的或者是村民自己办的企业，很多企业根本没有废水处理设备，直接把废水排放到河道，造成河流污染，甚至有些人把废水直接排放到地下，造成地下水污染，直接威胁村民的生命健康。雾霾主要是由企业的大气污染造成的，由于废气处理设施少、成本高，很多企业存在偷偷排放的问题。近几年，由于国家治理力度加大，特别是关停了很多污染严重、治理不力的企业，空气污染问题有所缓解。相对于水污染和空气污染来说，固体废弃物的处置更有隐蔽性，有些企业存在随意丢弃、不合适掩埋废料的问题，这些污染物对土地的污染时间更长，治理成本更高。浪费自然资源也是乡镇企业普遍存在的问题，很多企业生产工艺落后，粗放式生产，只追求企业经济效益，不珍惜环境资源，没有认识到这些不可再生资源关系子孙后代的可持续发展，这是一种不负责任、不计后果的行为，这不只是一个道德问题，也是一个法律问题。

第二，农业生产中的生态伦理问题。农业生产与生态环境密切联系，村民的生产方式直接影响生态环境状况。审视当下的农业生产，存在大量的不利于甚至破坏环境保护的行为。在农业生产中超标使用化肥、农药，严重影响土地的可持续使用；随意丢弃塑料地膜，造成土地污染，每年秋收以后，特别是一些种植蔬菜的地区，地里丢弃的塑料地膜成为环境治理的后患。对农业生产资源的破坏也是不容忽视的问题，包括森林资源、珍稀动物资源，有些地方树木砍伐量超过了种植量，并且由于树木生长期较长，森林覆盖率下降，造成干旱、土地荒漠化。还有人为了攫取利益，捕杀珍稀野生动物，破坏生物多样性，造成生态失衡。

3. 乡村生活中的生态伦理问题

乡风文明是乡村振兴战略的目标，美丽乡村建设包括村民生活伦理建设。文明、绿色、低碳、和谐的生活伦理是乡村美好生活的体现，因此，不解决乡村生活伦理问题，乡村发展是不可能的。

第一，村民生活方式对乡村生态的影响。生活方式反映人们的生活活动和行为模式,包括人们的消费方式、休闲娱乐方式等。绿色生活是在尊重自然、尊重生命、人与自然和谐相处理念引导下的生活,表现为利用资源方面的节俭,生活消费中的绿色低碳,衣食住行方面的文明健康。但是,很多地方的村民还存在很多不良的生活理念,有的为了讲排场、有面子,不惜浪费财物体现自己的社会地位,村民之间相互攀比,通过炫耀性消费挣得面子。我们在调研中发现,农村婚事、丧事中很多人大操大办主要是给同村人看的;过春节挂彩灯,必须超过别人自己家才有面子,放鞭炮必须比别人家多、比别人家漂亮才能显示自己的实力;这些问题还表现在建房要高人一等、买车要比别人豪华等方面。

第二,乡村生活垃圾随意丢弃,影响乡村环境卫生。生活垃圾是长期困扰乡村环境的老问题,现在很多地方在这方面已经做了很多工作,有的地方实行"户分类、村收集、镇转运、县市处理"的措施,很好地解决了垃圾污染问题,基本实现垃圾的集中处理。但是,在全国的很多乡村垃圾污染还是影响乡村环境的主要因素。由于资金不足,特别是村民居住比较分散的乡村,垃圾的集中处理很难做到,垃圾只能是自然分化。就是能够集中处理的乡村,由于做不到垃圾分类,不同类型的垃圾堆在一起,很难进行无害化处理,大部分乡镇是通过掩埋处理垃圾,很容易造成二次污染,留下环境隐患,并且这些垃圾长期堆放,造成的环境污染危害时间更长久。另外,农村大肆使用塑料袋,随意丢弃垃圾现象很普遍,在一些乡村调查时发现,有些地方村子周边到处散落着塑料垃圾,到了雨季,池塘、河道的水面上到处都是塑料袋,有些地方已经严重影响了人们的日常生活。

第三,乡村"厕所革命"存在的问题。乡村厕所条件反映乡村的文明水平,是农民最基本的生活需要的体现。在乡村文明建设中,很多地方政府在这方面做了大量的工作,人居环境得到了极大的改善。但是,由于各地气候、基础设施以及投资力度差异较大,乡村旱厕的"脏乱差"问题并没有完全改变,厕所造成的环境污染,对于村民健康状况的影响很严重。农村"厕所革命"是一项应由全体村民以及上级政府部门共同参与的事情,是需要因地制宜、分类实施开展的一项工作。在一些地方,虽然上级主管部门很重视厕所改造,但是农民的参与积极性较低,这些人受传统习惯的影响,对于厕所改造存在异议;同时,由于各地气候、地形、文化以及经济发展水平的差异，厕所改造不能一刀切，要根据各地的情况合理规划，以满足农民需要为宗旨，坚决杜绝形式主义。

三　新时期乡村伦理问题的现实原因

分析新时期乡村伦理的现实景象，特别是乡村伦理存在的问题，需要对乡村的社会关系、乡村社会控制、乡村主体价值观等方面进行审视。每一个时代都有其维护社会秩序的伦理体系，当现实状况发展变化时，传统伦理就会面临挑战。新时期乡村伦理的问题，是乡村现实困境的反映。

（一）个体化趋向与公共性缺失

改革开放以来，乡村去组织化趋向明显，联结乡村的集体组织作用下降，村民相互联系、共同生产、共同分配、共同生活的集体名存实亡。村民从公社集体束缚中解脱出来，成为生产经营的独立个体，他们对劳动产品、劳动力可以进行自由支配，减少了对集体的依附。

1. 个体化与去公共性

改革开放以来，村民在生产上获得极大自由，多种经营模式出现，不但增加了收入，而且在生活来源多元化的条件下，村民对土地的依赖减少。他们往返于城乡之间，通过灵活择业把控自己的人生，实现了人格独立。个体化（Individualization）是指"个人从阶层隶属、社区归属、宗族认同之中抽离出来，从与原有从属群体相关的宗教信仰、约定俗成、道德规范的束缚之中解放出来，个体的重要性相对于群体得到更多的尊重与关照"。[1] 个体化意味着与共同体关系的松动化，人不再被某个群体制约，成为自由选择的人，但是个体化也意味着社会风险的自我承担，"人们已不再是镶嵌于共同体之中的一个个相互关联的分子，而沦为了游离于竞争市场中的毫无关联的自由原子，原本可以由家庭、社区或阶层共同承担的社会风险与竞争压力，现在只能由个人独自忍受与面对"。[2]

---

[1] 张良：《乡村社会的个体化与公共性建构》，中国社会科学出版社2017年版，第37页。
[2] 张良：《乡村社会的个体化与公共性建构》，中国社会科学出版社2017年版，第38页。

现在很多人既享受自我择业、自我选择自由，又怀念大集体时代集体组织提供给个体的生活的照顾。人们所表现出来的那种孤独感、无助感和游离感正是现代社会个体化在个体心理上的反映，缺乏集体归属感和认同感是乡村生产责任制实施以来村民的普遍心理状态。近年来，国家在农村实施脱贫攻坚战略，加强基层党组织对乡村的领导和服务，对于凝聚乡村人心，构建以基层党组织为核心的乡村共同体，团结引领村民起到了一定的作用。但是，长期以来，由于乡村公共服务和社会保障的滞后，特别是市场经济对村民价值观的影响，自我利益最大化已经成为大部分人的选择；重新把村民从游离的原子状态凝聚成为乡村共同体，需要一个长期的过程。

公共性是对自我的超越，是理解和考虑别人利益的表现，所关注的是利益的社会层面，而非个体性。"所谓公共性乃是社群成员之间，针对其生活领域中的公共事务，进行公共讨论和公共对话（或称公共论述）后的成果，亦即形成符合公共利益的共识，以确保公共领域的建构及民主价值的实现。"[1] 公共性是在公共生活中的公共活动中形成的，公共性的形成需要交往理性的共识，在自我选择和共同选择中，利益最大化成为共识形成的最基本原因。公共性要求对自我欲望和利益的克制，要把公共利益作为社会生活的首要善，这种要求既是公共生活能够继续的需要，也是获得公共利益的前提，没有每一个人的付出就不会有每一个人的得到，公共生活就是让人们在共处中体会到权利与义务的合理关系。公共生活的消解，弱化了共同体对个体的约束，同时个体也失去了共同体的支持，个体获得自由的同时也陷入了独立支撑生活的压力。乡村的个体化就是一个去公共性的过程，农村生产承包责任制给予了农民生产、生活极大的自主权利，乡村的集体生产不见了，集体活动减少了，村民没有更多相聚的理由和事情，公共约束少了，公共理性在自我的个体生活中缺失了，公共道德思维被个体私利的追求所替代。个体化与去公共性使人们更加关注个体利益，整体关照意识下降了，对他人的关心减少了，公共理性缺失，公共伦理走向式微。

---

[1] 曹鹏飞：《公共性理论的兴起及其意义》，《北京联合大学学报》（人文社会科学版）2008年第3期。

2. 个体化对伦理整合的不利影响

村民个体化对乡村伦理的影响是多方面的，本质上是乡村关系发生变化以后，乡村伦理关系的调整，表现在对乡村养老观念、生育观念、婚姻关系、亲属关系以及村民之间的关系等产生的影响。

个体化的村民对家庭的依附关系越来越少，很多年轻人从小走出乡村去城市打拼，家庭不再是影响个人成功的重要因素；再加上父母不能在经济上占有控制权和优势地位，年轻人对家庭的依赖性降低，亲属之间的互助也大为减少，这些现象的出现，一定程度上影响了年轻人的亲属观和孝道观。同时，个体化使乡村共同体的公共舆论压力功能变弱，人们普遍认为家庭事务是个人私事。对个体自由和权利的尊重成为人们所信奉的价值观，只关心自己家的事，不关心他人的私事成为一种现代性理念被人们普遍接受。这样，依靠社会舆论制约对老人的孝敬已经很难起到应有的作用，特别是受市场经济交换规则的影响，人们之间的交往只看中对方是否能给自己带来利益好处，不去关心他人的道德品质，公共舆论对于不孝行为的谴责和约束下降了。

个体化导致乡村年轻一代在生育观上更多的是从自身需要出发，而不是根据父母、亲属的意愿决定。传统生育观中的"多子多福"思想，主要是由"传宗接代"和"养儿防老"二种需要决定的。在现代观念中，个体对家族背负的责任已经大大减少，特别是年轻人受追求自我生活质量和自我生活享受理念的影响，他们更看重的是为自己而活的生活，希望自己的生活是自由自在、无拘无束的。哈迪指出："她们生育的需要中当然有一部分是文化强加给她们的，一旦削弱文化的强制性，那么这种需要就会随之减弱。"① 生育与养老一样也不再成为村里人们议论的话题，成了年轻人自己的事情，与家庭和家族的种族延续已经没有多大关系了。

个体化社会使得个人成为自己选择和规划自己生活的主体，个人具有强烈的自我意识和独立人格，婚姻关系也发生了显著的变化，情感在婚姻中被更加强调。走出大山的农村青年人看到了更广阔的世界，新奇与繁杂都在动摇着婚姻基础，生活观念在改变，婚姻观念也必然在变化。

---

① [英] 乔纳森·哈迪：《情爱·结婚·离婚》，苏斌、娄梅婴译，河北人民出版社1998年版，第250页。

把自我感觉放在第一位的个性化社会中，基于家庭和社会舆论对婚姻的约束力已经大大降低，离婚现象在乡村也就司空见惯。人情淡漠也使得亲戚关系由过去的以情感为基础转变为更加注重利益和理性，乡村社会关系在交换意识和市场规则的影响下，变成了"一手交钱一手交货"式的即时交往方式，"人情""面子"不再成为一种交往负担，即时结算把传统的复杂关系简单化了。

（二）"陌生人社会"伦理整合的艰难

对于乡村是不是"陌生人社会"有一些不同的看法，有人认为乡村相对来说规模比较小，人口不多，人们之间是熟悉的，是熟人社会。也有人认为现在的乡村人口流动加快，人与人之间的交往在减少，没有更多的交情，相互之间的关系形同陌路。无论我们是否承认，乡村人与人之间的关系已经不是传统意义上的"熟人社会"了。

1. 乡村"陌生人社会"的到来

与陌生人社会相对应的就是熟人社会，也就是群体与社会是由熟人组成的，熟人社会通常指的就是传统社会，是熟人间的、在场的、习惯性的人与人之间的关系。在熟人社会中，角色是清晰的，个体选择是确定的，社会关系是稳定的，人具有安全感和存在感。陌生人社会是由陌生人组成的，"陌生人不仅仅是一个不熟悉的人，而是指我没有很好地了解的任何人，我们对他根本不了解，或是不知道"。[1] 但是陌生人社会并不是没有熟人，最本质的区别应该是交往方式的不同。在熟人社会中人情关系与特殊对待成为通行法则，在陌生人社会中制度法律与同等对待成为主要遵循。乡村陌生人社会的到来，主要体现在以下几个方面。

第一，乡村人口流动频繁，交往面不断扩大，社会成员不稳定，相互之间的直接交往较少，导致了村民之间不熟悉、不了解。特别是进城打工的人多了，很多年轻人只有过节的时候才回来，由于不经常见面，彼此之间只知道老一辈是谁，而相互之间并不了解。人口流动不只带来空间隔阂造成的陌生，还有文化心理上的差异造成的陌生，由于生活在

---

[1] ［英］齐尔格特·鲍曼：《通过社会学去思考》，高华等译，社会科学文献出版社2002年版，第41页。

不同的文化环境中，人们习得的文化理念就会有差异，从而出现价值认同危机。人口流动会造成社会分化，乡村社会结构发生变动，特别是非农阶层的出现，乡村异质性增大，乡村社会整合的难度加大。

第二，乡村人与人之间关系疏远，共同合作的机会较少。乡村生产的个体化使得村民之间生产合作的机会很少，村民都在忙自己的事务，相互之间的交往少了，人情关系淡薄了，直接的社会互动少了，更多的是间接的社会交往。在生产、分配、交换、消费行为中，都是与陌生人打交道，生产是社会化的，甚至是陌生人之间的协作，产品分配是按照多劳多得的原则，不依人情和身份决定，交换是陌生人之间的互通有无，消费具有了炫耀性和符号性。不可否认，村民之间变得越来越陌生，彼此之间的关系也越来越疏远。

第三，乡村产业多样化，社会分化加剧。乡村分化来自产业的分化，改革开放以来，乡村产业出现多样化趋势，非农产业不断增多，从事不同产业的村民逐渐分化出不同的阶层，村民之间的贫富差距拉大了，社会地位不同了。这就造成不同阶层的村民之间的社会交往变少了，村民都在自己的生产经营中活动，和与自己产业有关的人打交道，形成了不同的交往圈；甚至很多人已经不经常在村里居住，而是在城乡之间穿梭，成为具有多种身份的人。村民彼此之间逐渐出现多方面的差异，特别是思想观念和行为方式的差异。异质性是陌生人社会的重要特征，社会成员的多元化必然形成异质性的陌生人社会。

第四，亲属关系的维持机制发生变化，家族长老不再能左右其他亲属的选择，乡村权威去中心化。在熟人社会中，家族长老对家族成员具有重要的影响力，这种依靠亲属关系形成的权威体系来自传统的家长制，是乡村自治的重要力量。但是，现代以来，随着家庭小型化趋势的发展，特别是随着人口流动、个体独立性的增强，家族熟人社会的体系不复存在，家长权力消解，孩子与父母的关系是民主、平等的，人们不再受家庭束缚，在婚姻选择、职业选择和生活方式选择上都有了自主性。亲属关系淡漠，人情关系被市场法则取代，陌生人社会的交往方式被人们遵循。

2. 陌生人社会伦理整合的难点

在陌生人社会中，人们的态度是复杂的，既对陌生人好奇，想了解他们，又会出现提防、不适应、拒绝的态度，甚至会出现疏远、驱逐与消灭的行为。不愿意与陌生人打交道，在空间上远离，在心理上拒绝。但是，在陌生人社会中，人们又是放松的，虽然陌生人和你在物理空间上是共存的，但是你并不用把他放在心上，你所做的一切与他并没有什么关系，你可以最真实地表现自己，不用戴着一副"面具"。你与他人的交往只限于行为需要的角色之间的互动，不会涉及其他方面，在共有话题之外，各自具有独立生活。虽然在同一共同体中，只是一种共在的相互需要，在遵循着既有法则的基础上，互不干涉地一起生活着。彼此之间的约束性下降了，在功利与道德面前，很多人不再选择道德，而是把自己的利益看得更重，这就出现了"拜金主义""功利主义""个人主义""享乐主义"思想，曾经的相互顾忌、情感面子都统统被抛在脑后。有人指出，现今社会已经不存在传统社会伦理，特别是传统"礼"制的社会基础，在陌生人社会中，传统礼制很难起作用。因此，在陌生人社会中，伦理整合就会很困难。

第一，陌生人社会与社会关爱。群体性冷漠成为现代社会的一个值得思考的现象，陌生人社会中人与人的关系和互动是单一的，缺乏情感交流，相互之间很难形成真正的社会认同。当个人遇到突发事件时，个体是无助的，解决问题只能回到私人空间，求助于自己的亲人。因此，人们生活在熙熙攘攘的人群中，但无时不感到一种孤独与无助，找不到一个可以在自己困难时候来帮助自己的人。一切都在市场规则下运行，家里搬家找陌生人的搬家公司，下水道坏了找陌生的管道维修工人，甚至住院没人陪床也可以找陌生的职业陪护人。人与人之间的情感交流变得困难，个人内心越来越孤独、越来越冷漠。我们不信任陌生人，又离不开陌生人，法律契约成为相互约束的保证，道德功能显得无能为力。如果说"熟人社会"的人与人之间的关系主要靠伦理道德来维系，那么"陌生人社会"则主要是通过利益和法律维持的。不断扩大的交往圈子，既增加了交往成本，也让人们感受到了不信任带来的冷漠和无情，交易都要签合同，私人交往要通过公证确定其约束力，社会关爱和亲情让渡给了理性和制度，互助互帮的社会氛围没有了。

第二，陌生人社会与社会信任。信任是伦理的基础，是社会道德最核心的要素，一个人、一个社会一旦没有了信用就会做出各种缺德的事情。"所谓信任，是在一个社团之中，成员对彼此常态、诚实、合作行为的期待，基础是社团成员共同拥有的规范，以及个体隶属于那个社团的角色。"[1] 信任希望社会成员都做出符合社会期待的行为，是一种社会风气。信任可以简化交易时间，可以降低交易成本，可以提高交易效率，促进社会发展。

熟人社会的信用是对人的信用，而不是对事的信用，亲疏关系程度成为道德行为的标准，这是一种具有情感性、排他性和不可替代性的社会信用。这种信任是基于血缘关系、地缘关系产生的，并且按照"差序格局"的远近关系决定信用的认可程度。在熟人社会中，人与人之间是相互熟悉的，既了解他的过去，也了解他的现在，对他的人品、为人处世都是熟悉的，这种对他经办事情的信任是基于对他人的信任产生的。熟人社会的信用成本较低，不需要复杂的制度法律支持，社会信任大都出于感情和友谊，这是一种典型的人际信任。但是，人际信任对于熟人社会之外的人是普遍不信任的，"福山认为，传统中国的家族主义文化强调和重视家庭、亲戚及血亲关系，将信任家族以外的人看作是一种不可允许的错误。因此，中国人所相信的人就只是他自己家族的成员，对于外人则极度不信任"[2]。这就使得熟人社会的信任具有极大的局限性，并且随着社会的发展，特别是熟人社会的瓦解，人与人之间不再仅仅依靠血缘和地缘来维系，制度信任就成为必然。但是制度信任往往会有较大的社会成本，并且制度制裁具有滞后性，往往是在损失发生以后的救济，这就使得制度信任约束往往摆脱不了利益追逐的诱惑，从而破坏信任的社会环境。这就是为什么在陌生人社会中很多人仍然通过熟人圈建立信任，从而也就出现了利用熟人信任进行欺骗的现象，这其实也反映了熟人社会的信任关系是人们较为信任的社会关系。陌生人社会的制度信任来自外在的强制和约束，熟人社会的人际信任出于内在的自我约束。因此，陌生人社会中的信任关系不但具有成本高、约束力脆弱等弊端，同

---

[1] [美]弗兰西斯·福山：《信任——社会道德与繁荣的创造》，李宛蓉译，远方出版社1998年版，第35页。
[2] 李伟民、梁玉成：《特殊信任与普遍信任：中国人信任的结构与特征》，《社会学研究》2002年第3期。

时也是伦理道德在陌生人社会中作用式微的表现。

第三,陌生人社会与传统习俗。习俗是指在某一社会中被遵从的正统的规则,如礼仪。习俗是在社会长期发展过程中一个群体所形成的习以为常的规则,具有实践性、习得性和稳定性;和法律规范不同,习俗一般不是制定的,而是习惯成自然地形成的。习俗的形成要具备一定的条件,首先,是共同的生产、生活实践,人类的生产、生活实践在一开始就是群体性的,分工与合作成为生存的需要,每一个人都离不开这一群体,只有在群体中人们才能生存。群体性的生产与生活会形成一定的规矩和做事方式,经过长期的磨合就达成了共识,成为人们共同遵守的习俗。其次,习俗是被一定群体所认同和共享,一般具有稳定的群体成员。在一个流动性较大的群体中,文化是多元化的,共识的达成比较困难,很难形成统一的文化习俗,社会整合的难度较大。只有群体成员稳定才能在长期的生活中形成共同的文化认知,从而产生传统习俗。最后,传统习俗一般是在一定的地域中形成的,具有明显的地域性。在传统社会中,时空是统一的,人们总是生活在一定的时空中,不会发生时空的分离。稳定的群体成员,必然长期生活在一个地域空间中,地域给予了人们共同生活的空间,也限制了人们的流动,也为人们之间经常性的互动提供了可能,有利于共同文化的形成。因此,习俗是特定群体、特定地域的人们在长期的生产、生活实践中形成的共同文化认同,是维持群体秩序、约束与限制个体行为的准则。

在陌生人社会中,人们往往没有长期共同生产、生活的基础,存在文化上的差异,传统习俗也就难以被人们所遵守。如果一个群体没有了共同认同的习俗,没有共同遵守的社会禁忌,就会缺乏相互之间的约束力。人与人之间是相互独立的,对别人的行为熟视无睹,人们之间的关系就只能像疏离化的原子,不能形成具有道德约束的生活圈。在陌生人社会中,人们之间的互动是具有明确目标的单一的互动,是理性化、功利化的相互交往,这样就缺乏了人与人交往的丰富性。生活绝不是单面化的功利需求,而应有情感、尊重、相互理解等多方面的内容,特别是对人的关照更应成为人们交往的重要内容。在陌生人社会中,特别市场交换法则左右人与人交往的社会中,德性就会受到破坏。在看到陌生人社会对传统伦理破坏的同时,也应该看到"熟人社会"在陌生人社会中的残留，以及其对道德的破坏作用。熟人关系是一种非理性的关系，一旦这种非理性的关系渗入陌生人社会中，就将导致公共生活的混乱无序，甚至破坏法律的应有功能，"关系""后门"成为一些隐性的规则跃居法律之上。利益驱动的下"杀熟"现象就是利用了"熟人社会"的信任关系，谋求个人不道德的利益，这也从另一个方面说明了现代陌生人社会的信任危机。

（三）价值多元对乡村伦理的挑战

乡村变迁是我们理解乡村伦理的基础，而乡村变迁的重要特征就是乡村现代性带来的多元价值。一般认为，现代化是无可阻止的社会发展趋向，多元价值给社会发展带来的影响，既有积极的方面，也有消极的方面，特别是村民的价值选择颠覆了传统理念，这是乡村伦理面临的困境，也是必须面对的现实。

1. 乡村价值多元化的形成

价值多元化是多种价值观对人们思想产生的影响，特别是在社会转型、社会变革时期，不同文化和价值同时到来，相互发生碰撞、整合。一般来说，在封闭、稳定的社会群体中，在群体成员与外群之间的社会交往很少发生的社会中，一元价值就容易形成，人们在共同的价值观指引下，进行着有序、约定俗成的生活，传统伦理道德规范成为默认一致、不容置疑的价值取向，对传统价值观的挑战就是对群体成员的挑战。长期以来，中国乡村社会的价值观念是稳定的，特别是改革开放之前由于户籍制度限制了人口流动，乡村人口稳定，对外交往较少，人们的价值观念单一，对伦理道德规范的挑战比较小，道德共识容易达成。乡村多元价值的形成是在改革开放以后逐步发生的，其形成过程主要表现在以下几个方面。

第一，改革开放、解放思想是打破固有价值的过程，意味着对传统价值的反思，新的思想和价值观出现。这既是旧的价值观被怀疑、审视的过程，也是新的思想和价值观不断产生、逐步确立的过程。改革就是破旧立新，要想进行改革必须进行思想解放，思想解放是一个艰难的过程，需要对新思想进行宣传，对旧思想进行反思，在对旧的价值观念进行反思的过程中，就会有各种新思潮尝试建构自己的理论体系，从而给人们一种全新的观念，各自在自己的理论建构中解释世界，以满足不同人群的需要，在这个过程中多种价值观念都站出来以确立自己的地位。

第二，传统农业社会中，由于分工不发达，生产方式基本相同，人们的活动、经历和生活方式基本一致，社会成员的差别不大；人们的思想价值观念、道德标准以及行为习惯差别不大，这就容易形成乡村统一的"集体观念"，成为乡村秩序的精神支撑。中国的改革首先从农村开始，家庭联产承包责任制的实施，使村民在土地经营上获得了自主权，个体在生产、生活方式上获得了自由，促进了农村人口流动。外出打工的农民工接触了不同的行业、不同人群的思想和价值观念，农民的思想和眼界开阔了，同时各种价值观念也影响了农民，甚至是混淆了农民价值观。在村民外出与回村的过程中，各种思想观念逐步影响着村庄农民的思想。因此，流动使得乡村的整齐划一被打破，由过去的封闭静止变为流动多元，使乡村的社会结构复杂化、价值观念多元化、利益主体多样化，传统价值观不再能支撑村民行为。

第三，利益多元是导致价值多元的物质基础，乡村分化最主要的表现就是利益的分化，在个体因素成为影响家庭收入的关键因素以后，这种分化就成为必然。特别是市场经济在资源配置中起决定性作用，利益最大化成为行为选择的重要原因，人们站在不同的利益视角主张不同的价值观。同时，利益获得方式也在影响人们的价值选择，价值就是有用性，在不考虑道德合理性的情况下，很多人把能否给自己带来利益作为判断行为是否道德的标准，有人认为赚钱就要诚实劳动，有人认为赚钱就要自私自利，有人认为赚钱只能坑蒙拐骗。利益多元会导致形成不同地位的村民，处于不同地位的村民其价值观也是有差距的，例如，对于公平的理解，既得利益者认为应该机会均等，处于社会底层的人认为应该更多地照顾社会地位不利的人。乡村社会的经济多元、文化多元、影响媒介的多元，必然导致乡村社会的价值多元。

第四，乡村分化导致村民角色的多元化，扮演不同角色的村民由于其社会期望、自身地位的不同，其价值观也是不同的。按照社会学的解释，角色是与其身份地位相一致的行为期待和权利义务规范，角色不是具体的人，它是由人来扮演的，扮演好一个角色就是要按照角色期待、角色权利义务规范去行动。在传统乡村社会，角色分化较少，村民都是以种地为主业的农民。改革开放以来，农民角色扮演逐步多元化，单从户籍来看，基本都是农民角色，但是从实际从事的职业来看，有的人既是农民，也是农民工、经商者、企业家、股东等。每个角色都有一整套与角色相对应的行为规范，享有一定的权利，需要履行一定的义务，这样就形成了基于角色扮演的价值选择，角色扮演的多元化则导致了价值选择的多样化。

2. 价值多元对乡村伦理整合的挑战

近几年，乡村伦理问题无不与多元价值对村民的影响有关，当今的乡村远不再像传统社会那样封闭、一致和整齐划一，不同的生活理念、生产方式以及价值追求影响着乡村生活和乡村伦理，长期以来维持乡村整合的乡村伦理受到挑战。

第一，价值多元与伦理共识。共识是一致的认知，对某种价值的共同认可是秩序形成的基础。杨国荣指出："所谓共识，也就是社会不同成员基于社会发展的现实需要，通过理性的互动、价值的沟通在观念层面所达到的某种一致。"[1] 只有达成某种共识才会产生肯定、认同和接受，伦理共识是伦理被普遍遵循的认识论基础。伦理共识与价值观密切相关，是共同体成员对伦理道德规范的认同和接受，是引领共同体成员一致行动的道德准则。伦理共识是社会秩序建立的基础，伦理共识形成的层面越广泛，越可以消除因价值差异造成的社会冲突，从而为共同体中人与人之间关系的和谐、行为的协调以及团结合作提供了可能性。因此，伦理共识是促进社会发展的重要保证。

伦理共识与价值多元关系密切，价值多元意味着在价值取向上的不一致，反映了人们看待问题的不同观点。伦理作为人与人关系秩序的规定，如何构建这种关系同样与价值选择有关。伦理关系是建立在价值取向基础上的，价值取向是伦理关系的核心要素，决定了一种社会关系的基本导向，是判断一种道德行为是否合适的基本依据，决定了社会普遍的伦理原则。因此，"道德行为需要基于普遍的伦理原则，与之相联系，应当对伦理共识给予重视，否认伦理领域中具有普遍意义的共识，便容

---

[1] 杨国荣：《论伦理共识》，《探索与争鸣》2019年第2期。

易滑向道德相对主义和虚无主义"①；价值多元很难在社会中形成统一的价值取向，伦理共识也就失去了其达成基础，伦理失范就会出现。

随着乡村社会由"同质性"向"异质性"社会的过渡，乡村社会中人与人之间的差距变得越来越明显，表现在职业差别、生活差别、文化差别和价值取向等方面，特别是价值观的不同，成为社会差别的根本因素。传统社会中"三纲五常"曾经是中国人的伦理共识，在漫长的封建社会中，对于伦理整合起到了重要的作用。社会价值多元，人们之间的共识达成就变得越来越困难，很难形成普遍被遵守的伦理原则，用共同的伦理规范去统一村民行为就变得十分困难。

第二，价值多元与伦理选择。伦理选择是对伦理"应该"的确认，是对一定伦理秩序的追求，是为达到一定伦理目的的选择。封建社会维持的是"君君，臣臣，父父，子子"②的等级秩序，伦理选择是为维护封建统治秩序服务的。伦理选择以伦理认知为基础，是对一个社会关系应有秩序的认同，是社会价值与自我价值在个体伦理行为上的体现。伦理选择有无意识的自觉选择，也有认知基础上认同选择，自觉选择是在长期的生产生活实践中、在潜移默化中形成的伦理认知，这种选择是无意识的，不需要思想斗争的自然而然的选择，表现为无须解释和反思的习俗、习惯，这种伦理选择是不问理由的，是嵌入人们心灵的道德自觉。伦理选择与社会整体的道德环境有关系，道德环境就是一种道德力量，人们生活在这样的社会环境中就会受到这样的道德约束，他人的道德行为成为自己伦理选择的理由。这也是个体伦理选择与社会整体伦理选择的关系，在任何社会环境中，都会有与整体伦理选择不同的个体伦理选择，但是这种个体伦理选择往往受到谴责，受到社会舆论的压力，也不能代表整体的伦理选择。因此，伦理选择应该是社会普遍的伦理要求，而不是个别人的选择，是社会整体伦理选择的普遍化。伦理选择与伦理认同、价值认同有密切关系，当传统价值观念不再成为人们的行为依据，伦理选择就会发生改变，就会出现对传统伦理行为的质疑，人们就会寻求新的能够支撑其伦理选择的理由，这往往伴随着思想反思、价值反思

---

① 杨国荣：《论伦理共识》，《探索与争鸣》2019年第2期。
② 陈晓芬、徐儒宗译注：《论语·大学·中庸》，中华书局2011年版，第143页。

和伦理反思。基于传统价值观念形成的伦理选择被怀疑、否定和重新建构。在价值观多元的社会中，由于社会整体价值追求的多样性，并没有一种主导价值观被社会普遍认同，伦理选择就会在不同的价值体系中被重新思考，并确立自己的伦理追求，从而表现出不同的伦理选择状态。伦理选择是一种重新思考，是对现实伦理道德的质疑；从本质原因来看，伦理选择问题是社会变迁的结果，是新旧伦理道德在社会变迁中发生冲突的表现，往往伴随着社会伦理道德的混乱，表现出道德滑坡和伦理式微。

乡村价值多元同样是对传统伦理选择的威胁，由于人们的价值认同不一，就会出现伦理道德理念的差异。例如，由于农民收入来源多样化，人们就可能认为诚实劳动并不是获得收入的唯一方式，不劳不一定不获，甚至有人认为不劳者获得的收入更多，于是在一些农村地区出现了"笑贫不笑娼""坑蒙拐骗"大行其道的社会现象。一旦这些思想在农民头脑中产生，就会对勤劳、节俭等传统伦理道德造成影响，甚至是颠覆。乡村价值多元造成伦理选择混乱，特别是对一些文化水平不高、没有更多价值辨别能力的村民来说，就会导致一些人对金钱过分追求，沉迷于物质享受。人更看重的是利益获得，工具理性日益增强，社会交往的功利色彩浓厚，出现个人主义、利己主义、重利轻义的行为，村民对村庄的归属感下降，给乡村秩序的整合带来问题。

第三，价值多元与伦理秩序。社会秩序是一种稳定的结构性存在，意味着社会系统协调、平衡的状态。一定的社会秩序是社会发展的重要基础，在一个秩序混乱的社会中，社会发展是受阻的。虽然维护社会秩序的手段可能不同，每一个社会追求良好社会秩序的目标是一致的，良好的社会秩序是社会稳定的重要根基。但是，社会秩序不能表明其体系本身性质的内容，也就是说，社会有秩序与社会健康、和谐、进步是不一样的，秩序只是一种状态，而不能表明这种状态的性质。同样，维持社会秩序手段的性质也是不同的，从道德标准去分析，有些手段是道德的，有些是不道德的；从政治视角去分析，有些手段是民主的，有些手段是专制的；从控制方式视角去分析，有强制性的惩罚性手段，有非强制性的思想教育手段。伦理是社会关系的"应然"，常常表现为各种法则、规范，通过人们对规范的遵守维持社会关系，从而实现应有的社会秩序。伦理秩序是指"社会公共的道德规范、人们日常生活准则、社会风俗习惯、家庭关系以及公民个体品德等各方面综合而成的价值文化系统和模式，并且这种伦理文化体系作用于社会，起到规范民众道德行为，整合民德民风、营造道德风尚的作用，使个体、群体、集体和谐发展，使社会确立正义的价值理念从而达到良性运行"。[1] 伦理秩序是道德规范的目标，一种伦理秩序的构建需要道德理性的形成，要通过道德建设实现伦理秩序。也就是通过伦理制度的建立，提出适应社会发展的道德要求，让社会道德规范成为维护社会秩序的手段。但是，伦理秩序的实现更重要的是人们心灵秩序的实现，也就是通过形成人们的道德信念、价值理性、道德信仰，确立道德主体，从"应该怎么做"到"我要怎么做"，实现主体的自觉性。因此，真正的伦理秩序的实现是人的心灵秩序的形成，是主体对道德规范的真正认同、向往和信仰，这是无须外力强制和约束的力量，把道德真正建立在人的情感、自由之上，这种内驱力使道德真正成为人的道德。价值观与心灵秩序的构建密切相关，价值认同是最根本的认同，是建立心灵秩序的核心要素。多元价值观的存在，使支撑内心的传统价值系统被打破，心灵秩序建立的价值标准出现了多元化，从而打破了固有的伦理秩序。要重新建立一种伦理秩序，需要一种能够达成共识的价值观认同。当前，我国大力倡导社会主义核心价值观，这是构建新时代社会伦理秩序的价值基础。

乡村伦理秩序的构建同样面临价值多元的挑战，相对城市社区，乡村伦理秩序是比较稳定的，特别是传统乡村伦理不会随着理性化、城镇化、现代化、市场化而马上改变。但是改革开放40多年来，特别是随着城镇化的加速推进，乡村伦理秩序转型成为不争的事实。价值理性是对传统习俗的否定，是一种现代理念，其与传统乡村伦理秩序的冲突是最大的，它放弃了人情、习俗、情面等非理性因素对人的约束，一切秩序的建构被市场法则所替代，利益成为价值判断的主要标准。市场在资源配置中起到了主导作用，同时也在价值建构甚至道德判断中占据重要位置，没有利益的道德是苍白的说教，没有好处的德行是被耻笑的，"道德人"成为傻子，利益获得者被效仿和尊重。城镇化、现代化加速了多元

---

[1] 肖祥编著：《伦理学教程》，电子科技大学出版社2009年版，第35页。

价值的形成，也使得价值理性得到更大的市场，现代化本身就是对传统的挑战，城镇化使人们的生产、生活发生了根本性的改变，非农生产、陌生人社会、个体化趋向等都在消解着传统伦理秩序。如何在价值多元的乡村社会中重新建构一种符合新时代乡村发展的伦理秩序成为时代的问题，也是必须解决的问题。

（四）追逐利益对伦理的放弃

乡村社会关系利益化成为越来越严重的问题，甚至有些人放弃了伦理道德的底线；一切以现实的利益获得为目标，这种获得包括金钱利益、荣誉、权力以及感官的快乐，而不顾道德的谴责，没有了荣辱观和羞耻感，有的还走向了犯罪，"一切向钱看"是对乡村伦理的破坏，是对乡村伦理建设的极大挑战。

1. 乡村关系利益化

乡村关系就是乡村人与人之间的关系，是基于地缘、血缘和业缘关系发生的，具体表现为邻里关系、血缘关系和劳动生产关系。从社会关系产生原因来看，不同社会关系之间的交往遵循不同的价值标准；邻里之间应该互助，因为个体力量是渺小的，不足以战胜外界的各种风险，只有相互帮助才能共同生存发展，近邻有相互帮助的条件和可能性，相互帮助既是生活的需要也是美德的体现。血缘关系是人类自身再生产过程中产生的关系，是生命延续的需要，是人类社会存在发展的需要。血缘关系远近不同则有不同的要求，我国古代所说的"五伦"关系当中就有对血缘关系的规定，认为父子之间应该是孝，兄弟之间是手足骨肉之亲应该是悌，孝是血缘关系的核心要素。业缘关系主要是人们之间的劳动生产关系，这也是人类社会存在和发展的基础，生产关系伴随着人类社会的产生和发展，没有生产活动就不会有人类社会。生产关系表现在生产、分配、交换和消费各个环节，在这些过程中产生的各种社会关系都有其交往的标准，例如，尊重劳动者、尊重劳动产品、勤俭节约、公平公正、等价交换、诚实守信、按劳分配等。这是保证社会关系正常交往的需要，是人类社会健康发展的需要。

乡村关系的利益化是指把所有的关系都变成利益关系，或者是按照利益标准去处理一切关系，有利就交往，没利就不交往，按照市场规则处理人与人之间的关系，人与人之间除了利益关系没有了任何其他关系，个人利益高于集体利益，甚至高于国家利益。乡村社会关系利益化的过程，主要表现在以下几个方面。

第一，市场经济的发展，等价交换原则被一些人作为处理一切社会关系的准则，伦理关系功利化。市场经济的发展对于我国经济迅速崛起起到了重要的作用，极大地提高了人们的积极性，促进了社会生产力，同时也带来了人们思想和价值观念的变化。我们应该看到，市场经济对人们思想道德和价值观念的影响是多重的，既有积极影响也有消极影响，其积极作用就是更新了人们的观念，为传统道德注入了一些新的思想，例如效率意识、竞争意识、民主法治意识以及等价交换意识。市场经济的消极影响产生的根本原因不是市场自身，而是把市场经济等价交换原则用在了社会生活的一切方面。社会生活的不同领域都有适用其交往的规则，也就是说，不能用市场规则来衡量所有生活领域，否则就会出现人们行为的混乱和无序，就会出现道德失范的问题。我国的改革是从乡村开始的，家庭联产承包责任制的推行，使农民成为生产的主人，生产什么、生产多少都由自己说了算，他们按照市场需要配置资源，按照市场需要进行商品交换，经济利益根据市场行情得以实现。利益成为调节行为的总指挥，有利可图成为行为选择的重要标准，这是市场这只"看不见的手"对人们思想和行为的影响，长此以往，就容易逐步地把农民的价值观引向利益取向，并且弥散到一切社会交往中。再加上农民普遍文化水平不高，小农意识严重，更看重的是眼前利益，小农意识遇上市场经济，很容易导致一切行为的功利性。

第二，乡村生产的个体化趋向，人口流动性的增强，极大地激发了人们的自利性，对利益最大化的追逐成为行为的理由。人类社会是群体性存在，只有在共同生活中，在人类命运共同体中才能生存和发展，每个人都离不开他人，人们之间的社会交往是社会存在的基础。生产关系是社会交往的基础，分工与合作是为了整体利益的实现，在这样的共同体中，为了他人也是为了自己。黑格尔说："在市民社会中，每个人都以自身为目的，其他一切在他看来都是虚无。但是，如果他不同别人发生关系，他就不能达到他的全部目的，因此，其他人便成为特殊的人达到目的的手段。"① 我们所说的生产共同体，就像是黑格尔的市民社会，与别人发生关系是为了达到自己的目的。但是，随着家庭联产承包责任制的改革，农村由集体生产走向了个体生产，过去那种一起下地干活，听从生产队长统一指挥的生产劳动不存在了，变成了各家各户自己组织生产，与他人的关系变成了自我利益与他者利益的关系。乡村生产的个体化趋向不是指一个人可以离开他人而存在，而是指在一个具体的生产过程中，个体成为自我利益的实现者，别人是别人利益的实现者，这种区别激发了人们的自利性，导致自我利益最大化行为。

同时，随着人口流动的增强，乡村关系变得不稳定了，这样基于地缘关系、血缘关系和业缘关系建立起来的社会关系就发生了变化。地缘关系是建立在人口稳定性基础上的，如果人口流动加快，邻里之间的关系就变得不确定，特别是对未来相互之间交往的预期就不确定。我们知道人与人之间的交往都有功利化的一面，除了情感的联系，更多的是为了相互帮助，俗话说"远水解不了近渴"，近邻是有用的，这是人们生活的经验共识，我帮你为的是将来我有事的时候你也能帮助我。如果邻里关系不确定了，我现在帮助了你，未来你是否还能帮助我就成了问题。这样就出现了"即时结算"性交往，我现在帮助你，你就需要马上给我回报，因为不能确定你将来是否也能帮助我，这就导致了社会关系的利益化。血缘关系既是一种亲情关系，也存在互助关系，人具有较长的生活依赖期，一个孩子如果没有父母的养育不可能长大，这种养育之恩天然地镌刻在父母与孩子之间，培育孩子是父母的责任，"养儿防老"是父母对儿女的期望，如果亲戚之间离得很远，也影响相互帮助的可能性，使得互惠功能下降，同样也导致亲情关系的淡漠，容易走向亲属关系的利益化。业缘关系同样受到社会关系不确定性的影响，业缘关系主要是分工合作关系，自己完成工作需要别人的配合，搞好工作关系有利于自己事业的发展，如果一起合作的人经常变换，也就影响了维持这种关系的理由，从而造成了业缘关系的功利化现象。

第三，道德建设的滞后，道德标准混乱，违德成本低，一些人为了达到自己的目的不择手段，自私自利，甚至置他人、社会利益不顾。从

---

① [德] 黑格尔：《法哲学原理》，范扬、张企泰译，商务印书馆1961年版，第197页。

成本收益之间的关系来看，人们的行为总是要讲求回报的，如果一种行为能够获得更大的收益，就会吸引人们去从事这种行为。如果一种行为获得的经济利益大于代价，那么这种行为实质上是被鼓励的。同样可以从成本—收益的视角分析伦理道德关系，在一定社会中，都有既定的伦理道德规范，如果一个人做出不符合伦理道德规范的行为，会受到人们的谴责，处处抬不起头，被村里人笑话，甚至会受到惩罚，那么人们就不敢做不道德的行为。如果一种不符合伦理道德的行为不但不会被人们谴责，反而在一个社会环境中已经被认为是司空见惯，甚至还能够带来很多好处，人们就会效仿这种行为。例如，婚外情严重的时候都是社会对这种行为漠视、放纵的时候，有些人不但不以为耻反以为荣，甚至将其视为炫耀的资本。有些地方只要你能搞到钱就是有本事，不管这钱是骗来的还是抢来的，或者是通过其他不正当手段得到的，这实际上是对不道德行为的纵容和鼓励，是社会荣辱观、价值观颠倒的表现。因此，在一个"笑贫不笑娼"的社会中，勤劳致富反而被认为是傻，认为是"死心眼"，遵守社会伦理道德的人成为吃亏的人。只有让不道德行为付出代价，人们才会掂量违德成本；我们这里所说的代价包括利益、名声、处罚、指责等，当"不道德行为成本和不道德行为收益相对等的时候，从理论上说，就不会发生道德失范行为。当不道德行为的成本远大于其收益时，道德失范行为更加不会发生，除非有各种偶然的因素介入"。[①]违德成本低与社会对不道德行为的宽容和纵容有关，是社会道德价值观扭曲、荣辱观颠倒造成的，人们对于传统道德标准不再认可，因而内心信念、社会舆论不起作用，道德失范就会经常发生，这反映了伦理道德建设的滞后，对违反伦理道德的行为治理太轻。近年来，国家对违反师德的教师加大治理力度，出台了一系列制度措施，例如《中小学教师违反职业道德行为处理办法》（2014）、《严禁教师违规收受学生及家长礼品礼金行为的规定》（2014）、《严禁中小学校和在职中小学教师有偿补课的规定》（2018）、《新时代高校教师职业行为十项准则》（2018）、《高校教师师德失范行为处理的指导意见》（2018）等，把一些违德教师清理出教师队伍，起到了很好的震慑作用，极大地促进了教师职业道德的提高。

[①] 雷结斌：《中国社会转型期道德失范问题研究》，人民出版社2014年版，第35页。

2. 乡村关系利益化的伦理问题

乡村关系利益化是把利益放在了第一位，追求利益最大化成为主要目标，最关键的问题是把一切社会关系都变为了利益关系。如果把利益放在了第一位，往往会导致道德约束力下降，人们想问题办事情时，把道德抛在了脑后，造成伦理关系被扭曲。主要表现在以下几个方面。

第一，人情淡漠，邻里互助变为了利益关系。一般来说，单独的个人是无法在这个世界中生存的，现代社会中，看似独立的个体实质上是密切联系的，他们通过分工与合作实现着互通有无、相互帮助。但是，这种分工、协作在不同性质的社会中，实现的方式是不同的，有的共同劳动、共享劳动成果，有的依靠阶级统治不劳而获，有的通过市场机制调节人的行为。在一个消灭了阶级剥削，实现了人与人之间平等的社会中，人们之间的互助一是依靠良好的道德品质，二是依靠市场调节。相互帮助、无私奉献、助人为乐、邻里互助等是我们提倡的公共道德，但是，要形成这样的社会氛围和道德环境需要长期建设。从普遍意义上来说，我们还没有达到这样高的社会道德水平，人与人之间的互助还是要依靠人情交往、相互利用、金钱购买等，如果没有人情交往和在可预期未来的相互利用，就剩下金钱雇用了，这就谈不上人情，就不会有无私帮助了，最终会导致金钱崇拜盛行，获得利益成为一切行为的前提。乡村社会关系的利益化，导致乡村交往成为一种利益交换，人们从自身的利益出发对待各种关系。邻里之间既缺乏了礼尚往来，也没有了相互帮助，家里有需要人手帮助的时候出钱雇人，既不欠人情，也不用考虑别人愿不愿意，这种"即时结清"式交往，不用"偿还"，下次再用也理所当然，无人情可言。

第二，实用主义家庭关系，婚姻功利化。实用主义一般是和功利主义联系在一起的，看重的是有用性，以自己利益的实现为主要目的。家庭关系是依靠婚姻、血缘关系维系着的，从伦理道德的视角来看待家庭关系，其核心要素就是"孝"，俗话说"夫孝，德之本也""百善孝为先"。"孝"就是孝敬父母，尊重长辈，友爱兄弟，关爱幼者的伦理行为，这是一个人齐家治国平天下的基础。"孝"的根据是报血亲养育之恩，建立在深厚的爱和情感基础之上，是对父母养育子女付出的承认和尊重。所以，中国传统文化中，把"孝"作为处理家庭关系的基本要求。

实用主义家庭关系就是把这种建立在"孝"基础上的亲情关系变为利益关系，这就会出现把孝敬父母、对长辈的尊重以及兄弟姊妹之间的关系变为利益关系，从父母那里能够获得利益就承担赡养父母的义务，如果没有什么好处就逃避这种责任，兄弟姐妹之间的相处也是以利益为重，有钱就被看得起，没钱就会被看不起。在乡村调研时发现，很多家庭中的兄弟姊妹关系紧张，很多孩子不孝敬父母，甚至有些人还存在虐待老人的现象，为了争夺家财大吵大闹，甚至诉诸法律，极大地伤害了亲人之间的感情。婚姻功利化的主要表现就是不再讲究爱情在婚姻关系中的作用，对于柏拉图式的爱情嗤之以鼻，物质满足成为婚姻关系最重要的因素。如果对方不能满足自己的物质需要，没有带来实实在在的好处，就认为这样的婚姻不幸福。在农村最突出的表现就是高价彩礼，金钱成为维持婚姻关系的主要因素，共同过苦日子是无法忍受的，从而造成家庭关系的扭曲。

第三，金钱至上，赚钱放弃了对道德的承诺。正确对待金钱和财富是伦理道德的重要考察内容，一个人如果把金钱看得比什么都重，就会放弃道德的约束。我们并不认为对金钱利益的追求与高尚的伦理道德品质是相悖的，而是说金钱至上观念会对个人道德品质产生负面的影响。金钱至上就是一切以是否赚钱为宗旨，追逐金钱成为行为的主要目的，在商品生产、交换中弄虚作假、诚信缺失，在与人交往中金钱成了主宰，信奉"有钱能使鬼推磨"，只要有钱就能得到一切。把商品交换的法则用到生活的方方面面，金钱成为左右一切社会关系的砝码，为了获得金钱不惜以人格、肉体进行交换。金钱成为衡量一个人是否成功的标准，成为衡量一个人价值和贡献大小的标准，只要有钱就会受到认可，就会被人羡慕，生活的目的就是享受金钱带来的快乐，为了金钱可以不择手段，甚至有人走上犯罪的道路。

金钱至上造成了人的异化，人是工具而不再是最后的目的，人成为金钱的奴隶、赚钱的工具、欲望的奴隶，丧失了作为一种高尚存在物的特征。表面上看这是一个功利化、利益化的过程，实际上影响着乡村社会的方方面面，如果人们都只考虑自己，自私自利，不讲信用，尔虞我诈，不但经济秩序会出现混乱，社会秩序也不稳定，乡村没有了温暖、没有了关怀，只剩下算计和冷漠。

第四，炫耀性消费严重，相互攀比之风兴盛。在农村调研时发现，村民相互攀比、超前消费比较严重，手中有点钱不是想着扩大再生产，投资经营生意，而是用在了显摆讲阔上，追求高档消费，去装门面、显身份，不考虑自己家庭的承担能力，特别是在婚丧嫁娶等事情上舍得花销，最担心的就是被街坊邻里看不起，有些村民看到别人买了汽车，即使没有太多用处自己也要拥有，比谁家的楼高，谁家的装修更豪华，人情、面子成为很多人消费的主要目的，这是一种畸形的消费观。炫耀性消费就是通过消费彰显消费者的社会地位和财富，从而让人们认为其有钱有实力，这是一个社会整体价值观出现问题的表现，是金钱至上观在消费领域的表现。实质上，是由于人们过分看重金钱物质，把物质财富的多少作为评价人和事的标准。因此，人们为了提高自己在社会中的地位，提高自己在人们心目中的形象，通过消费显示自己的富有，显示自己的社会地位。农村消费观折射出乡村社会的伦理道德观念，反映了乡村社会关系的维持力量，反映了农民的行为导向。重物质享受，轻精神追求，实用主义、功利主义、利己主义、拜金主义盛行。对有钱人盲目崇拜，对穷人冷嘲热讽，造成邻里关系紧张，自身幸福感下降，影响了乡村人际关系的和谐。

第四章

新时代中国特色社会主义乡村伦理建构的理论内涵

新时代中国特色社会主义乡村伦理具有民族性、时代性、创新性的特征，是马克思列宁主义、毛泽东思想、邓小平理论、"三个代表"重要思想、科学发展观，特别是习近平新时代中国特色社会主义思想指导下的当代中国乡村伦理建设的实践成果；是奠基在深厚的中华优秀传统伦理文化基础上，在反映时代特征，面对中华民族伟大复兴战略全局和世界百年未有之大变局，在决胜全面建成小康社会，实施乡村振兴战略，实现全体人民共同富裕的时代背景下，在乡村变迁的现代化转型中，对中国特色社会主义乡村伦理的创新性建构和发展。

一 新时代中国特色社会主义乡村伦理建构的理论渊源

理论来源于实践又指导实践，没有正确理论指导的实践是危险的。马克思主义是科学的世界观和方法论，中国革命和建设取得成功的根本经验是马克思主义与中国具体实际相结合，与中华优秀传统文化相结合，我们必须坚持马克思主义在新时代中国特色社会主义建设中的指导地位。习近平总书记指出："实践告诉我们，中国共产党为什么能，中国特色社会主义为什么好，归根到底是马克思主义行，是中国化时代化的马克思主义行。"① 因此，马克思主义是中国特色社会主义乡村伦理构建的根本理论来源，毛泽东思想、邓小平理论、"三个代表"重要思想、科学发展观是重要理论来源，习近平新时代中国特色社会主义思想是直接理论来源。

（一）马克思主义是根本理论来源

乡村伦理建设必须以马克思主义为指导，马克思主义伦理思想是乡村伦理建构最根本的理论遵循。马克思主义科学地揭示了人类社会发展的客观规律，是我们认识世界、改造世界的科学真理，是建设中国特色社会主义现代化国家的根本指导思想。新时代中国特色社会主义乡村伦理的建构，必须坚持马克思主义基本原理，在乡村伦理建设的实践中创新、发展马克思主义理论。

1. "为绝大多数人谋利益"

马克思主义公开宣布自己的理论和奋斗是为了实现无产阶级的根本利益，是最广大人民群众利益的代表。全心全意为人民服务是政治伦理的最基本要求，一个政党、一个政府只有秉承为民服务的理念，才能体现其正当性。习近平总书记指出："马克思主义是人民的理论，第一次创立了人民实现自身解放的思想体系。……马克思主义第一次站在人民的立场探求人类自由解放的道路，以科学的理论为最终建立一个没有压迫、没有剥削、人人平等、人人自由的理想社会指明了方向。"② 人民性是马克思主义理论最本质的特征，"过去的一切运动都是少数人的，或者为少数人谋利益的运动。无产阶级的运动是绝大多数人的，为绝大多数人谋利益的独立的运动"。③ "为了谁"蕴含着深刻的理论逻辑和实践逻辑，是思想和行动的指南。马克思主义从人民立场出发，解决了无产阶级革命的目标和路线问题，提出了建立没有剥削、没有压迫、人人平等自由的共产主义社会的理想。为了人民必然要依靠人民，只有依靠人民才能

---

① 习近平：《高举中国特色社会主义伟大旗帜　为全面建设社会主义现代化国家而团结奋斗——在中国共产党第二十次全国代表大会上的报告》，人民出版社2022年版，第16页。
② 习近平：《在纪念马克思诞辰200周年大会上的讲话》，人民出版社2018年版，第8页。
③ 《马克思恩格斯选集》第一卷，人民出版社2012年版，第411页。

取得事业的成功。马克思、恩格斯指出:"历史活动是群众的事业,随着历史活动的深入,必将是群众队伍的扩大。"① 无产阶级领导就要依靠群众,为群众办实事,这是因为人民群众是历史的创造者,"创造这一切、拥有这一切并为这一切而斗争的,不是'历史',而正是人,现实的、活生生的人"②。人民群众以自己的辛勤劳动,以自己的聪明才智创造了社会财富,列宁指出:"生气勃勃的创造性的社会主义是由人民群众自己创立的。"③ 只有站在人民群众的立场上,才是站在了真理的制高点。中国共产党是马克思主义政党,立党为公、执政为民是马克思主义人民观的真实体现。农村基层党组织,只要坚持马克思主义基本理论,在具体工作实践中以人民为本,一切从人民的利益出发,一定会获得人民群众的拥护,社会治理工作一定会体现人民性、正义性。

2. "劳动是一切财富的来源"

马克思主义认为,生产力是人类社会发展的最终决定力量,人类社会生存发展的基础是劳动,"劳动是一切财富的源泉。……劳动是整个人类生活的第一个基本条件,而且达到这样的程度,以致我们在某种意义上不得不说:劳动创造了人本身"。④ 通过劳动创造的物质和精神产品才能满足人的需要,才能促进社会发展。马克思指出:"任何一个民族,如果停止劳动,不用说一年,就是几个星期,也要灭亡,这是每一个小孩子都知道的。"⑤ 农村是生产资料和生活资料的主要生产地,农业是国民经济的基础,没有农业、农村的发展就没有社会的发展。"人们为了能够'创造历史',必须能够生活。但是为了生活,首先就需要吃喝住穿以及其他一些东西。因此第一个历史活动就是生产满足这些需要的资料,即生产物质生活本身。"⑥ 尊重劳动就要尊重劳动人民,看不起劳动人民就是蔑视劳动,历史上不劳而获的剥削者最终被人民打倒。"从爱尔兰到西西里,从安达卢西亚到俄罗斯和保加利亚,农民到处都是人口、生产和

---

① 《马克思恩格斯全集》第二卷,人民出版社 1957 年版,第 104 页。
② 《马克思恩格斯全集》第二卷,人民出版社 1957 年版,第 118 页。
③ 《列宁全集》第三十三卷,人民出版社 2017 年版,第 57 页。
④ 《马克思恩格斯选集》第三卷,人民出版社 2012 年版,第 988 页。
⑤ 《马克思恩格斯选集》第四卷,人民出版社 2012 年版,第 473 页。
⑥ 《马克思恩格斯选集》第一卷,人民出版社 2012 年版,第 158 页。

政治力量的非常重要的因素.'① 因此，劳动人民的实践活动，是一切物质财富和精神财富的源泉，离开人民群众的劳动，就不会产生科学、艺术和思想。马克思认为："而人则从事生产，人制造最广义的生活资料，这些生活资料是自然界离开了人便不能生产出来的。"② 只有诚实劳动才能创造历史，劳动是最美的道德，劳动人民是最应该受到尊重的人。社会历史是劳动人民的历史，如果说生产是社会历史发展的决定力量，那么从事生产活动的劳动群众就是历史发展的决定力量。③ 尊重劳动就要尊重劳动成果，杜绝浪费，在任何社会，浪费劳动产品都是不道德的行为。

3. 城乡融合可以"避免二者的片面性和缺点"

乡村发展的一个重要问题是处理好乡村关系，乡村关系透视了对乡村的态度，而城乡分化又是社会生产力发展的必然，"物质劳动和精神劳动的最大的一次分工就是城市和乡村的分离"。④ 城乡对立是生产力发展到一定历史阶段的产物，随着生产力的发展，城市的规模越来越大，城乡差距越来越大。马克思认为："城市已经表明了人口、生产工具、资本、享受和需求的集中这个事实，而在乡村则是完全相反的情况：隔绝和分散。"⑤ 城市对人口、资源的聚集作用使得城市超越了乡村，乡村落后于城市。但是资本主义社会不可能消灭城乡对立，这种不平等只能引起"一个民族内部的分工，首先引起工商业劳动同农业劳动的分离，从而也引起城乡的分离和城乡利益的对立"。⑥ 要消灭城乡差距，同样需要大力发展生产力，先进的科技才能改变农村的孤立和愚昧，恩格斯指出："极遥远的水力的利用成为可能，如果说在最初它只是对城市有利，那么到最后它必将成为消除城乡对立的最强有力的杠杆。"⑦ 只有大力发展生产力，消灭阶级差别，创造更加丰富的物质文化财富才能降低城乡差别，为实现城乡融合打下基础，因为只有实现城乡融合发展才是解决城乡关

---

① 《马克思恩格斯选集》第四卷，人民出版社2012年版，第355页。
② 《马克思恩格斯选集》第三卷，人民出版社2012年版，第987页。
③ 《艾思奇全集》第6卷，人民出版社2006年版，第144页。
④ 《马克思恩格斯选集》第一卷，人民出版社2012年版，第184页。
⑤ 《马克思恩格斯选集》第一卷，人民出版社2012年版，第184页。
⑥ 《马克思恩格斯选集》第一卷，人民出版社2012年版，第147—148页。
⑦ 《马克思恩格斯文集》第十卷，人民出版社2009年版，第500页。

系的根本道路，马克思认为："将把城市和农村生活方式的优点结合起来，避免二者的片面性和缺点。"① 这就是说"消灭城乡对立不是空想，不多不少正像消除资本家与雇佣工人的对立不是空想一样。消灭这种对立日益成为工业生产和农业生产的实际要求"。② 要实现乡村的物质和精神文明，就必须大力发展乡村，在城乡融合中带动乡村文明建设，只有这样才能消除乡村的落后面貌，才能实现国家的全面发展。"消除城乡对立，坚决彻底地消除农村的落后、涣散和愚昧状态，铲除这种至今还使农村陷于保守、落后和受压迫状态的主要根源。"③ 消灭城乡差别使实现人的自由全面发展成为可能，这样就没有城市与农村之间在地位、阶级上的差别，使得农民也获得了自由平等发展的权利，从而实现了社会和谐。马克思指出："人们只有在消除城乡对立后才能从他们以往历史所铸造的枷锁中完全解放出来，这完全不是空想。"④ 马克思主义为乡村发展提供了实践路径。

4. "保持爱情的婚姻才合乎道德"

恩格斯在《家庭、私有制和国家的起源》中，对家庭的本质进行了论述，认为"如果说只有以爱情为基础的婚姻才是合乎道德的，那么也只有继续保持爱情的婚姻才合乎道德"。⑤ 家庭是社会的细胞，家庭关系反映着社会关系，婚姻缔结关系既受生产力发展水平的影响，又受到社会阶级关系、财产关系的影响。恩格斯批判了资本主义社会在婚姻中的问题，认为资本主义把一切都市场化了，从而造成人们在婚姻关系中的不平等。"买卖婚姻的形式正在消失，但它的实质却在越来越大的范围内实现，以致不仅对妇女，而且对男子都规定了价格，而且不是根据他们的个人品质，而是根据他们的财产来规定价格。当事人双方的相互爱慕应当高于其他一切而成为婚姻基础的事情，在统治阶级的实践中是自古以来都没有的。"⑥ 家庭关系主要涉及婚姻关系、血缘关系，婚姻关系是

---

① 《马克思恩格斯选集》第一卷，人民出版社 2012 年版，第 305 页。
② 《马克思恩格斯选集》第三卷，人民出版社 2012 年版，第 264 页。
③ 《列宁全集》第三十八卷，人民出版社 2017 年版，第 125 页。
④ 《马克思恩格斯选集》第三卷，人民出版社 2012 年版，第 265 页。
⑤ 《马克思恩格斯选集》第四卷，人民出版社 2012 年版，第 94 页。
⑥ 《马克思恩格斯选集》第四卷，人民出版社 2012 年版，第 90 页。

缔结家庭的基础，血缘关系反映了代际关系、兄弟姐妹关系和其他亲属关系。家庭是心灵的港湾，如果这种亲情关系被利益所左右就失去了伦理性，马克思批判了这种家庭金钱关系的虚伪性，指出："资产阶级撕下了罩在家庭关系上的温情脉脉的面纱，把这种关系变成了纯粹的金钱关系。"① 在这里马克思主义批判了金钱关系对家庭关系的腐蚀，如果家庭关系都成为一种利益关系，就不可能有真正的爱情、孝和亲情。因此，恩格斯指出："结婚的充分自由，只有在消灭了资本主义生产和它所造成的财产关系，从而把今日对选择配偶还有巨大影响的一切附加的经济考虑消除以后，才能普遍实现。"② 马克思主义的家庭伦理思想，为青年树立正确的婚恋观，端正人们在爱情、婚姻中的态度，有利于形成家庭成员之间的相互理解尊重、相互帮助、尊老爱幼等优良风气，对于建设和谐家庭关系具有重要的现实意义。

5. "没有自然界"劳动无法创造财富

正确处理人与自然的关系是马克思主义环境伦理思想的重要内容，人离开自然无法生存，自然没有人类的开发也不能创造出财富。但是，人类在改造利用自然资源时必须适度，否则就会遭到自然界的报复。马克思主义者认为："但是我们不要过分陶醉于我们人类对自然界的胜利。对于每一次这样的胜利，自然界都对我们进行报复。"③ 生态问题就是人与自然关系的失衡问题，本质是人与人的关系存在问题。在资本主义社会中，由于资本对利益的疯狂追逐，消费异化的生活方式，导致生产的无限扩大，加剧人类对自然资源的掠夺，导致生态危机。人类一刻也离不开自然界，"没有自然界，没有感性的外部世界，工人什么也不能创造"。④ 对自然资源的依赖在农村更加明显，农民无论是生产资源还是生活资料都依靠大自然，俗话说靠山吃山靠水吃水，自然界给我们提供衣食住行。"人在肉体上只有靠这些自然产物才能生活，不管这些产品是以食物、燃料、衣着的形式，还是以住房等等的形式表现出来……人靠自

---

① 《马克思恩格斯选集》第一卷，人民出版社2012年版，第403页。
② 《马克思恩格斯选集》第四卷，人民出版社2012年版，第93页。
③ 《马克思恩格斯选集》第一卷，人民出版社2012年版，第998页。
④ 《马克思恩格斯选集》第一卷，人民出版社2012年版，第52页。

然界生活,这就是说自然界是人为了不致死亡,而必须与之处于持续不断交互作用过程的人的身体。所谓人的肉体生活和精神生活,同自然界相联系,不外是说自然界同自身相联系,因为人是自然界的一部分。"① 严格意义上说,人类本身就是自然界的一部分,人类与自然界共生,只有共同繁盛才能共同发展。人类对自然环境的保护,不只是对当代人生存环境的保护,同时也是对后人的负责,实现可持续发展就是要懂得节制"病态的欲望"。② 但是,在资本主义社会中,由于资本对金钱的追逐,不可能实现真正的可持续发展,因为"在私有财产和金钱的统治下形成的自然观,是对自然界的真正的蔑视和实际的贬低"。③ 只有在社会主义公有制社会中,才能从最广大人民群众的利益出发,做到人与自然和谐相处的可持续发展。

(二) 马克思主义中国化理论是重要理论来源

马克思主义普遍原理与中国革命和建设的具体实践相结合产生了中国化时代化的马克思主义,这是中国革命和建设取得胜利的理论保证。习近平总书记指出:"新的征程上,我们必须坚持马克思列宁主义、毛泽东思想、邓小平理论、'三个代表'重要思想、科学发展观,全面贯彻新时代中国特色社会主义思想。"④ 这是新时代我国乡村伦理建设必须遵循的指导思想。

1. 加强和改进"党对农村工作的领导"

加强党对农村工作的领导是农村工作取得胜利的保证,无论是在革命战争年代,还是在社会主义建设时期,党对农村工作的领导都是至关重要的。"中国革命胜利,必须坚持三大法宝:党的领导,武装斗争,统一战线。"⑤ 中国共产党是工人阶级的先锋队,是中国人民和中华民族的先锋队,代表中国先进生产力的发展要求,代表中国先进文化的前进方

---

① 《马克思恩格斯选集》第一卷,人民出版社2012年版,第55—56页。
② 《1844年经济学哲学手稿》,人民出版社2000年版,第121页。
③ 《马克思恩格斯全集》第三卷,人民出版社2002年版,第195页。
④ 习近平:《在庆祝中国共产党成立一百周年大会上的讲话》,《人民日报》2021年7月2日第2版。
⑤ 王恩茂:《王恩茂文集》(下册),中央文献出版社1997年版,第657页。

向，代表中国最广大人民的根本利益。党的宗旨是全心全意为人民服务，党的领导可以保证农村建设的人民性，这是农村经济、政治、文化和社会建设的伦理基础。毛泽东指出："真正人民大众的东西，现在一定是无产阶级领导。"① 农民是中国革命和建设的主力军，只有以农民为中心才能把农民问题解决好，才能解决好中国的问题。因此，加强和改进党的领导的重点在基层，要把党在农村的工作做好。毛泽东指出："乡的工作重心在村，所以村的组织与领寻，乡苏主席团应该极力注意。"② 邓小平也认为："为了把农业搞好，首先要解决地方县以下党委的问题。"③ 加强党的领导，就要树立党在人民群众中的威信，让人民群众当家作主，要充分利用农民中的积极分子，发挥农民的积极性、主动性，毛泽东指出："村设主任一人，副主任一人，由乡代表会议在代表中推举出来，要推举各村代表们中间最积极最有工作能力的人充当。"④ 毛泽东重视农村建设，重视农民问题，认为农民是社会建设的主力，农民是军队、民主政治、文化运动的主要对象，社会主义建设必须依靠农民，得到农民的支持，必须调动农民的积极性。调动人民群众的积极性，必须能够为农民做好事，让老百姓得到实惠，感受到党的温暖。毛泽东指出："如果我们没有新东西给农民，不能帮助农民提高生产力，增加收入，共同富裕起来，那些穷的就不相信我们，他们会觉得跟共产党走没有意思，分了土地还是穷，他们为什么要跟你走呀？"⑤ 同时，要能够让老百姓支持党的领导，就要密切联系群众，从群众中来，到群众中去，"有些天天喊大众化的人，连三句老百姓的话都讲不来，可见他就没有下过决心跟老百姓学，实在他的意思仍是小众化"。⑥ 不了解老百姓，就不可能领导好老百姓，党的领导就不能充分发挥作用。"为什么人的问题，是一个根本的问题，原则的问题。"⑦ 江泽民也强调指出："落实党在农村的各项政策，搞好农

---

① 《毛泽东选集》第三卷，人民出版社1991年版，第855页。
② 《毛泽东文集》第一卷，人民出版社1993年版，第350页。
③ 《邓小平文选》第一卷，人民出版社1994年版，第319页。
④ 《毛泽东文集》第一卷，人民出版社1993年版，第350页。
⑤ 中共中央文献研究室编：《毛泽东著作专题摘编》，中央文献出版社2003年版，第838页。
⑥ 《毛泽东选集》第三卷，人民出版社1991年版，第841页。
⑦ 《毛泽东选集》第三卷，人民出版社1991年版，第857页。

业和农村工作,关键是要全面加强和改进党对农村工作的领导。"① 党对农村工作的领导关键是把党的路线、方针、政策落在实处,让人民群众感受到党的领导的正确性,感受到党的领导给农村和农民生活带来的新变化。只有充分发挥农村基层党组织的作用,"充分发挥共产党员的先锋模范作用,把广大农民群众紧紧团结在党和政府周围,才能形成建设社会主义新农村的强大合力"。② 这是搞好农村工作的组织保证。

2. 农民对"经济发展和政权的巩固"关系极大

农业是社会发展的基础,必须重视农村、农业和农民,毛泽东指出:"忘记了农民,就没有中国的民主革命,没有中国的民主革命,也就没有中国的社会主义革命,也就没有一切革命。"③ 无论是在革命战争年代,还是社会主义建设时期,农民都作出了不可估量的贡献,成为关系社会发展全局的重要影响因素。毛泽东早就指出:"我国有五亿多农业人口,农民的情况如何,对于我国经济的发展和政权的巩固,关系极大。"④ "全党一定要重视农业。农业关系国计民生极大。"⑤ 改革开放以来,邓小平也多次强调农村发展对整个国民经济发展的重要性,指出:"城市搞得再漂亮,没有农村这一稳定的基础是不行的。"⑥ 农村发展是整个国家发展的基础,反映了社会整体发展水平。"中国社会是不是安定,中国经济能不能发展,首先要看农村能不能发展,农民生活是不是好起来。"⑦ 我们要建设社会主义现代化强国,农村既是短板,也是突破点,只有把"三农"问题提上议事议程,才能全面建成小康社会。江泽民指出:"我们的工作千头万绪,而农业、农村、农民问题始终是第一位的大问题,任何时候都不能麻痹大意。"⑧ 任何时候忽视了农村的发展,都会动摇社会发展的基础。文化是软实力,制约农村发展的更重要因素是文化的落后,文化建设是农村长期、持久发展的根本。毛泽东特别重视农村的文化建

---

① 《江泽民文选》第一卷,人民出版社2006年版,第273页。
② 《胡锦涛文选》第一卷,人民出版社2016年版,第90—91页。
③ 《毛泽东文集》第三卷,人民出版社1996年版,第305页。
④ 《毛泽东文集》第七卷,人民出版社1999年版,第219页。
⑤ 《毛泽东文集》第七卷,人民出版社1999年版,第199页。
⑥ 《邓小平文选》第三卷,人民出版社1993年版,第65页。
⑦ 《邓小平文选》第三卷,人民出版社1993年版,第77—78页。
⑧ 江泽民:《论社会主义市场经济》,中央文献出版社2006年版,第190页。

设,他说:"如果不发展文化,我们的经济、政治、军事都要受到阻碍。"① 要让农村真正发展起来,必须让农民在精神文化层面真正实现站起来,要让农民成为掌握科学文化的主人,毛泽东指出:"文化是不可少的,任何社会没有文化就建设不起来。"② 同时,农村必须真正建立起属于农民自己的文化,毛泽东在《文化中的统一战线》中强调:"我们的文化是人民的文化,文化工作者必须有为人民服务的高度的热忱,必须联系群众,而不要脱离群众。"③ 传统乡村伦理是地主阶级的伦理道德,是为封建地主阶级服务的。"中国历来只是地主有文化,农民没有文化。可是地主的文化是由农民造成的,是因为造成地主文化的东西,不是别的,正是从农民身上掠取的血汗。"④ 乡村文化关系乡村发展,要提高农民的地位就要不断提高农民的文化水平,如果"广大群众没有清楚的、觉醒的、民族的、独立的意识,是不会被尊敬的"。⑤

3. 农村"严重的问题是教育农民"

要让农民积极参加革命,懂得革命道理,提高农民革命和社会建设的积极性,首先,必须重视对农民的教育。农民是革命和建设的主力军,没有一定的文化知识,没有一定的科学文化水平,是不可能改变农村落后面貌的。"列宁说过:'在一个文盲充斥的国家内,是建成不了共产主义社会的。'"⑥ 这就要求我们号召群众"自己起来同自己的文盲、迷信和不卫生的习惯作斗争"。⑦ 制约农村发展的因素很多,但是从根本上来说还是人的问题,毛泽东认为农村中"严重的问题是教育农民"。⑧ 只有把农民教育好了,农村发展才有希望。教育农民首先要转变农民的传统观念,刘少奇指出:"用社会主义精神教育农民群众,使农民逐步地成为

---

① 《毛泽东文集》第三卷,人民出版社1996年版,第110页。
② 《毛泽东文集》第三卷,人民出版社1996年版,第110页。
③ 《毛泽东选集》第三卷,人民出版社1991年版,第1012页。
④ 《毛泽东选集》第一卷,人民出版社1991年版,第39页。
⑤ 《毛泽东文集》第三卷,人民出版社1996年版,第336页。
⑥ 《毛泽东文集》第六卷,人民出版社1999年版,第455页。
⑦ 《毛泽东选集》第三卷,人民出版社1991年版,第1011页。
⑧ 《毛泽东选集》第四卷,人民出版社1991年版,第1477页。

自觉的社会主义建设者,是我们党的一项最重要的历史任务。"① 对农民束缚最严重的东西是文化观念,不破除这些压在农民心头的旧思想,就不能用新文化武装农民头脑。毛泽东认为:"农民——这是现阶段中国文化运动的主要对象,所谓扫除文盲,所谓普及教育,所谓大众文艺,所谓国民卫生,离开了三亿六千万农民,岂非大半成了空话?"② 只有建立起跟上时代发展的、新的、自己的文化,农民才能"打掉自卑感,砍去妄自菲薄,破除迷信,振奋敢想、敢说、敢做的大无畏创造精神"。③ 其次,教育农民就要树立新的道德风尚,要提高他们的思想觉悟和道德水平,增强农民的民族自信心和自尊心,强化农民的集体主义思想,为国家社会作出自己的贡献。毛泽东指出:"我们要教育人民,不是为了个人,而是为了集体,为了后代,为了社会前途而努力奋斗。"④ 邓小平提出了"有理想、有道德、有文化、有纪律"⑤ 的"四有"要求,这是对农村社会主义精神文明建设的总要求。要"加强农村社会主义精神文明建设,积极培育造就有文化、懂技术、会经营的新型农民,为建设社会主义新农村提供思想保证、精神动力、智力支持"。⑥ 最后,教育农民必须提高农民的科学文化水平,转变乡村面貌农民是关键,毛泽东说:"他们大多数不识字,没有现代的文化技术,能用锄头、木犁,不能用拖拉机。"⑦ 农民只有掌握现代科学技术,农业发展才有希望。邓小平说:"社会主义建设需要有文化的劳动者,所有劳动者也都需要有文化。"⑧ 重视农村教育就要重视对农民的教育,教育农民的工作与经济发展的工作同等重要。

4. 立新风树新俗"改革旧习惯"

农村的精神文明建设要从立新风树新俗开始,改变乡村社会风气要

---

① 中共中央文献研究室编,刘崇文、陈绍畴主编:《刘少奇年谱》,中央文献出版社1996年版,第525页。
② 《毛泽东选集》第三卷,人民出版社1991年版,第1078页。
③ 《胡乔木传》编写组:《邓小平的二十四次谈话》,人民出版社2004年版,第171页。
④ 《毛泽东文集》第八卷,人民出版社1999年版,第134页。
⑤ 《邓小平文选》第三卷,人民出版社1993年版,第110页。
⑥ 《胡锦涛文选》第二卷,人民出版社2016年版,第418页。
⑦ 《毛泽东文集》第七卷,人民出版社1999年版,第79页。
⑧ 《邓小平文选》第一卷,人民出版社1994年版,第280页。

同旧风旧俗作斗争开始,要用社会主义精神文明引领乡村风尚。毛泽东指出:"中国人要有志气,我们应当教育全国城市、乡村的每一个人,要有远大的目标,有志气。大吃、大喝,通通吃光、喝光,算不算一种志气呢?这不算什么志气。要勤俭持家,做长远打算。"① 毛泽东对封建恶俗十分反感,"什么红白喜事,讨媳妇,死了人,大办其酒席,实在可以不必。应该在这些地方节省,不要浪费。这是改革旧习惯"。② 只有改掉旧习惯才能建设社会主义新农村,农民的精神道德状况决定了农村的面貌。毛泽东要求农民,要"改造自己从旧社会得来的坏习惯和坏思想,不使自己走入反动派指引的错误路上去,并继续前进,向着社会主义社会和共产主义社会前进"。③ 同时,还要改变不健康的卫生习惯,卫生习惯关系农民身体健康,关系农村环境,是社会主义精神文明的重要体现,不但有利于提升农民的文明素质,还有利于生产和生活。毛泽东指出:"卫生工作之所以重要,是因为有利于生产、有利于工作、有利于学习、有利于改造我国人民低弱的体质,使身体康强,环境清洁,与生产大跃进,文化和技术大革命,相互结合起来。……必须大张旗鼓,大做宣传,使得家喻户晓,人人动作起来。"④ 邓小平也强调指出:"没有这种精神文明,没有共产主义思想,没有共产主义道德,怎么能建设社会主义?"⑤ 精神文明建设影响物质文明建设,"不加强精神文明建设,物质文明的建设也要受到破坏,走弯路"。⑥ 两个文明一起抓,是中国特色社会主义建设实践的经验总结,江泽民指出:"农村工作要始终坚持两手抓、两手都要硬,这是我们党领导农村工作的一条基本方针。必须大力加强农村精神文明建设、民主法治建设和基层组织建设。只有两个文明都搞好,经济社会协调发展,才是有中国特色的社会主义新农村。"⑦ 建设社会主义新农村的总体要求就是"生产发展、生活宽裕、乡风文明、村容整洁、

---

① 《毛泽东文集》第七卷,人民出版社1999年版,第308页。
② 《毛泽东文集》第七卷,人民出版社1999年版,第308页。
③ 《毛泽东选集》第四卷,人民出版社1991年版,第1476页。
④ 《毛泽东文集》第八卷,人民出版社1999年版,第150页。
⑤ 《邓小平文选》第二卷,人民出版社1994年版,第367页。
⑥ 中共中央文献研究室编:《邓小平思想年编》,中央文献出版社2011年版,第5页。
⑦ 《江泽民文选》第二卷,人民出版社2006年版,第220页。

管理民主"。① 这是农村发展的目标,也是让人民群众过上好日子的必然过程,"社会主义革命和社会主义建设的目的是发展生产,改善人民生活,使社会主义社会中的一切劳动者都能够共同享受富裕的有文化的幸福生活"。② 社会主义新农村建设就是要让人民群众在建设社会主义过程中不断改善生活,在生活改善的过程中提高精神文明水平。

(三) 习近平新时代中国特色社会主义思想是直接理论来源

习近平新时代中国特色社会主义思想是马克思主义中国化时代化的最新成果,是21世纪的马克思主义,是新时代中国特色社会主义现代化建设的理论指导,是新时代中国特色社会主义乡村伦理建构的直接理论来源。"建设什么样的乡村,怎样建设乡村,是一个历史性课题。……我们党成立以后,充分认识到中国革命的基本问题是农民问题,为广大农民谋幸福作为重要使命。"③ 乡村伦理关系乡村未来,习近平总书记对农村伦理建设十分重视,发表了大量的关于乡村精神文明建设的论述,成为新时代乡村伦理建设的重要指导方针。

1. "实现中国梦凝聚有力道德支撑"

道德支撑是社会建设的重要工程,关系一个国家的整体面貌,是一个国家的软实力的体现,关系国家的政治安定、经济发展和社会凝聚力,必须下大力气提高国家文化软实力。习近平总书记指出:"提高国家文化软实力,一个很重要的工作就是从思想道德抓起,从社会风气抓起,从每一个人抓起。"④ 我们要脱贫攻坚,实施乡村振兴战略,必须提高乡村的精神文明水平,和谐乡村关系,让每个村民既要具备脱贫的能力,也要具有摆脱贫困的内在动力,强化农民的诚信意识、社会责任意识、集体意识、主人翁意识;因为"农村经济社会发展,说到底,关键在人"。⑤

---

① 《胡锦涛文选》第二卷,人民出版社2016年版,第412—413页。
② 中共中央文献研究室编:《建国以来重要文献选编》第十册,中央文献出版社1994年版,第337页。
③ 中共中央宣传部编:《习近平新时代中国特色社会主义思想学习问答》,学习出版社、人民出版社2021年版,第261页。
④ 中共中央文献研究室编:《习近平关于社会主义文化建设论述摘编》,中央文献出版社2017年版,第137页。
⑤ 中共中央文献研究室编:《习近平关于社会主义经济建设论述摘编》,中央文献出版社2017年版,第178页。

提高农民的伦理道德水平可以为乡村发展提供精神动力和道德滋养，是实现乡村现代化的重要保证。习近平总书记深刻指出："弘扬真善美，传播正能量，激励人民群众崇德向善、见贤思齐，鼓励全社会积善成德、明德惟馨，为实现中华民族伟大复兴的中国梦凝聚起强大的精神力量和有力的道德支撑。"① 乡村具有深厚的传统伦理道德基础，在长期的发展过程中，这些伦理道德既有中华优秀传统文化，也有一些封建迷信、文化糟粕，特别是与社会主义市场经济，与新时代乡村文明建设不相适应的道德观念，这就需要挖掘传统文化蕴含的优秀道德资源，让根植于人民群众中的思想意识和道德观念与时代精神相结合，实现传统伦理道德的现代转化。习近平总书记指出："深入挖掘乡村熟人社会蕴含的道德规范，结合时代要求进行创新，强化道德教化作用，引导农民向上向善、孝老爱亲、重义守信、勤俭持家。"② 家庭伦理是乡村伦理的重要内容，重视家庭道德教育是中华民族的传统，要发挥家庭在品德教育中言传身教、耳濡目染的作用。习近平指出："我们要重视家庭文明建设，努力使千千万万个家庭成为国家发展、民族进步、社会和谐的重要基点。"③ 我们国家正在实施乡村振兴战略，这是一个系统工程，移风易俗、培育淳朴民风是乡村全面振兴的重要内容，一定要充分"挖掘农耕文化蕴含的优秀思想观念、人文精神、道德规范，充分发挥其在凝聚人心、教化群众、淳化民风中的重要作用"。④

2. "实现传统文化的创造性转化、创新性发展"

构建新时代中国特色社会主义乡村伦理，不可能脱离中华民族5000多年来孕育的优秀传统文化，这是我们的文化土壤，是民族文化的根基。这是我们中华民族世代相传的文化命脉，任何时候都不能失去文化自信，习近平总书记指出："历史和现实都表明，一个抛弃了或者背叛了自己历

---

① 《习近平谈治国理政》，外文出版社2014年版，第158页。
② 《中共中央国务院关于实施乡村振兴战略的意见》，人民出版社2018年版，第22页。
③ 《习近平谈治国理政》第二卷，外文出版社2017年版，第353页。
④ 《中共中央国务院关于实施乡村振兴战略的意见》，人民出版社2018年版，第17—18页。

史文化的民族，不仅不可能发展起来，而且很可能上演一场历史悲剧。"①同时，他也指出："中华优秀传统文化是中华民族的精神命脉，是涵养社会主义核心价值观的重要源泉，也是我们在世界文化激荡中站稳脚跟的坚实根基。"② 时代在发展，民族在进步，传统文化也应随着时代的发展不断地创新。我们对待传统文化正确的态度应该是既要继承，也要有扬弃，习近平总书记指出："坚持有鉴别的对待、有扬弃的继承，而不能搞厚古薄今、以古非今，努力实现传统文化的创造性转化、创新性发展，使之与现实文化相融相通，共同服务以文化人的时代任务。"③ 创新性转化就是在继承基础上，与时代特点、时代精神相结合，赋予传统文化新的内涵。习近平总书记指出："要做好创造性转化，按照时代特点和要求，对那些至今仍有借鉴价值的内涵和陈旧的表现形式加以改造，赋予其新的时代内涵和现代表达形式激活其生命力。"④ 创新性发展是要让传统文化实现新的、质的飞跃，变革传统文化中落后于时代要求的内容，在"去粗取精、去伪存真的基础上，采取兼收并蓄的态度，坚持古为今用、推陈出新的方法，有鉴别地加以对待，有扬弃地予以继承"。⑤ 这既是事物优胜劣汰发展的必然规律，也是新时代的要求，只有找到传统文化与当代中国特色社会主义现代化建设的结合点，才能使传统文化焕发新的活力，发挥巨大价值。传统文化包含着丰富的德治资源和道德智慧，习近平总书记说："中国古代就有崇仁爱、重民本、守诚信、讲辩证、尚和合、求大同等思想，其中就有很多具有永恒价值的内容。"⑥ 这些内容是新时代全面建设中国特色社会主义现代化国家值得借鉴的宝贵精神财

---

① 中共中央文献研究室编：《习近平关于社会主义文化建设论述摘编》，中央文献出版社2017年版，第12页。

② 习近平：《在文艺工作座谈会上的讲话》，人民出版社2015年版，第25页。

③ 《习近平谈治国理政》第二卷，外文出版社2017年版，第313页。

④ 中共中央宣传部编：《习近平新时代中国特色社会主义思想学习问答》，学习出版社、人民出版社2021年版，第317—318页。

⑤ 中共中央文献研究室编：《习近平关于社会主义文化建设论述摘编》，中央文献出版社2017年版，第139页。

⑥ 中共中央文献研究室编：《习近平关于社会主义文化建设论述摘编》，中央文献出版社2017年版，第138页。

富,甚至"蕴藏着解决当代人类面临的难题的重要启示"。① 特别是"中国优秀传统文化的丰富哲学思想、人文精神、教化思想、道德理念等,可以为人们认识和改造世界提供有益启迪,可以为治国理政提供有益启示,也可以为道德建设提供有益启发"。② 处于实现中华民族伟大复兴的新时代,"认真汲取中华优秀传统文化的思想精华和道德精神"③,为实现中华民族伟大复兴的中国梦,为建设中国特色社会主义现代化强国,为中国特色社会主义乡村伦理建构,提供精神滋养和道德智慧。

3."注重家庭,注重家教,注重家风"

家庭是孩子成长的第一个场所,家庭环境是一个人思想建构的起点,对于世界观、价值观的形成和确立有重要的影响。"广大家庭都要重言传、重身教、教知识、育品德,身体力行、耳濡目染,帮助孩子扣好人生的第一粒扣子,迈好人生的第一个台阶。"④ 家庭教育具有启蒙作用,关系一个人一生的发展。家庭是社会的细胞,家庭和睦则社会和谐,家庭稳定则社会安宁,习近平总书记指出:"家庭和睦则社会安定,家庭幸福则社会祥和,家庭文明则社会文明。"⑤ 家庭是孩子成长的第一个课堂,父母是孩子的第一任老师,家长的素质决定了孩子的素质,父母是孩子的榜样,孩子是家长的一面镜子,有什么样的家庭教育观,孩子就会形成什么样的世界观。家庭要成为"国家发展、民族进步、社会和谐的重要基点",⑥ 通过家庭教育,让孩子从小承担起家庭成员应有的责任,只有做到"修身齐家",才能实现"治国平天下"的远大抱负。要培养孩子的吃苦耐劳精神,热爱劳动、尊重劳动,珍惜劳动成果,养成勤俭节约的好习惯;尊重长辈、孝敬老人;强化家庭中的品德教育,教孩子如何做人,如何做一个中国人,如何做一个好公民。习近平总书记指出:"应

---

① 习近平:《在纪念孔子诞辰2565周年国际学术研讨会暨国际儒学联合会第五届会员大会开幕会上的讲话》,人民出版社2014年版,第6页。

② 习近平:《在纪念孔子诞辰2565周年国际学术研讨会暨国际儒学联合会第五届会员大会开幕会上的讲话》,人民出版社2014年版,第7页。

③ 中共中央文献研究室编:《习近平关于社会主义文化建设论述摘编》,中央文献出版社2017年版,第141页。

④ 《习近平谈治国理政》第二卷,外文出版社2017年版,第355页。

⑤ 《习近平谈治国理政》第二卷,外文出版社2017年版,第353—354页。

⑥ 《习近平谈治国理政》第二卷,外文出版社2017年版,第353页。

该把美好的道德观念从小就传递给孩子,引导他们有做人的气节和骨气,帮助他们形成美好心灵,促使他们健康成长,长大后成为对国家和人民有用的人。"① 不重视品德教育的家庭,孩子的成长就会出现问题,品德问题不是小事情,可能影响孩子一生的成长。家庭教育是品德教育最有效果的途径,由于这种亲情关系,孩子最信任的就是父母,最听父母的话,如果能够从小教育好孩子,就为孩子成长奠定了良好的基础。家教是形成良好家风的前提,家风是一个家庭的精神风貌,代表了家庭的价值取向、文化氛围、生活理念和行为特征,是家庭代代传承的精神命脉。好家风能够培养出好孩子,不但关系家道兴衰,还影响社会风气和国家发展。建设好家庭就要有一个好的家风,习近平总书记强调:"家庭不只是人们身体的住处,更是人们心灵的归宿。家风好,就能家道兴盛、和顺美满;家风差,难免殃及子孙、贻害社会,……广大家庭都要弘扬优良家风,以千千万万家庭的好家风支撑起全社会的好风气。"② 在传统文化中有相当丰富的优秀家教家风传统,这是我们的传家宝,要继承发扬光大,例如"尊老爱幼、男女平等、夫妻和睦、勤俭持家、邻里团结"等观念,以及"忠诚、责任、亲情、学习、公益"等理念。③ 中国传统家教文化对于中华文明的延续具有重要的影响,正是这些优良的家风缔造了中华民族的文明基因,要从传统家教文化中汲取现代家庭教育的营养。"要弘扬中华民族传统美德,勤劳致富,勤俭持家。要发扬中华民族孝亲敬老的传统美德,引导人们自觉承担家庭责任、树立良好家风,强化家庭成员赡养、抚养老年人的责任意识,促进家庭老少和顺。"④ 习近平总书记关于家庭、家教、家风的论述,是新时代乡村家庭伦理建设的重要遵循,只有坚定不移地遵循习近平新时代中国特色社会主义思想,乡村家庭伦理建设才能沿着正确的方向发展,才能取得成效。

4. "绿水青山就是金山银山"

生态伦理建设是新时代中国特色社会主义乡村伦理的重要内容,农

---

① 《习近平谈治国理政》第二卷,外文出版社2017年版,第355页。
② 《习近平谈治国理政》第二卷,外文出版社2017年版,第355—356页。
③ 《习近平谈治国理政》第二卷,外文出版社2017年版,第355页。
④ 《习近平谈治国理政》第二卷,外文出版社2017年版,第90页。

村生产、生活与生态环境关系最密切，既是生态环境的直接受益者，也是生态环境的直接维护者，更是生态利益与经济利益矛盾最突出的地方，实现二者的统一，是新时代生态环境治理的目标。习近平总书记提出的"两山"理论正是对这一矛盾辩证统一关系的论证。他说："树立'绿水青山就是金山银山'的强烈意识，努力走向社会主义生态文明新时代。"① 社会主义生态文明的新时代，是以发展的思路实现生态环境的保护，既强调生态环境保护，同时也要实现国家发展、社会进步，论证了"农村美"与"农民富"并不矛盾，而应该是统一的。"中国要强，农业必须强；中国要美，农村必须美；中国要富，农民必须富。"② 保护生态环境是实现农民富裕的基础，生态环境是农村发展的命根子，以破坏生态环境为代价的经济发展是暂时的，是得不偿失的。保护生态环境就是在增进农民的经济利益，"你善待环境，环境是友好；你污染环境，环境总有一天会翻脸，会毫不留情地报复你"。③ 甚至在经济发展与环境保护之间发生不可调和的矛盾时，一定要以环境保护为重。习近平总书记指出："我们既要绿水青山，也要金山银山。宁要绿水青山，不要金山银山，而且绿水青山就是金山银山。"④ 保护生态环境主要是要尊重自然规律，懂得利用生态环境为人类服务，既要发展生产，也要节约资源，通过技术创新实现环境友好型发展。习近平总书记指出："树立尊重自然、顺应自然、保护自然的生态文明理念，坚持节约资源和保护环境的基本国策，坚持节约优先、保护优先、自然恢复为主的方针，着力树立生态观念、完善生态制度、维护生态安全、优化生态环境，形成节约资源和保护环境的空间格局、产业结构、生产方式、生活方式。"⑤ 习近平新时代中国特色社会主义生态文明思想，是对发展为了谁、为谁发展问题的最好阐释，是对人民群众对美好生活向往的具体体现。"为什么人的问题，是检

---

① 《习近平谈治国理政》第二卷，外文出版社 2017 年版，第 393 页。
② 中共中央宣传部编：《习近平新时代中国特色社会主义思想学习问答》，学习出版社、人民出版社 2021 年版，第 264 页。
③ 习近平：《之江新语》，浙江人民出版社 2007 年版，第 141 页。
④ 中共中央文献研究室编：《习近平关于社会主义生态文明建设论述摘编》，中央文献出版社 2017 年版，第 21 页。
⑤ 李维：《习近平重要论述学习笔记》，人民出版社 2014 年版，第 184 页。

验一个政党、一个政权性质的试金石。"[1] 以习近平同志为核心的党中央，高度重视环境保护和建设，把生态环境保护作为治国理政的重要目标；践行以人民为中心的发展理念，不断满足人民群众对美好环境的需求。习近平总书记对农村人居环境改善做到了事无巨细，从水资源保护、农村污染治理到打赢蓝天保卫战，甚至对农村厕所改造作出重要指示，他说："厕所问题不是小事情，是城乡文明建设的重要方面，不但景区、城市要抓，农村也要抓，要把这项工作作为乡村振兴战略的一项具体工作来推进，努力补齐这块影响群众生活品质的短板。"[2] 美好生活不只取决于经济发展，全面建成小康社会就是要坚持"五位一体"整体推进，任何一个方面出现问题都会影响社会整体发展，何况生态环境制约经济发展、影响身体健康。保护环境关键在人，要提高农民环境保护知识水平，增强环境保护的意识。习近平总书记指出："要加强生态文明宣传教育，强化公民环境意识，推动形成节约适度、绿色低碳、文明健康的生活方式和消费模式，形成全社会共同参与的良好风尚。"[3] 有党中央的坚强领导，有全体人民群众的共同努力，美丽中国的目标一定能够实现。

二 新时代中国特色社会主义乡村伦理建构的目标

目标是努力方向，是要达到的理想，新时代中国特色社会主义乡村伦理是为新时代乡村服务的伦理，是立足新时代乡村发展的现状、现实需要和社会关系的伦理，体现在价值目标、战略目标和实体目标三个方面。

（一）价值目标：乡村美好生活

习近平总书记指出："人民对美好生活的向往，就是我们的奋斗目

---

[1] 习近平：《决胜全面建成小康社会 夺取新时代中国特色社会主义伟大胜利——在中国共产党第十九次全国代表大会上的报告》，人民出版社2017年版，第44—45页。
[2] 《习近平谈治国理政》第三卷，外文出版2020年版，第341页。
[3] 《习近平谈治国理政》第二卷，外文出版社2017年版，第396页。

标。"① 美好生活是一种价值追求，是新时代中国特色社会主义现代化建设奋斗目标的中国话语表达，是全面总结中国特色社会主义建设实践得出的宝贵经验，是中国共产党人民至上价值情怀的责任担当，是"五位一体"总体布局的价值目标。何谓美好生活？如何创造美好生活？乡村美好生活的价值指向是什么？乡村美好生活的伦理诉求是什么？这是新时代中国特色社会主义乡村伦理建构的基本依据。

1. **美好生活的价值意蕴**

美好生活表达的是不断进步的生活状态，是社会建设的标尺，是审视社会发展的准绳。可以说人类社会的发展就是不断追求美好生活的过程，美好生活是广大人民群众的夙愿。中国共产党提出实现人民对美好生活向往的奋斗目标，就是为人民谋福利，为中华民族谋复兴的使命担当，这是中国共产党带领人民进行社会主义现代化建设始终秉持的理念。习近平总书记指出："面对人民过上更好生活的新期待，我们不能有丝毫自满和懈怠，必须再接再厉，使发展成果更多更公平惠及全体人民，朝着共同富裕方向稳步前进。"② 人民性是美好生活的本质属性，是在共建共治共享中让全体人民都有获得感，让全体人民群众有"更好的教育、更稳定的工作、更满意的收入、更可靠的社会保障、更高水平的医疗卫生服务、更舒适的居住条件、更优美的环境，期盼孩子们能成长得更好、工作得更好、生活得更好"。③ 美好生活已经由过去的生存型需要向发展型需要转变，不再只是物质条件的满足，更强调人们对民主、自由、平等、公正、法治、安全和环境等方面的要求。美好生活意味着全方位、高品质、多层次、多领域、多样化、可持续的生活，指向人的自由而全面发展的终极关怀，是让人民过上有意义、有价值、有理想、有尊严的生活；是一种全新的生活境界，是更高层次的需要，更加关注人们对生活本身的感受性，超越了生活的外在表象，是人内心所理解的有价值、有意义的生活。"美好"是相对的，是比较而言的，是一个比以往更好的

---

① 《习近平谈治国理政》，外文出版社 2014 年版，第 424 页。
② 中共中央文献研究室编：《习近平关于社会主义社会建设论述摘编》，中央文献出版社 2017 年版，第 7 页。
③ 中共中央文献研究室编：《习近平关于全面深化改革论述摘编》，中央文献出版社 2014 年版，第 91 页。

渐进过程，是人民向往、期待的理想生活状态。

美好生活是人类社会不断进步、不断文明的体现。生产力发展是人类社会文明进步的重要标识，美好生活一定是以社会生产力高度发展为物质基础的，没有生产力的高度发展就不会有人的全面发展。马克思主义认为："只有在现实的世界中并使用现实的手段才能实现真正的解放；没有蒸汽机和珍妮走锭精纺机就不能消灭奴隶制；没有改良的农业就不能消灭农奴制；当人们还不能使自己的吃喝住穿在质和量方面得到充分保证的时候，人们就根本不能获得解放。"[①] 美好生活是建立在高度发展的生产力基础之上的，但是仅仅有生产力的高度发展也是不够的，人类社会的进步、文明还要有先进的生产关系，以及更合理的社会制度。美好生活是在美好社会中实现，美好社会是让人民获得自由而全面发展的社会，马克思、恩格斯在《共产党宣言》中指出："代替那存在着阶级和阶级对立的资产阶级旧社会的，将是这样一个联合体，在那里，每个人的自由发展是一切人的自由发展的条件。"[②] 这就是我们追求的共产主义社会理想，因此，美好生活是以人的自由全面发展为价值指向的，在这一过程中人能够不断完善自己、发展自己，从而过上有品质的、幸福的社会生活。习近平总书记指出："明确新时代我国社会主要矛盾是人民日益增长的美好生活需要和不平衡不充分的发展之间的矛盾，必须坚持以人民为中心的发展思想，不断促进人的全面发展、全体人民共同富裕。"[③] 人的全面发展是对片面性、异化、物化生活的超越，人不再被物所奴役，劳动成为生活的第一需要，不再是谋生的手段，人具有了更多自主性，成为自己的主人。美好生活"指向人的价值、意义、尊严和理想"[④]，它给人们提供了更加多样化的生活选择，是有价值的生活、有意义的生活、有尊严的生活。

2. 乡村美好生活的价值指向

乡村美好生活就是让乡村成为人们向往的地方，只有让村民留在乡

[①] 《马克思恩格斯选集》第一卷，人民出版社2012年版，第154页。
[②] 马克思、恩格斯：《共产党宣言》，人民出版社2014年版，第51页。
[③] 习近平：《决胜全面建成小康社会 夺取新时代中国特色社会主义伟大胜利——在中国共产党第十九次全国代表大会上的报告》，人民出版社2017年版，第19页。
[④] 赵连君：《"美好生活"的价值意蕴》，《新长征》2021年第5期，第41页。

村,这样才能谈得上美好生活,如果乡村人口大部分流失了,乡村也就只是一个农业生产的区域,何谈美好生活。因此,能够称得上美好生活的乡村,其价值指向应该是富裕乡村、幸福乡村、美丽乡村、特色乡村、安全乡村。

2020年,我国全面建成小康社会,乡村脱贫攻坚预期目标实现,乡村发展开始由脱贫攻坚向乡村振兴战略转变,本质是乡村发展目标的转向,如果说脱贫攻坚是为了满足村民的基本生活需要,那么乡村振兴战略是为了满足村民的发展新需要。脱贫攻坚解决了乡村绝对贫困,农民实现了"两不愁三保障",而乡村振兴战略指向的是乡村美好生活。富裕是乡村美好生活的基础,标志着满足人的需要所能达到的实现程度。富裕的乡村美好生活应该是物质财富极大丰富,村民经济宽裕,物质需求得到了极大满足,村民有较高的获得感、幸福感。这就必须实现乡村产业方式的转变,发挥科技在实现产业转型、提高劳动生产率方面的作用,实现乡村生产的现代化。

幸福是一种自我感受,作为精神层面的幸福体验,农民收入的提高会使幸福感增强,但是经济增长与幸福之间不是总是呈现线性正相关,这就是学者说的倒"U"形关系,就是农民收入对幸福感的提升随着富裕程度的提高而下降。收入的提高不能代替非物质需要的满足,美好生活应该有更丰富的内容。"人是一切社会关系的总和"。[①] 人的需要是多方面的,更好的人际关系、更好的生活环境、更丰富的文化生活、更多的参政议政机会以及更为自主的选择都是幸福的来源。如果人与人之间尔虞我诈、诚信缺失、追名逐利、以邻为壑,这样的社会是没有温度、没有安全感,更谈不上幸福。新时代乡村美好生活一定是文明友善、政治清明、安居乐业、共同富裕、共建共治共享的社会。幸福是自我身心的和谐,是个人在精神、心灵和行为方面的平衡状态,身心健康的人才能感受到生活之美,才能全身心投入工作和生活之中,感受到内心的愉悦。因此,乡村美好生活一定要关注村民这个生活主体,不断满足农民自由而全面发展的机会,提高村民的文化素养、技术技能、文明修养水平,让村民拥有更多的文化资本,更好地实现自身价值,让心灵得到安宁、

[①] 《马克思恩格斯选集》第一卷,人民出版社2012年版,第139页。

精神拥有家园、生活拥有理想。在融洽的乡村生活共同体中，在乡村伦理的滋润下，具有归属感、存在感和亲情感，在和谐的生活中享受幸福生活。

要让乡村成为安居乐业的美丽家园，乡村必须有保证人们过上美好生活的基础设施和社会服务体系，主要包括饮水、电、燃气、通信、道路等保证生活的基础设施，以及教育、医疗卫生、公共文化、公共安全保障等社会服务体系。不断改善人居环境、村庄环境卫生，保持村容村貌整洁。美好生活与生态环境保护密切相关，美丽乡村是没有污染的、资源丰裕、山清水秀的乡村，是生产发展与生态保护和谐相处的乡村。马克思主义认为："自然界才是人自己的合乎人性的存在的基础，才是人的现实的生活要素。"① 绿色生态、绿色生活才能让人感受到生活之美，享受生活之乐。生态好村民才会更幸福，良好的生态环境是生活质量提升的基础。我们已经从摆脱贫困走向过上更美好生活的阶段，自然生态已经成为我们的目的，而不再是手段，要认识到人与自然生态只有"共生"才能实现"共美"，这是和谐之美、共生之美，把乡村打造成为生态宜居的美丽家园。

要保持乡土特色，乡土性是乡村最本质的属性，乡村生活接近自然，住房、生活环境、饮食、人际关系以及乡村文化都具有乡土特色。乡村要有独特的环境和田园风光，要有自己的文化传承，这是几千年乡村发展的文化沉淀，是乡村美好的文化空间。这些乡土文化资源是不可复制的，不保护就会流失，乡村也就失去了灵活性。乡土文化根植于乡村的生产、生活中，是最能体现乡村特色与风貌的要素，人们生活在这里能唤醒浓厚的乡土情结，感受民族文化的归属感、认同感和自豪感，是乡村美好生活的珍贵体验。要积极保护非物质文化遗产，让乡村特色文化成为乡村发展的竞争力。乡村文化活动更具有地方性、娱乐性和高雅性，乡村成为人们向往的生活空间，特别是在种种城市问题出现的现代社会，具有鲜明特色的乡村一定会成为新的经济、文化增长极。

安全感历来是人民群众的迫切需要，是美好生活的重要指标，美好生活一定要有一个安全的社会环境，如果一个社会没有安全可言，绝对

---

① 马克思：《1844 年经济学哲学手稿》，人民出版社 2014 年版，第 79 页。

不会有美好生活,"如果社会动荡不安,个个心存担忧,没有安全保障,想要实现美好生活显然是不现实的,缺乏安全感的美好生活是不真实的,也是不稳固的"。① 马斯洛需要层次理论认为,人们在满足了基本生理需要以后,就会对安全有更强烈的需求。安全需要是多方面的,"人民美好生活安全需要主要包括国家安全、公共安全、生活安全三个维度"。② 国家安宁,人民幸福;社会安定,百姓放心;生活安全,个人幸福。习近平总书记指出:"坚持总体国家安全观,必须以人民安全为宗旨,以政治安全为根本,以经济安全为基础,以军事、文化、社会安全为保障,以促进国际安全为依托,走出一条中国特色国家安全道路。"③ 促进乡村美好生活的安全需要,要坚持自治、法治、德治相结合,让人民群众更好地当家作主,形成乡村和谐的人际关系,强化法治保障,发挥道德在乡村秩序维持中的作用,构建乡村安全网,让乡村美好生活得到切实保障。

3. 乡村美好生活的伦理诉求

建设乡村美好生活需要伦理支持,伦理为乡村美好生活提供价值指引。"美好"是一种感受性体验,对于不同的主体来说,"美好"的内容、形式、实现方式不同,不同阶级、阶层的人对美好生活的理解和要求也不一样,这就涉及美好生活的主体、内容和实现方式。伦理是对"应然"关系的研究,伦理诉求反映的是"应该"的状态,是超越了个体标准,面向大众的"应当"。美好生活涉及人与人、人与自然、人与社会之间的关系,有学者指出:"所谓美好生活就是人构建美好关系的生活。只有美好关系存在时,美好的个人生活和社会生活才可期待。"④ 建设乡村美好生活一定要进行伦理审视,回答"谁的美好生活""什么样的美好生活""如何实现这样的美好生活"等问题。

第一,从美好生活的主体来看,美好生活应该是全体人民感受到的

---

① 杨金华、高佳丽:《个体、社会、自然三位一体:新时代美好生活的内在意蕴》,《南京财经大学学报》2020 年第 2 期。

② 郑荣坤、汪伟全:《人民美好生活安全需要的政府风险治理逻辑》,《长白学刊》2020 年第 5 期。

③ 中共中央党校组织编写,何毅亭主编:《以习近平同志为核心的党中央治国理政新理念新思想新战略》,人民出版社 2017 年版,第 121 页。

④ 龚天平:《美好生活的道德伦理基础》,《江苏社会科学》2021 年第 4 期。

美好生活,是在生产力高度发展基础上的,遵循公平正义原则,全体人民都能够实现全面发展,能够表现自由个性的生活。习近平总书记指出:"全面建成小康社会,一个不能少;共同富裕路上,一个不能掉队。"① 这是我们党人民至上伦理观在美好生活建设上的体现;美好生活一定是每个中国人民的美好生活。乡村是我国现代化建设的短板,建设乡村美好生活就是要让所有村民都能获得发展,都能过上好日子。党和政府多年以来对乡村发展提出的免除农业税、脱贫攻坚、乡村振兴战略都是这一政策的体现。习近平总书记说:"让每个人获得发展自我和奉献社会的机会,共同享有人生出彩的机会,共同享有梦想成真的机会,保证人民平等参与、平等发展权利,维护社会公平正义,使发展成果更多更公平惠及全体人民,朝着共同富裕方向稳步前进。"② 全面建成小康社会的最后落实是在乡村,乡村振兴战略要在未来的美好生活建设中,让乡村赶上城市的发展,让农民在经济条件、文化素养、精神丰裕、自我实现方面获得提升,让全体村民过上体面的生活。

第二,从美好生活的内容来看,美好生活是善的生活,是合乎伦理要求的生活,既注重物质生活水平的提高,更注重精神生活的丰富。人是生活的主体,伦理生活关照人们的正当利益,是对生命的关怀,是对人的尊重。建设乡村美好生活要关注村民的现实生活,从解决直接利益问题出发,关心人民群众的难点、痛点,把民生领域的工作落实到村民心里。让村民医疗有保障、生活无忧虑、环境更美丽、法治更公正、社会更平等。美好生活既要面向现实,更要面向未来,是"对过往的继承,对当下的超越,对未来的憧憬。是沿着曲折道路螺旋式前进的美好时间和空间"。③ 党的十九届五中全会制定的《中华人民共和国国民经济和社会发展第十四个五年规划和2035年远景目标纲要》指出:展望2035年,"人民生活更加美好,人的全面发展、全体人民共同富裕取得更为明显的

---

① 《新时代 新理论 新征程》,人民出版社2018年版,第5页。
② 中共中央文献研究室编:《习近平关于全面深化改革论述摘编》,中央文献出版社2014年版,第102页。
③ 王晓虹:《新时代美好生活观的伦理价值解读》,《湖南行政学院学报》2021年第4期。

实质性进展"。① 实现乡村美好生活是一个过程，其内容也必然随着时代的发展不断地变化、丰富，人自我实现的程度不断提高，共产主义社会既是理想更是实现实实在在的美好生活的社会。

第三，从美好生活的实现方式来看，要处理好人与人之间、人与社会之间以及人与自然之间的关系。美好生活要通过人与人之间合作共赢来实现，共建共治共享是实现美好生活的实践路径，每个人都要为社会作出自己的贡献，只有共建、共治才能共享，少数人剥削多数人的社会是不能实现美好生活的。共建共治共享是人与人之间关系和谐、合作的表现，是在"共识"基础上的和睦共处，这是责任伦理、义务伦理、和合伦理的体现。建设乡村美好生活一定要"弘扬崇德向善、扶危济困、扶弱助残等传统美德，培育淳朴民风"。② 让每个人都承担起实现美好生活的责任，让不同群体的人都为乡村美好生活作出贡献，"幸福是奋斗出来的"，没有哪个人应该坐享其成，人人都应该是社会主义现代化的建设者。人与自然的和谐共生，人与自然的关系本质上是人与人之间的关系，自然资源的有限性，决定了消耗自然资源权利之间的竞争，不顾他人、下一代人的利益，对大自然进行野蛮、无度的掠夺，建立在这种生产生活方式基础上的所谓"美好生活"是不道德的，牺牲别人的利益实现自己的"美好生活"是不文明的。必须处理好生产发展、生活富裕、生态美好之间的关系，遵循可持续发展理念，美好生活是当代人的美好生活，也是未来人的美好生活，更是全人类的美好生活。

（二）战略目标：乡村全面振兴

乡村振兴战略是党中央为重建乡村提出的战略性目标，"是决胜全面建成小康社会、全面建设社会主义现代化国家的重大历史任务，是新时代做好'三农'工作的总抓手"③，具有重要的时代意义。新时代中国特色社会主义乡村伦理是乡村振兴战略的重要内容，也为乡村振兴战略提

---

① 《中华人民共和国国民经济和社会发展第十四个五年规划和2035年远景目标纲要》，人民出版社2021年版，第9页。
② 《关于加强和改进乡村治理的指导意见》，人民出版社2019年版，第8页。
③ 《乡村振兴战略规划（2018—2022年）》，人民出版社2018年版，第2页。

供伦理支持。

1. 乡村振兴战略的时代意义

乡村振兴战略是解决新时代社会主要矛盾，弥补乡村发展短板，实现社会主义现代化强国的必然要求。在工业化、城镇化的过程中，乡村衰落成为很多国家的现实问题，我国很多地方的乡村也出现了严重空心化、老龄化等问题。乡村发展基础本来就落后于城市，改革开放以来，乡村人口自由流动，单纯农业生产收入不能让农民生活富裕，导致很多农民选择到城里打工；机器生产代替人力生产也造成大量剩余劳动力，离开乡村到城市生活成为很多农民的夙愿，没人的乡村必然走向衰落。"农业强不强、农村美不美、农民富不富，关乎亿万农民的获得感、幸福感、安全感，关乎全面建成小康社会全局。"[①] 乡村全面振兴正是重建乡村生活的战略，要通过乡村全面振兴吸引人口的流入，让乡村成为人们羡慕的地方，让乡村成为宜居之地，从而奠定中国特色社会主义现代化强国的基础。

实施乡村振兴战略是奠定国家综合竞争力的重要举措，无农不稳，农业是国民经济的基础产业。习近平总书记指出："任何时候都不能忽视农业、不能忘记农民、不能淡漠农村。"[②] 乡村振兴战略要解决新时代的农业、农村、农民问题，要改变传统农村产业的发展模式，实现农业生产的现代化，增加农业生产的科技含量，实现农业的自动化、智能化、数据化发展，创新农业生产模式。通过乡村环境整治，改变乡村面貌，改善乡村基础设施和公共服务体系，让农民过上有尊严的生活。改善农民生活条件，增加农民收入，提高农民社会地位，让农民充分享有自己的政治权利、经济权利和文化权利。乡村振兴战略是一次乡村的大蜕变，必然改变城乡关系，实现城乡融合、一体化发展新格局。

乡村振兴战略是建设美丽中国，实现生态宜居环境美好社会的关键举措。乡村振兴战略必然改变乡村发展模式，实现产业转型，绿色农业成为发展趋向，乡村既是绿色生产的基地，也是绿色生活的理想之地。乡村振兴战略以新发展理念为指导，不是抑制发展，而是要更好地发展、

[①] 《乡村振兴战略规划（2018—2022年）》，人民出版社2018年版，第5页。
[②] 《党的十九大报告辅导读本》，人民出版社2017年版，第210页。

可持续发展，并且也一定能够实现更好发展。"绿水青山和金山银山，不是绝对的，关键在人、在思路。为什么说绿水青山就是金山银山？谁不愿意到有绿水青山的地方来投资、来发展、来工作、来生活、来旅游？从这意义上说，绿水青山既是自然财富，又是社会财富、经济财富。"[1]因此，乡村振兴战略是乡村发展的根本出路，是实现乡村走向现代化的振兴之路。

实施乡村振兴战略是传承中华优秀传统文化，使乡村成为传统与现代文明的创新地，重新焕发乡村生机与活力的过程。既要实现乡村生态的绿色发展，也要保持具有乡土特色的传统文化；美丽乡村不只表现在乡村生态环境上，同时也表现在乡村的人文环境上。几千年积淀的乡土文化是最能体现乡村内在和外在的特色，从道德观念、文化习俗、行为习惯、交往方式等，到乡村建筑、饮食服饰、生产工具、生活器物等，不同地域的乡村都有其不同的特点，这是不同地域乡村亮丽的风景线。要通过对传统地域文化的创造性转化与创新性发展，挖掘乡土文化中具有时代价值的物质和精神产品，继承发展、保护利用、推陈出新，激活其生命力，让乡村成为承载传统特色文化和现代文明的结合体。

2. 乡村全面振兴的目标任务

乡村振兴战略是针对乡村衰落或乡村发展短板提出来的，乡村全面振兴要实现哪些方面的振兴？振兴什么？

第一，乡村全面振兴是乡村的全面发展，不只是经济发展，更重要的是乡村精神文化水平的提高，特别是乡村道德水平提升，是"农业全面升级、农村全面进步、农民全面发展"。[2] 乡村振兴战略的整体要求是："产业兴旺、生态宜居、乡风文明、治理有效、生活富裕。"[3] 这五个方面包含了乡村发展的所有内容，是乡村需要着力解决的问题。产业兴旺是乡村经济发展的基础，产业关系生态状况，产业不合理就会破坏生态，导致生态恶化，乡村生态存在的问题是乡村产业不合理造成的。生态又影响产业发展，"两山"理论就充分说明了生态与产业发展之间的关系。

---

[1] 卢黎歌：《新时代推进构建人类命运共同体研究》，人民出版社2019年版，第103页。
[2] 《中共中央国务院关于实施乡村振兴战略的意见》，人民出版社2018年版，第62页。
[3] 《中共中央国务院关于实施乡村振兴战略的意见》，人民出版社2018年版，第4页。

产业发展是生活富裕的经济来源，生活富裕一定是建立在产业兴旺基础上的；产业发展、生活富裕关系乡村文明、治理有效。《史记·管晏列传》说："仓廪实而知礼节，衣食足而知荣辱"，人类社会的文明演进是经济发展的结果，虽然经济发展不一定导致文明与治理，但是良好的经济基础为社会文明和社会治理提供了重要条件。反过来，良好的社会文明和社会治理又为产业发展、生活富裕提供保障。乡风文明与治理有效也是相互影响的过程，乡风文明为治理有效提供道德支撑，治理有效利于养成文明习惯。因此，乡村振兴战略是乡村整体发展的过程，不能有缺项，不能有短板，否则乡村发展就是不充分、不和谐的。

第二，乡村全面振兴的关键是人，提高人的科学文化素养是关键，其中包括提高人的道德素养。农民是乡村的主体，必须提升农民的文化和精神风貌，乡村文明、家庭和谐的关键在于提高农民素质。现代乡村一定是科技主导的乡村，不掌握现代科学技术的农民是不能适应未来乡村发展要求的。实施乡村振兴战略，必须"大力培育新型职业农民"。[①] 在传统农业生产中，农民的文化水平一般比较低，他们的生产和经营活动主要凭借经验。不提高农民的文化水平，现代农业生产技术就不能充分发挥作用，现代经营管理理念就难以得到实施。未来我们必须解决"谁来种地、如何种地"的问题，这就必须培养与未来农业发展相适应的人才队伍，造就"爱农业、有文化、懂科技、善经营、会管理的新一代职业农民"。[②] 新型职业农民不只是在文化素质方面有所提高，在职业观念、职业地位、职业认同方面也发生根本改变。传统农民一直把"跳出农门"作为自己的奋斗理想，这就导致很多人并不热爱农业，不愿献身农业、投身农业。因此，新型农民要把发展农业、建设农村作为自己的职业追求，要有明确的职业理想，有知识、有技术、有能力，具有较好的科技素养和人文素养。产业兴旺，生活富裕，新型农民有地位、有尊严，这是未来乡村发展的希望，是乡村振兴战略的关键。

第三，乡村全面振兴要实现农业农村的现代化。"没有农业农村的现

[①] 《中共中央国务院关于实施乡村振兴战略的意见》，人民出版社2018年版，第35页。
[②] 王玉峰、刘萌：《我国新型职业农民培育的政策目标与实践探索》，《长白学刊》2022年第1期。

代化，就没有国家的现代化。没有乡村的振兴，就没有中华民族伟大复兴。"① 农业现代化是中国式现代化的重要组成部分，关系中国特色社会主义现代化目标的实现。中国农业现代化是在党的领导下的现代化建设，是以人民为中心的现代化，依靠人民、为了人民、成果由人民共享的现代化，以实现共同富裕为目标的现代化；是传统农耕文化与现代农业的融合，借助现代农业实现传统农耕文化的现代性转化，"传统农耕文化中包含的传统节日、民俗、民族文化、手工艺等，将成为现代农业以及农村旅游业的核心内容。传统农业积累的节气、时令、循环农业等生产智慧，将在现代农业中继续得到应用"②。要继承中华优秀传统伦理文化，发扬中华民族勤劳节俭、奋发图强、自力更生的品质，为农业现代化提供传统伦理支持。

农业现代化是农村现代化的组成部分，农村现代化是农村整体的现代化，学界的研究一般针对农业农村现代化，并没有把二者分开来说。农村现代化除农业现代化外，还包括"人的现代化、物的现代化以及治理现代化"③。也就是通过培养现代新型职业农民，实现农民生活的现代化，提高乡村公共设施的现代化水平，以及实现乡村治理体系和治理能力的现代化，促进我国农村实现由传统农村向现代农村的转变。《中共中央 国务院关于实施乡村振兴战略的意见》指出："加快推进乡村治理体系和治理能力现代化，加快推进农业农村现代化，走中国特色社会主义乡村振兴道路，让农业成为有奔头的产业，让农民成为有吸引力的职业，让农村成为安居乐业的美丽家园。"④

3. 乡村振兴战略的伦理支撑

乡村全面振兴需要伦理支撑，没有新时代乡村伦理就不可能实现乡村全面振兴。乡村伦理为乡村全面振兴提供价值取向与精神动力，为乡村振兴战略培育道德力量，营造伦理环境。

---

① 《中共中央国务院关于实施乡村振兴战略的意见》，人民出版社2018年版，第59页。
② 杨志良：《中国式农业现代化的百年探索、理论内涵与未来进路》，《经济学家》2021年第12期。
③ 杜志雄：《农业农村现代化：内涵辨析、问题挑战与实现路径》，《南京农业大学学报》（社会科学版）2021年第5期。
④ 《中共中央国务院关于实施乡村振兴战略的意见》，人民出版社2018年版，第4—5页。

首先，乡村全面振兴必须解决为了谁、依靠谁的问题，这是乡村振兴战略的伦理指向问题。伦理保证了乡村振兴战略的道德性和人民性，是人民群众对美好生活期待的回应。乡村振兴战略是我们党为解决"三农"问题，实现乡村的更好、更快发展提出来的。让村民过上美好生活是乡村振兴战略的出发点和落脚点，乡村振兴战略必须以人民群众为中心，以"坚持人民主体地位"为基本原则，走共同富裕的道路，让全体农民具有获得感。乡村振兴战略是党践行初心使命的责任担当，体现了党的政治伦理观。伦理是协调人与人之间关系的，公正平等、分配正义是社会和谐关系的基础，乡村振兴战略只有坚守伦理要求，才能做到真正让农民成为乡村建设、乡村治理的主体，让农民成为乡村振兴战略成果的享有者，从而实现共同富裕。共同富裕是中国特色社会主义的本质特征，乡村振兴战略为实现共同富裕提供了经济基础、政治基础、文化基础和社会基础，共同富裕为乡村振兴战略指明了伦理价值取向。以伦理审视乡村振兴战略，不仅解决了乡村振兴战略的目标问题，亦明确了乡村振兴战略的目的；为乡村振兴战略主体提供了持续发展的内生动力。伦理支撑是乡村振兴战略价值取向、依靠力量、内容构建、实践路径的理论依据。

其次，乡村振兴战略的主体是人，人的道德素质决定乡村振兴战略的实现效果。习近平总书记指出："精神的力量是无穷的，道德的力量也是无穷的。"[①] 道德是乡村振兴战略的精神支柱，培育农民的道德修养，提高农民的道德水平，可以极大地促进乡村建设，实现乡村全面振兴。"法律是成文的道德，道德是内心的法律。"[②] 无论是在乡村经济发展、社会治理还是环境保护等方面，都需要村民有较高的伦理道德水平，这样他们才能在经济利益选择、市场交换、生活消费方面做出符合是非善恶的道德判断；在社会交往、待人接物方面做到文明礼貌；在处理人与自然的关系时做到尊重保护自然。道德是内心的法律，村民良好的道德文

[①] 中共中央文献研究室编：《习近平关于实现中华民族伟大复兴的中国梦论述摘编》，中央文献出版社2013年版，第41页。

[②] 习近平：《在首都各界纪念现行宪法公布施行30周年大会上的讲话》，人民出版社2012年版，第11页。

化水平,是乡村社会关系的润滑剂,对于乡村和谐秩序的构建,乡村维持安定团结,淳化乡村社会风气,营造良好的乡村社会氛围,具有重要的现实意义。道德力是人们把道德规范转化为道德行为的能力,转化的基础是对农民进行思想道德教育,只有让村民知晓、认同道德规范,才可能将其转化为他们的道德行为。因此,在乡村振兴战略中,必须对村民进行伦理道德教育,引导他们树立正确的世界观、价值观和人生观,为乡村振兴战略提供伦理支持。

最后,乡村振兴战略必须有一个良好的乡村伦理秩序。乡村伦理秩序关系乡村振兴战略目标的实现,在一个没有良好道德风尚的乡村社会中,乡村全面振兴是没有希望的。实施乡村振兴战略唯有构建与之相适应的乡村伦理秩序,才能满足乡村全面振兴对多元道德的需要,消解社会转型过程中出现的价值冲突,保证乡村社会转型的协调发展。乡村振兴战略是乡村社会的全面发展和转型,涉及经济发展、社会治理、公共秩序、家庭建设和生态保护等方面,这些方面各有重点,又是相互有机联系的,这就需要构建乡村整体的伦理秩序。这种伦理秩序具有整体的价值目标、开放的道德姿态和普遍的公共理性精神;体现社会平等、公正、参与、互惠和共享的价值追求。不是单一的善,而是复合、整体的善,是面向乡村社会整体发展的道德要求。不是某一群体的道德生活,而是建立在所有成员在相互尊重、协商共识基础上的道德秩序;不是某一领域的道德要求,而是社会整体协调发展的道德图式。在这样的伦理秩序中,村民的权利是平等的,社会整体是公正的,社会交往是互惠共享的,社会发展是可持续的。

(三) 实体目标:新时代乡村伦理共同体

新时代中国特色社会主义乡村伦理是在乡村社会转型、传统伦理式微的大背景下建构的一种新型乡村伦理关系,是基于乡村社会整体发展,反映新时代乡村特色的伦理。其目标是构建新型乡村伦理关系和生活方式,构建村民基于内在认同感、归属感而产生的乡村伦理共同体。

1. 乡村伦理共同体

"共同体"概念是由德国社会学家滕尼斯提出的,他认为共同体是一种唇齿相依、利益相关、文化相惜的关系。最初的共同体就是基于血缘关系的氏族社会，到了国家的产生，共同体变为具有政治属性的"虚幻共同体"，随着国家的消亡，人与人之间通过每个人自由全面的发展而联合的关系，又回归到共同体的本意，即真正意义上的共同体以社会关系为根本属性。滕尼斯认为共同体依赖"共同理解"，这是一种共识，共同体中人们的共同行动是通过达成一致意向而实现的。

共同体是"一个基于共同目标和自主认同，能够让成员体验到归属感的人的群体"。[①] 乡村共同体同样是基于共同地域、文化联系的共同生活群体，在共同的生产生活过程中，逐渐形成了共同的价值取向、信仰和生活习惯，这是一种联结社会成员的精神命脉，是社会团结的基础。这种精神命脉必然包含所有成员共同遵守的道德准则、共同的伦理思想，由这种共同伦理价值指向的群体生活就是乡村伦理共同体，是有全面伦理道德内涵的社会结构。"伦理共同体是具有共同道德信念、道德原则、道德规范和价值取向的人的集合体，是一种互生共存的组织形式。"[②] 正是伦理共同体一致认同的"善""恶"道德评判，成为共同体维系的基础。从经济基础的视角来看，利益共同性是伦理共同体建构的理性选择，也是伦理共同体形成的深层原因，缺失了共同利益共同体也不可能形成伦理共同体，为什么每个人都会遵循道德法则，是因为全体的幸福源于每个人的德行，每个人都是自己幸福和他人幸福的创造者。这依赖于人的道德理性，要使每个共同体成员认识到个体行为与共同体利益之间的关系，达成道德共识。"在伦理共同体内部，所有的成员都遵从着共同的行为规范、共同的价值目标和制度。每个成员内在地尊重普遍的道德法则，人人成就德性，整个社会实行德治，形成了一个相互联系的整体。"[③] 构建这样的伦理共同体不是一蹴而就的，而是需要一个长期、艰难的过程，需要进行广泛的道德教育，也需要制度的设计和法治的保障。

伦理共同体也不是一成不变的，而是随着社会变迁进行着或是渐进、或是剧烈的变化。每个时代都需要维系共同体的伦理精神，它是与时代

[①] 张志旻、赵世奎等：《共同体的界定、内涵及其生成——共同体研究综述》，《科学学与科学技术管理》2010年第10期。

[②] 余文武：《民间伦理共同体研究》，武汉大学出版社2018年版，第235页。

[③] 王维先、铁省林：《农村社区伦理共同体之建构》，山东大学出版社2014年版，第53页。

发展相适应的，内化在共同体内部所有成员精神世界中，成为他们最深沉的伦理观念和价值取向，成为行动自觉的精神力量。新时代乡村伦理共同体是在传统乡村伦理共同体基础上的重构，建立在社会主义市场经济基础上，打破了传统农村社会封闭、隔离状态，在由熟人社会向陌生人社会转变的过程中，突破了血缘关系、地缘关系，体现了平等主体之间的交往关系；是新时代伦理道德文化、社会主义核心价值观在乡村社会的落实；是村民在道德理性精神指引下，为了共同目标的实现，聚合人心合力的新型伦理共同体。

2. 新时代乡村伦理共同体的特征

习近平总书记强调："脱贫摘帽不是终点，而是新生活、新奋斗的起点。"[①] 新时代乡村已由脱贫攻坚向全面振兴迈进，实现农业农村的现代化对新时代乡村伦理提出新要求，新时代的乡村伦理共同体不同于传统乡村，是体现时代要求，反映乡村未来发展需要的伦理共同体。新时代乡村伦理共同体的特征可以概括为以下几个方面。

第一，是社会主义市场经济条件下实现全体村民共同利益的共同体。共同体利益和个人利益密切相关，个人利益与共同体利益是否一致，与共同体的性质有关。只有把个人利益和共同体利益统一起来，才是真正的共同体，才能唤醒成员的道德责任，达成伦理共识。"参加共同体的每一个人都是被组织起来的，伍伦理共同体并不是若干人的简单总和，而是由一定的利益关系、权利和义务以及一系列的组织系统联系起来的，真正的共同体总是以参加共同体的每个成员的共同利益为凝聚力的。"[②] 新时代乡村伦理共同体是建立在利益共同体基础之上的，没有共同的利益诉求，也就不会有伦理共同体存在的依据。伦理共同体有更高层次的道德要求，既对乡村生活精神品质予以塑造，也反作用于经济发展、社会治理和生态保护。新时代乡村伦理共同体是维护社会主义市场经济秩序，实现全体村民利益需要的共同体。社会主义的本质是实现共同富裕，社会主义市场经济是建立在公有制基础上的市场经济，共同体整体利益的实现就是全体人民利益的实现，共同体利益与全体人民群众的利益是

---

① 习近平：《在决战决胜脱贫攻坚座谈会上的讲话》，人民出版社2020年版，第12页。
② 余文武：《民间伦理共同体研究》，武汉大学出版社2018年版，第238—239页。

一致的。在这样的共同体中，全心全意为人民服务、以人民为中心、坚持公正与平等，就成为共同体的伦理价值追求。新时代乡村伦理共同体是全体人民的共同体，"这里的人不是少部分人、某些既得利益者，也不是类似西方国家里某些特定人群组成的利益集团，而是社会上的绝大多数人、全体的个人"。[①] 这是中国特色社会主义市场经济条件下乡村伦理共同体区别于其他共同体的显著特征。

第二，是基于新时代中国特色社会主义乡村伦理达成的伦理共识。伦理共同体需要达成伦理共识，在群体认可的伦理价值指导下，规范个体行为。每个人都生活在一定的共同体中，伦理共识是对体现共同体本质的伦理规范的共识，使每个人都能按照共同体要求的伦理规范约束自己的行为，使个体行为选择符合共同体要求，确保个体行为的合理性、合道德性，从而正确处理个人利益和共同体利益之间的关系。伦理共同体表明了成员之间的共同联系，特别是共同地域、共同文化关系，以及与地域、文化相关的亲密关系和共同利益，这是伦理共同体道德规范建立的基本逻辑。能否形成伦理共识，与共同体的伦理道德原则有关，只有确立符合共同体全体成员利益和愿望的伦理道德规范，才会被其成员恪守。新时代中国特色社会主义乡村，应该有维系其社会关系的乡村伦理，这就是新时代中国特色社会主义乡村伦理。是坚持习近平新时代中国特色社会主义思想，符合乡村现代化转型，反映广大村民切身利益，凝聚乡村道德力量的乡村伦理。新时代乡村共同体是基于新时代中国特色社会主义乡村伦理达成的伦理共识。

第三，是建立在中国特色社会主义新型乡村关系基础上的伦理共同体。社会关系反映了共同体的性质，从"自然共同体"到"虚幻共同体"以至"真正的共同体"，是人与人之间关系的本质性变革。"真正的共同体"是对"虚幻共同体"中人与人之间异化关系的超越，由自我为中心走向交往合作，承认他者，重视对话协商，每个人都是共同体的主人。[②] 新时代乡村伦理共同体是构筑在社会主义新型社会关系基础上的，这种新型社会关系是以习近平新时代中国特色社会主义思想为指导，具有社

---

① 项久雨：《新时代美好生活的样态变革及价值引领》，《中国社会科学》2019年第11期。
② 冯建军：《公共生活中学校共同体的建构》，《高等教育研究》2021年第1期。

会主义性质的,以社会主义核心价值观为引领的社会关系。新型乡村社会关系是时代精神的体现,是工业化、现代化、全球化社会变革在社会关系中的映射。新的观念改变了人们对传统关系的认知,更加强调公正平等、权利义务、法律意识、契约精神、诚实守信等现代人际交往原则,这些社会关系的建构原则,是建设真正伦理共同体的基础。

3. 新时代乡村伦理共同体的价值

乡村全面振兴要实现政治、经济、文化的协调发展,新时代乡村伦理共同体是乡村发展的"软实力",影响和制约着乡村社会的整体发展。构建新时代乡村伦理共同体对于促进乡村经济发展、提高乡村治理水平、繁荣乡村文化、培育乡村文明具有重要的价值。

伦理道德影响乡村经济发展是不争的事实,村民思想道德水平高,促进经济发展;思想道德素质差,阻碍经济发展。改革开放以来,由于受市场经济交换法则的影响,很多人出现了唯利是图、利己主义和坑蒙拐骗等不道德行为,严重影响了社会主义市场经济的正常发展。既损害了国家、集体和社会利益,也影响了个体长远利益的实现,扰乱了市场秩序,破坏了经济环境。新时代乡村伦理共同体的建构,人们在公平正义、诚实守信、勤劳节俭、权利义务、竞争效率等伦理观念上达成共识,在经济活动中共同恪守道德规范,从而促进共同体经济发展。伦理共同体在促进物质经济发展的同时,也净化了人们的心灵,让人们能够在良好的道德环境中享受社会的温情和关怀。

自治、法治、德治相结合,是新时代乡村治理的基本方式,"三治结合"表明每一种方式都存在短板,只有结合起来才能优势互补,产生协同治理、取长补短的效应。乡村伦理共同体主张德治的道德环境、自治的道德约束、法治的道德协同,通过对人与人之间社会关系的伦理规定,实现社会秩序的和谐、稳定。通过良好道德风尚的建立,让村民在潜移默化中养成道德自觉和习惯,从而践履道德行为。乡村伦理共同体需要经过长期建设才能形成,建设过程就是道德影响的过程,是按照乡村伦理共同体的目标提升村民道德水平的过程,也是乡村治理的过程。

乡村伦理共同体是乡村文化的重要内容,包括价值观念、风俗习惯、行为规范、人际交往等。乡村伦理共同体是乡村文化的价值指向,让积极向上、健康文明的文化影响教育村民,让村民辨别科学与迷信、文明与愚蒙，自觉与封建迷信思想作斗争，让村民形成爱国明理、诚信守法、勤劳致富、和睦相处、爱护环境的文明素养。把乡村伦理共同体建设与乡村文化建设结合起来，充分发挥主流价值观的引领作用，在提高村民文化素质的同时，加强村民社会公德、职业道德、家庭美德和个人品德教育，培育良好的道德素质。用积极、健康的文化影响村民的世界观、价值观；挖掘传统文化、民俗习惯、民间艺术文化资源，通过整理、保护、传承、创新和转化，为乡村伦理共同体提供文化支持。同时，乡村伦理共同体为乡村文化建设提供精神纽带，增强了社会凝聚力，淳化了乡村社会的文明风尚，建构起了具有中华民族文化基因的精神家园。

三 新时代中国特色社会主义乡村伦理建构的理论体系

新时代中国特色社会主义乡村伦理是时空转换下的时代精神彰显，具有鲜明的中国乡土特色，是体现了社会主义核心价值观的乡村伦理。构建新时代中国特色社会主义乡村伦理，要符合地方性和统一性的要求，坚持马克思主义的指导地位，坚持以人民为中心，坚持对传统文化的继承与发展，以实现乡村全面振兴为目标，正确阐释新时代中国特色社会主义乡村伦理建构的内容。

（一）新时代中国特色社会主义乡村伦理的特征

伦理是乡村文化的灵魂，在漫长的乡村历史演变过程中，乡村伦理也在不断地转型和发展，并且表现出了时代特征。新时代中国特色社会主义乡村伦理是具有鲜明时代特征的体现中国特色社会主义的乡村伦理。

1. 彰显时代精神的伦理自觉

时代精神是社会发展过程中与时代相适应的，符合社会发展方向的，引领社会进步，为全体成员普遍认同的思想、价值观、道德规范和行为方式，是一个社会整体精神风貌的反映。"是指在一定历史条件下形成和发展的，体现民族特质并顺应时代潮流的思想观念、行为方式、价值取向、精神风貌和社会风尚的总和。"① 也有人认为时代精神是普遍的、抽象的，是超越了时代而贯穿于不同时代的精神，"时代精神是贯穿于各个文化形态中的本质或性格，尽管各个文化形态有着自身特定的特性或形态，具有多样性和偶然性，但在哲学的思想范围中，在哲学看来，它们应该去表现共同而普遍的精神原则，呈现共同的时代本质或性格，即时代精神"。② 这是一种广义的对时代精神的理解，黑格尔也认为："时代精神是一个贯穿着所有各个文化部门的特定的本质或性格，它表现它自身在政治里面以及别的活动里面，把这些方面作为它的不同的成分。"③ 我们认为每一个时代都应该有支撑其发展的精神体系，在不同的历史阶段、历史时期都有特定的精神气质、精神动力。习近平总书记指出："人无精神则不立，国无精神则不强。精神是一个民族赖以长久生存的灵魂，唯有精神上达到一定的高度，这个民族才能在历史的洪流中屹立不倒、奋勇向前。"④ 我们也应该认识到，时代精神是代表历史发展方向的、进步性的、先进的文化成果，是民族优秀文化精华凝固、发展、创新的历史过程，不是无中生有，也不能脱离传统文化根源。因此，"时代精神是精神产品及精神生产的精华。从静态的横断面上看，它代表着时代先进的文化成果，折射时代对精神的最高需求；从动态上看，它必须凝聚传统文化中的精华，符合时代潮流的走向，代表先进的更高形态文化的发展趋势"。⑤

党的十八大以来，我国进入了社会主义现代化建设的新时代，社会政治、经济、文化等各方面都取得了丰硕的成果；在社会主义现代化建设的伟大实践中，也凝聚出了具有时代特征的精神谱系。习近平总书记指出："实现中国梦必须弘扬中国精神。这就是以爱国主义为核心的民族

---

① 韩迎春、刘灵：《推进"民族精神"与"时代精神"融合发展》，《中南民族大学学报》（人文社会科学版）2019年第5期。

② 许斗斗：《"精神"与"时代精神"的哲学探索》，《福建师范大学学报》（哲学社会科学版）2021年第2期。

③ ［德］黑格尔：《哲学史讲演录》第一卷，贺麟、王太庆等译，商务印书馆1959年版，第56页。

④ 《习近平谈治国理政》第二卷，外文出版社2017年版，第47—48页。

⑤ 谢梅成、夏聘庭：《铸魂：大学生思想政治教育的理论与实践》，光明日报出版社2018年版，第117页。

精神,以改革创新为核心的时代精神。"① 改革创新是时代精神的核心,也是对时代精神品质的高度概括。任何思想文化都不应该是静止的,与时俱进是思想文化创新发展的本质特征。"创新是一个民族进步的灵魂,是一个国家兴旺发达的不竭动力,也是一个政党永葆生机的源泉。"② 时代精神是不断丰富发展的,跟上时代发展是精神文化永葆青春活力的根本。同样,新时代中国特色社会主义乡村伦理构建只有跟上时代的步伐,彰显新时代的伦理文化,做到伦理自觉,才能服务于新时代的乡村建设。那么,新时代中国特色社会主义乡村伦理构建应该彰显哪些时代精神呢?有学者认为当今中国的时代精神是"以改革创新为核心的,统筹协调、绿色低碳、开放包容、共建共享"③ 的精神;也有学者认为时代精神是不断丰富发展的,"解放思想、与时俱进、以人为本、依法办事、公平诚信、科学和谐等"④ 也是时代精神的内容。理想信念、人民至上是时代精神之基,斗争精神、务实创新、求同存异、互学互鉴、合作共赢等都是时代精神的体现。⑤ 时代精神是永续发展的,因此,乡村伦理构建也应该是随着时代发展,在乡村现代化的过程中与时俱进的过程。

2. 继承乡土中国伦理的文化自信

新时代中国特色社会主义乡村伦理是具有中国特色的伦理,具有中国特色的伦理是根植于中华民族五千年文明史的、凝聚中华优秀传统文化的、在中国特色社会主义伟大实践中体现出的具有时代特征的伦理。中国特色立足于中华文化、中华民族、中国社会、中国现实,这是乡村伦理建构的根基。

习近平总书记指出:"中国特色社会主义文化,源自于中华民族五千多年文明历史所孕育的中华优秀传统文化,熔铸于党领导人民在革命、建设、改革中创造的革命文化和社会主义先进文化,植根于中国特色社

---

① 中共中央文献研究室编:《习近平关于社会主义文化建设论述摘编》,中央文献出版社2017年版,第3页。
② 《江泽民文选》第三卷,人民出版社2006年版,第64页。
③ 刘建军:《新发展理念:时代精神的核心内容》,《学校党建与思想教育》2017年第11期。
④ 韩震主编:《社会主义核心价值体系研究》,人民出版社2007年版,第189页。
⑤ 孙兰英:《新时代精神丰碑的内在逻辑及传承》,《人民论坛》2021年第15期。

会主义伟大实践。"[①] 这是对中国特色的最好诠释,是构建中国特色社会主义乡村伦理的基本依据和构建方向。首先,新时代中国特色社会主义乡村伦理立足于中华优秀传统文化。在几千年的文明发展中,中华儿女孕育了独特的、博大精深的中华文化,这是中华民族自强不息、永续发展的精神动力。每一个民族、每一个国家都有自己的思想文化,这是支撑民族、国家发展的灵魂,是永远不可丢弃的精神命脉。我们是从历史走向未来的,是在延续民族文化血脉中开拓进取的,乡村伦理建设必须在实现传统文化的创造性转化、创新性发展过程中,继承传统、面向未来,不忘本来、吸收外来,构建起具有中国精神和鲜明中国价值、富有中国力量的乡村伦理。其次,新时代中国特色社会主义乡村伦理立足于当代中国社会。新时代乡村伦理立足、反映当代中国,解决当代中国现实问题。任何伦理的形成都不可能脱离所处的时代背景,党的十八大以来,中国特色社会主义现代化建设进入了新时代,已经完成了从"站起来"到"富起来"的转变,正在迈向"强起来",社会主要矛盾已经转化为"人民日益增长的美好生活需要和不平衡不充分的发展之间的矛盾"。共同富裕、公平正义、民主法治被更加关注,社会面临着新特点、新矛盾和新问题。新时代需要新文化,新文化要服务于新时代,建设具有中国特色社会主义文化是政治、经济、社会发展的需要,是实现中华民族伟大复兴的要求。当代中国既面临中华民族伟大复兴战略全局又面临世界百年未有之大变局,伦理文化是软实力,是衡量国家综合实力的最重要的因素。全球文化交流日益频繁,文化多样化成为发展趋势,"人类命运共同体"意识成为共识;如何在坚定文化自信的基础上吸纳和融合世界文明成果,时时考验着新时代中国特色社会主义伦理文化建设。最后,新时代中国特色社会主义乡村伦理立足于中国乡土。乡村既是地域单元,也是文化单元,立足中国乡土社会就是当下的中国社会主义乡村,它不同于传统乡村,也不同于现代城市。立足当代中国乡村既是伦理建构的社会基础,也是伦理建构面临的问题。新时代乡村是社会主义市场经济条件下的乡村,公平、效率、平等、契约、竞争、诚

[①] 习近平:《决胜全面建成小康社会 夺取新时代中国特色社会主义伟大胜利——在中国共产党第十九次全国代表大会上的报告》,人民出版社2017年版,第41页。

信以及互利意识已经被普遍接受；基层党组织成为乡村组织化的核心，家庭小型化、独立化成为主要形式，法治化思维被普遍认同，新的公共空间、公共规则和公共精神随着社会转型在重新被建构。同时，新时代乡村伦理构建也是解决当前乡村伦理问题的需要，社会转型必然面临传统伦理式微，只有弄清楚转型过程中出现的伦理问题，才能找到新伦理构建的方向和目标，从而建构起适应新时代乡村社会发展变化的新伦理。

3. 体现中国特色社会主义核心价值

新时代中国特色社会主义乡村伦理具有鲜明的社会主义特征，体现社会主义的价值取向。乡村伦理价值存在于村民的精神理念中，对村民行为起着指引作用，对于乡村生产、生活活动的各个环节都有重要影响，对乡村运行起着重要的制约作用。乡村伦理的价值取向，在于规范人与人、自然、社会之间的伦理关系，是人类满足个人欲望与社会秩序和谐之间的一种平衡机制。乡村伦理要调节乡村人际关系，反映乡村人与人之间的交往规范，是规范村民行为的道德规范。从功利论的视角理解乡村伦理价值，能够维护社会稳定、维持社会秩序的伦理就是好的伦理。如果乡村伦理不能很好地维持社会生产和生活秩序，就没有自身存在的条件，就会出现"礼崩乐坏"。很多风俗习惯在对历史的批判中被淘汰，既有风俗本身价值取向的问题，同时也是由于与现实生活不相适应。从道义论的视角分析乡村伦理，只有符合正确伦理价值追求的伦理才是好的、善的伦理。乡村伦理价值体现在村民的精神风貌中，引导村民行为，使村民行为趋于合理性与正义性的一种软约束。对乡村伦理的内化，成为村民自我约束和管理的内心法则，是实现乡村善治的必要手段。乡村伦理所指向的公平、正义等伦理规范，成为乡村伦理价值的意义所在。从这个意义上来说，厘清乡村伦理价值的评价标准至关重要，这是个历史问题，也是一个阶级问题，与不同的社会道德标准有关，伦理道德要维持什么样的社会秩序。因此，价值取向是伦理的核心要素，决定伦理的基本性质，不同的价值取向其伦理关系的维持基础不同。中国传统伦理以儒家道德思想为核心，其价值取向是天下为公、为政以德、德教为先、修身为本，主张"重义轻利""以义制利"，要在社会奉献中体现个人价值。人与人之间的伦理关系更看重的是情义，而不是利益，鄙视和贬低对金钱和物质利益的追求。而西方伦理是以个人为本位的，其价值指向是个人利益的实现，认为个人利益神圣不可侵犯，这是天赋人权，功利成为他们的价值追求，伦理关系受到金钱物质利益的左右，理性和算计是伦理关系的应当。中国特色社会主义乡村伦理一定不能丢弃社会主义的价值指向，它既是社会主义的，又是中国特色的。这就是说"中国特色社会主义对于科学社会主义既不丢老祖宗，又别开生面；不是僵化教条地'照着讲'，也不是另起炉灶地'另外讲'，更不是改旗易帜地'反着讲'，而是继承发展地'接着讲''接着干'，是沿着科学社会主义方向继续开拓前进"。[①]

新时代中国特色社会主义乡村伦理必须以社会主义核心价值观为引领，社会主义核心价值观涵盖了国家、社会与个人层面的价值目标。首先，中国特色社会主义是乡村伦理转型的本质规定，建设"富强、民主、文明、和谐"的社会主义现代化强国，实现中华民族伟大复兴是乡村伦理价值愿景的目标，社会主义核心价值观保证了乡村伦理转型的基本价值追求，乡村伦理建设是社会主义核心价值观的实践路径。其次，实现社会全面进步是乡村伦理的目标，"自由、平等、公正、法治"是乡村伦理关系的价值取向，这种社会关系的营造是新农村建设成效的主要表现，是新时代中国特色社会主义乡村伦理的应然。最后，实现人的全面发展是乡村伦理的应有内容，"爱国、敬业、诚信、友善"是对每个公民的基本价值要求，要通过社会主义核心价值观引领乡村伦理建设，提升村民的道德水平，培养忠国爱民、孝老仁爱、向善崇德、诚实互助的新农民。因此，坚持伦理转型的党建引领，就是在党的领导下，以立党为公、执政为民为理念，保证乡村伦理发展方向的正确性。

（二）新时代中国特色社会主义乡村伦理建构的原则

原则是行为的依据和准则，新时代中国特色社会主义乡村伦理建构必须坚持马克思主义理论的为指导，坚持以人民为中心，坚持继承与创新相结合，坚持循序渐进、实现乡村全面进步的原则。

[①] 中共中央宣传部编：《中国特色社会主义学习读本》，学习出版社 2013 年版，第 8 页。

1. 坚持以马克思主义理论为指导的原则

马克思主义理论是中国特色社会主义的指导思想，中国特色社会主义现代化建设只有在马克思主义理论指导下，才能保证社会主义道路不偏离方向。马克思主义理论在我国的指导地位是历史的必然、人民的选择，是中国革命和建设实践证明了的正确选择。坚持以马克思主义理论为指导的原则，就要以马克思主义中国化的最新成果为依托，特别是以习近平新时代中国特色社会主义思想为引领。坚持以马克思主义理论为指导的原则，就要做到以下几点。

第一，坚持马克思主义伦理观在新时代乡村伦理建构中的指导地位。马克思主义伦理思想是建立在辩证唯物主义哲学观基础上的，揭示了社会主义道德的形成和发展规律，是从人们的道德实践生活出发，反映人们对道德生活需要的伦理思想。坚持马克思主义伦理观，就是要在社会主义现代化建设过程中做到解放思想、实事求是、与时俱进，用马克思主义伦理思想分析现实的道德问题，坚持用矛盾的观点、联系的观点和发展辩证的观点分析道德现象，把马克思主义伦理观的普遍原理应用到中国改革开放的伟大实践中，通过对社会主义道德建设规律的认识，不断解决新时代中国的伦理现实问题。坚持求真务实、开拓创新的精神，不断发展马克思主义伦理观，反对教条主义、本本主义和主观主义，不断开辟马克思主义伦理思想的新领域、新境界，把马克思主义伦理思想与中国改革开放现代化建设紧密结合，取得更新的理论成就。

第二，用中国化马克思主义伦理思想的最新成果指导乡村伦理建设。中国化的马克思伦理思想是马克思主义伦理思想与当代中国伦理实践的结合，并且在吸收、改造、转化中国传统伦理文化的基础上，使马克思主义伦理思想具有了中国特色、中国气派，使马克思主义伦理思想具有鲜明的时代性、民族性和实践性。是党领导全国各族人民在社会主义革命和建设过程中的理论创新，彰显了中国的马克思主义者在社会主义革命和社会主义现代化建设过程中的道德智慧，特别是加深了对社会主义市场经济条件下伦理道德建设规律的认识。在公民道德建设、职业道德建设、社会公德、家庭美德和个人品德建设等方面都提出了科学的论断，是对社会主义伦理思想的不断深化和发展，成为我们最宝贵的精神财富，代表了马克思主义伦理思想的最高水平。必然为中国特色社会主义伦理建设提供强大的思想武器，也对人类道德文明建设作出了重要贡献，推动了21世纪马克思主义伦理思想的繁荣，为中国特色社会主义事业发展，为实现中华民族伟大复兴奠定伦理思想基础。

第三，以习近平新时代中国特色社会主义思想为根本遵循。"习近平新时代中国特色社会主义思想是当代中国马克思主义、21世纪马克思主义，是中华文化和中国精神的时代精华，实现了马克思主义中国化新的飞跃。"[1] 这一新飞跃是在新时代中国特色社会主义现代化建设过程中推进理论创新和实践创新的基础上形成的马克思主义中国化理论，"是立足时代之基、回答时代之问、引领时代之变的科学理论"[2]。对我国新时期的政治建设、经济建设、文化建设、法治建设、社会建设和生态文明建设进行了新定位、新概括、新阐述，[3] 回答了"新时代坚持和发展什么样的中国特色社会主义、怎样坚持和发展中国特色社会主义的重大时代课题"[4]。新时代乡村伦理建构只有在习近平新时代中国特色社会主义思想的指导下，才能在新的时代实现乡村新的重生。伟大的实践必须有伟大的理论指引，新时代中国乡村变革是前所未有的，其发展定位于社会主义现代化强国，是"强起来"的中国乡村社会的战略布局，习近平新时代中国特色社会主义思想为这一巨变提供了强有力的思想保证。

2. 坚持以人民为中心的原则

实现最广大人民群众的利益是伦理建构的标准，一切损害人民群众利益的行为都是不道德的，这是伦理判断的基本依据。坚持以人民为中心，就要在新时代中国特色社会主义乡村伦理建构中，体现人民群众的意志和意愿。"坚持人民主体地位，坚持一切为了人民、一切依靠人民，彰显了人民是历史的创造者、人民是真正英雄的唯物史观，彰显了以人

---

[1] 《中国共产党第十九届中央委员会第六次全体会议文件汇编》，人民出版社2021年版，第48页。《中共中央关于党的百年奋斗重大成就和历史经验的决议》，人民出版社2021年版，第26页。

[2] 中共中央宣传部：《习近平新时代中国特色社会主义思想学习问答》，人民出版社2021年版，第8页。

[3] 杨玉成：《习近平新时代中国特色社会主义思想的新定位新概括新阐述》，《中国井冈山干部学院学报》2022年第1期。

[4] 中共中央宣传部：《习近平新时代中国特色社会主义思想学习问答》，人民出版社2021年版，第1页。

为本、人民至上的价值取向,彰显了立党为公、执政为民的执政理念。"①这是乡村伦理构建的目标、依据和路径。

第一,以人民为中心是乡村伦理建构的目标。让人民群众过上美好生活,实现中华民族伟大复兴是中国共产党人的伦理目标。毛泽东倡导"全心全意为人民服务",邓小平提出了"三个有利于",江泽民提出"三个代表"重要思想,胡锦涛提出"以人为本"的科学发展观,习近平指出:"人民对美好生活的向往,就是我们的奋斗目标。"这是对中国特色社会主义本质的阐释,新时代中国特色社会主义乡村伦理就是要建构和谐乡村关系,让广大人民群众在自由、平等、公正和法治的乡村社会中充分享有自己的权利和利益。坚持以人民为中心,就要尊重人民群众的主体地位,实现人民自由而全面的发展。在家庭中形成孝敬老人、夫妻和睦、平等互敬的伦理关系;在公共伦理中形成互助友爱、相互尊重、权利义务、自由和谐的伦理关系;在经济伦理中形成诚实守信、平等公正、勤俭节约、互利共赢的伦理关系;在环境伦理中形成代际平等、尊重自然、持续发展、共建共享的伦理关系。

第二,以人民为中心是乡村伦理建构的依靠力量。构建中国特色社会主义乡村伦理必须为了人民、依靠人民,形成"人人有责、人人尽责、人人享有"的乡村伦理共同体。"共生"是人类生活的本质,每个人都是乡村伦理秩序的享有者,是和谐乡村关系的受益者,这是乡村伦理共建共治的逻辑基础。坚持以人民为中心的伦理构建观,就是明确乡村伦理构建依靠谁、为了谁和怎么建的问题,把"建""治""享"统一起来,"建"是"治"的前提,"治"是"建"的保障,"享"是"治"的目标。以人民为中心的伦理建构观解决了伦理建构的主体、动力、目标等问题,让人民群众共享伦理构建的成果、伦理治理的成效。马克思主义认为,没有无权利的义务,也没有无义务的权利,人民共享伦理建设的成果,也应该承当伦理建设的义务,要发挥好每个主体的作用,让每个人都肩负起促进社会发展的责任,激发每个人的积极性,只有这样才能最大限度地达成伦理共识。

---

① 中共中央宣传部:《习近平新时代中国特色社会主义思想学习问答》,人民出版社2021年版,第6—7页。

第三，以人民为中心是乡村伦理实现的基础。从乡村伦理的建构到乡村伦理的实现，都需要人民群众的支持。只有真正做到以人民为中心，才能激发人民群众建构乡村伦理的积极性，乡村伦理才能体现人民意志、维护人民利益，从而才能获得人民认同，形成伦理共识。乡村伦理必须被人们普遍认可和践行，只有大部分人遵守乡村伦理规范，才能使这种新型伦理关系由外在约束变为行为自觉，进而成为行为习惯。任何伦理规范被遵守都需要一个长期的实践过程，这既是教化的结果，也是人民意愿被尊重的结果；在开放、自由、价值多元的新时代，人民群众只有真正成为乡村伦理共同体的主人，成为乡村伦理秩序的受益者，才能成为乡村伦理的建构者、维护者和践行者。

3. 坚持继承与创新相统一的原则

文化具有鲜明的传承性，它是在人类社会长期生产生活实践中凝聚形成的，所有历史时期的文化都是在继承传统文化基础上的创新发展，"继承与创新相辅相成，统一于人们的社会实践活动"。[1] 新时代中国特色社会主义乡村伦理既有鲜明的时代特点，也有深厚的民族特征，是面向未来不断创新发展的新型伦理。乡村变迁是历史发展的必然，乡村伦理创新也就成为时代的要求，有创新也就必然有继承，正如马克思所说："人们自己创造自己的历史，但是他们并不是随心所欲地创造，并不是在他们自己选定的条件下创造，而是在直接碰到的、既定的、从过去承继下来的条件下创造。"[2] 同样，如果乡村伦理不随着实践要求进行创新与变革，也不可能有生命力。

坚持继承与创新相统一的原则，要批判地继承中国传统乡村伦理道德文化。当今，虽然市场化、现代化和全球化进程在不断影响着乡村，乡村伦理仍然是最具地域特色、传统特色的伦理。乡村分布的地域广泛，不同时代、不同地区和不同民族有着不同的伦理文化和道德传统，而这又是长期以来维持乡村秩序的伦理道德文化，表现为行为方式、风俗习惯和传统礼仪等。丰富的中国传统伦理思想，是新时代中国特色社会主义乡村伦理的源泉和基础。伦理文化是一个长期发展的过程，其内容总

---

[1] 陶国相：《科学发展观与新时期文化建设》，人民出版社2008年版，第69页。
[2] 《马克思恩格斯选集》第一卷，人民出版社2012年版，第669页。

是与特定的自然环境和时代要求相适应的。但是，优秀的伦理文化精华是一个民族长期发展的根基，具有相对稳定性，代表一个民族的整体意识和行为趋向，这是民族文化发展过程中必须继承的文化基因。中华优秀传统伦理蕴含丰富，它是"高尚的爱国情感、健康的民族心理和良好的民族礼仪等的总和"。[①] 例如，传统伦理思想中的公忠观是调节国家利益、民族利益和社会集体利益的基本道德规范，也是中华民族生产发展的精神支柱。提倡为社会尽责、为天下效忠的献身精神，要为国家建功立业；当个人利益与国家、集体利益发生冲突的时候要做到公而忘私。还有很多处理个人与他人关系的道德规范，如正义、仁爱、孝慈、诚信、宽恕、礼让等现在仍然是我们建构乡村伦理的道德财富。当然，批判继承传统伦理文化，也要采取扬弃的态度，继承其积极方面，摒弃其消极因素，这是对待传统文化的正确态度，是马克思主义文化观的基本观点。从一定时代的文化标准来看，文化存在着进步与落后、积极与消极、正面与负面的两面性，只有取其精华、去其糟粕才是真正的继承。

另外，继承中国传统优秀伦理道德文化，必须实现传统乡村优秀伦理文化的创造性转化、创新性发展。习近平总书记指出："创造性转化，就是要按照时代特点和要求，对那些至今仍有借鉴价值的内涵和陈旧的表现形式加以改造，赋予其新的时代内涵和现代表达形式，激活其生命力。创新性发展，就是要按照时代的新进步新进展，对中华优秀传统文化的内涵加以补充、拓展、完善，增强其影响力和感召力。"[②] 必须站在建构新时代中国特色社会主义乡村伦理的高度来继承传统乡村伦理。任何文化都离不开具体的时空特点，要从时代的特点审视传统伦理文化，适应社会主义现代化实践的要求。创造性转化是在继承传统伦理文化过程中的转化，对传统伦理文化的"内容和表现形式加以改造"，是理性的、符合时代精神和要求的继承。创新性发展就是在创造性转化的基础上，对传统优秀伦理文化的内容进行补充、拓展、完善。创新是中华民

[①] 李卓文：《中国传统伦理的继承与超越》，《三峡大学学报》（人文社会科学版）2004年第4期。

[②] 中共中央宣传部编：《习近平总书记系列重要讲话读本》，人民出版社、学习出版社2014年版，第101页。

族文化最显著的特点，只有通过转化和创新才能适应新时代人民群众对精神文化生活的需求，才能在更广泛的范围发挥传统伦理文化的魅力。要做好优秀传统伦理文化在乡村伦理建构中的转化和创新，首先要保持中华伦理文化的基本特性，始终坚信只有中华民族的传统伦理文化才能支撑起中华民族伟大复兴的宏伟事业。其次要跟上新时代发展的要求，只有不断创新发展文化才有生命力，停滞不前就会落后，不能创新就没有活力，也没有前途，中国传统乡村伦理文化只有体现社会主义先进文化的新要求，积极吸收外来文化优秀成果，才能让新时代中国特色社会主义乡村伦理建构跟上时代发展的步伐，为新时代乡村建设提供文化支持。

4. 坚持统一性与多样性相结合的原则

新时代中国特色社会主义乡村伦理是统称，是对新时代中国乡村伦理本质属性的概括。从历史的角度来看，乡村伦理文明是继承发展的过程，每一个阶段的伦理都是满足乡村发展需要的，由一定的经济基础和上层建筑决定的伦理文化。建构新时代中国特色社会主义乡村伦理，同样是在继承优秀传统乡村伦理文化的基础上，体现新时代社会主义乡村发展要求的伦理文化，与传统乡村伦理有着本质区别。新时代中国特色社会主义乡村伦理建构必须坚持马克思主义理论，以习近平新时代中国特色社会主义思想为指导，坚持社会主义核心价值观，体现社会主义文化的本质要求，体现时代特点和时代精神，适应社会主义市场经济需要，以建设中国特色社会主义现代化新农村为目标，这是新时代中国特色社会主义乡村伦理建构的统一性要求。同时，我们也应该看到，中国乡村地域广大，各地文化传统各异，经济社会发展水平不同，乡村伦理建构在遵循统一性要求的同时，也应该体现多样性的要求。乡村伦理文化是丰富多彩的，是具有鲜明地方特色的，是由不同的乡村发展道路和历史传统决定的。尊重乡村差异，就要尊重乡村伦理文化的差异性，乡村伦理建构必须符合地域文化和民族文化特点的要求。这既是尊重乡村发展历史，体现乡村文化特点的表现，也是更好地实现乡村自治的需要。

不能用统一性否定多样性，也不能用多样性排斥统一性，二者是辩证统一的。统一性规定了乡村伦理建构的性质，多样性尊重了乡村伦理的差异，表明了乡村伦理应该各具特点。多样性中有统一性的要求，统一性中应该有多样性的存在，要发挥价值引领的一元化，允许多元化的表现形式，实现统一与包容相结合。一切以乡村发展、实现人民群众最大福祉为目标。只有坚持统一性才能保证多样性不至于偏离方向，失去发展的基础和动力；多样性就是要承认差异，是统一性的具体体现，统一性以多样性为前提，没有多样性统一性既不能存在也无法发展。中国特色社会主义乡村伦理是对新时代各个地域、各个乡村的多样性乡村伦理的概括和总结。新时代中国特色社会主义乡村伦理建构是具体的，而不是抽象的，我们总是在一定地域、特定乡村进行伦理建构的。从我们对全国各地乡村伦理建构的实践来看，乡村文明建设搞得比较好的地方，都是有自己特色的乡村，都是能够根据乡村现状，特别是乡村历史文化传统进行伦理文化建构的乡村。有特色才有长久生命，各个乡村的伦理建构都有其特殊性，有不同的矛盾和问题，必须尊重各个乡村发展的历史，特别是风俗习惯和文化传统，不能搞"一刀切"。坚持统一性与多样性相统一的原则，就是要求乡村伦理建构必须坚持正确的发展方向，体现中国特色社会主义文化对乡村伦理的要求；同时也要创新实现方式，丰富表达形式，体现历史性、地方性和民族性。

5. 坚持推动乡村全面进步的原则

通过伦理建设推动乡村全面进步，是乡村伦理建设的宗旨和目标。要通过乡村伦理建设为乡村工作制定伦理制约，明确乡村全面进步的价值追求，对乡村建设进行伦理审视。要立足当前农村经济社会发展的现实需要，推动新时代乡土伦理文化的理性建构。伦理文化制约乡村发展，乡村全面进步是伦理文化建设的出发点和归宿，只有坚持乡村伦理建构为乡村全面振兴战略服务，才是乡村伦理建构的正确方向。

新时代中国特色社会主义乡村伦理的构建要为乡村发展提供正确的价值引领，指明乡村振兴战略的价值追求。要始终把农民对物质和精神文化的需要作为乡村伦理建构的目标，培养乡村文明，形成良好的家风和民风，不断提升农民的精神道德风貌，让新型乡村伦理成为乡村发展的推动力，在满足农民道德需求的同时，促进乡村和谐、有序地发展，在乡村全面振兴中发挥道德的作用。要为乡村振兴战略提供不竭的精神动力，农民是乡村建设的主体，激发主体的积极性是乡村发展的主要因素。要调动农民在乡村发展中的积极性，为乡村发展作出自己的贡献，就必须在乡村发展目标上能够最大程度地满足农民的需要，这就要求乡村发展目标与农民的价值诉求高度统一。新时代中国特色社会主义乡村伦理就是以农民为中心的伦理，通过实现"农业强、农村美、农民富"让农民过上好日子，实现了农民需要与乡村全面振兴目标的契合。同时，通过伦理建构也提高了农民的道德素质，使其能够更好地理解国家、集体和个人之间的利益关系，增强了农民建设社会主义新农村的主动性和积极性，为乡村全面振兴凝聚强大的精神动力。

新时代中国特色社会主义乡村伦理的建构要为乡村发展营造良好的道德环境，新时代乡村伦理建构的目标是"文明乡风、良好家风、淳朴民风"，这对乡村经济发展、政治建设、文化发展等方面都是十分重要的。产业兴旺要有好的道德秩序，诚实守信、公平公正、自由平等是市场经济的生命，只有形成这样成熟的市场体系，才能促进生产发展。同时，一个乡村良好的道德秩序，农民具有的良好道德涵养，以及美丽的生态环境，都是其重要的文化品牌，对于乡村旅游、农产品销售、招商引资都有积极作用。公平正义是乡村政治建设的基础，没有良好的伦理精神就不能实现公平正义，只有通过乡村伦理建构，培育农民的伦理精神，才能在社会实践中发挥作用，促进乡村治理，构建和谐乡村。

（三）新时代中国特色社会主义乡村伦理建构的内容

新时代中国特色社会主义乡村伦理是社会主义本质特征的体现，根本任务是建设文明乡村，实现乡村和谐，培养村民良好的道德品质。乡村伦理关系是通过乡村道德规范实现的，乡村道德规范是新时代乡村伦理的重要内容。

1. 基本内涵

新时代中国特色社会主义乡村伦理是在习近平新时代中国特色社会主义思想指导下，中国传统伦理与时代精神相融合，反映新时代乡村经济和社会发展现实，为乡村振兴战略服务的伦理。回答了建设什么样的乡村伦理、如何建构乡村伦理的问题，是中国乡村伦理发展的新阶段、新形式、新内容。新时代中国特色社会主义乡村伦理以社会主义核心价值观为灵魂，以社会主义乡村道德建设为主体，涵盖了乡村治理伦理、乡村经济伦理、乡村公共伦理、乡村家庭伦理和乡村生态伦理，是对乡村生产生活的全面规范。是以全面提升农民道德素质，培育新型村民为目标，具有时代性、民族性和实践性的乡村伦理。是中国特色社会主义伦理的重要组成部分，包括一系列的伦理价值、伦理原则和道德规范，是新时代乡村道德实践经验的总结，体现了马克思主义道德观，继承了中国传统伦理智慧，吸收了当代世界优秀伦理成果，是对中国特色社会主义乡村伦理规律的新认识。

新时代中国特色社会主义乡村伦理是社会主义本质的体现，社会主义的本质要求是消灭贫困、消除贫富差距，实现共同富裕。"共同富裕是社会主义的本质要求，是人民群众的共同期盼。"[1] 经济基础决定上层建筑，上层建筑要反映经济和社会发展的要求，实现维护社会发展的功能。伦理文化是社会意识形态，社会主义伦理文化反映社会主义社会的本质要求。因此，"共同富裕具有鲜明的时代特征和中国特色，是全体人民通过辛勤劳动和相互帮助，普遍达到生活富裕富足、精神自信自强、环境宜居宜业、社会和谐和睦、公共服务普及普惠，实现人的全面发展和社会全面进步，共享改革发展成果和幸福美好生活"。[2] 共同富裕的伦理要求就是要关注村民的幸福，提高村民的幸福指数，在平等互助中给予每一个村民发展的机会，保证村民的平等参与、平等发展的权利，建立公平的分配机制、完善的社会保障体系。坚持社会主义公有制的主体地位，要求个人利益服从集体利益，集体利益服从国家利益，坚持社会主义集体主义原则，以社会主义集体的力量实现社会公共利益的公正平等、和谐协调地分配。发扬社会主义互助友爱、一方有难八方支援的精神，让村民感受到社会主义大家庭的归属感、获得感和安全感。

新时代中国特色社会主义乡村伦理要以村民为本，以全心全意维护村民利益为主旨，以实现人的自由全面发展为目标。政治伦理表现了政府和人民之间的关系，以人民利益为中心还是以统治阶级为中心，反映了一个国家政治伦理的价值取向。中国共产党的领导是中国特色社会主

---

[1] 《中共中央关于制定国民经济和社会发展第十四个五年规划和二〇三五年远景目标的建议》，人民出版社2020年版，第54页。

[2] 《中共中央国务院关于支持浙江高质量发展建设共同富裕示范区的意见》，人民出版社2021年版，第2页。

义最本质的特征,只有中国共产党的领导才能成功开创中国特色社会主义道路,党的十九大报告指出:"中国特色社会主义是改革开放以来党的全部理论和实践的主题,是党和人民历尽千辛万苦、付出巨大代价取得的根本成就。"① 中国共产党的领导也是中国特色社会主义的最大政治优势;一方面是指只有坚持中国共产党的领导才能保证中国特色社会主义不变色、不变质;另一方面是指中国特色社会主义与中国共产党的宗旨是一致的。中国共产党是工人阶级的先锋队,是中华民族的先锋队,从中国共产党的成立起,农民就是工人阶级最可靠的同盟军,维护广大人民群众的利益是社会主义社会的宗旨,同样是中国特色社会主义乡村伦理的宗旨。以村民为本的乡村伦理要把促进村民全面发展作为根本目的,在政治、经济和文化建设中,要以满足村民的全面发展为需要,要尊重村民、为了村民、依靠村民,凸显村民在道德生活和社会生活中的地位和价值。

新时代中国特色社会主义乡村伦理的根本任务是建设文明乡村,实现乡村和谐。乡村振兴战略不只是获得物质上的满足,更要让乡村变为精神文明的高地,特别是在衣食住行获得满足以后,精神需求就更为重要和迫切。乡风文明是乡村振兴战略的软实力,在乡村振兴战略中容易被忽略的地方,也是乡村发展的短板,特别是在传统文化与时代精神交接转型的时期,更容易出现文化荒原。新时代中国特色社会主义乡村伦理是新时代乡村文明的重要内容,是乡村新风貌的伦理道德呈现;是社会主义核心价值观引领下的社会共识,要形成听党话、跟党走、知荣辱、讲正气、有和谐的乡村氛围;是村民科技素养、法治素养不断提高的过程,使乡村文化生活繁荣、公共文化服务体系完善、民间艺术资源焕发生机;是移风易俗,变革陈规陋习实现社会风气新转变的过程;是建设乡村生态优美、绿色发展、具有民族特色魅力乡村的过程,是乡村旅游与乡村风尚协调发展的过程。新时代乡村伦理是乡村全面振兴的重要内容,同时也是推动乡村全面振兴的动力源泉和软实力基础,通过乡村伦理建构,既要继承传统伦理文化,更要发挥好社会主义先进伦理文化的

---

① 习近平:《决胜全面建成小康社会 夺取新时代中国特色社会主义伟大胜利——在中国共产党第十九次全国代表大会上的报告》,人民出版社2017年版,第16页。

引领作用，充分发挥村民的主体地位，以村民需要为出发点，积极开展新时代乡村伦理建构，提升村民素质和乡村文明的程度。实现村民之间、村民和乡村基层组织之间、村民与自然环境之间的和谐。

新时代中国特色社会主义乡村伦理以培养村民良好的道德品质为基础。村民是乡村建设的主体，是乡村伦理的实践者，只有让村民认同新时代乡村伦理，形成村民良好的道德品质，才能让新时代中国特色社会主义乡村伦理真正落地生根。习近平总书记指出："构筑中国精神、中国价值、中国力量，为人民提供精神指引。"[1] 新时代中国特色社会主义乡村伦理内含的中国精神、中国价值，只有成为村民的集体认同，才能变成乡村力量，为村民提供精神指引。中国价值是中国传统伦理与时代精神的融合发展。伦理是处理人际关系的根本道德和原则，虽然时代在发展，但是人与人之间的基本人伦关系是不变的，中国传统伦理很多内容产生于封建社会，历史悠久，源远流长，其中的优秀传统伦理文化的精华会一直存在于中华文明的血脉中，成为中华民族几千年来的文化积淀，是最具有包容性和生命力的文化。但是，我们必须将传统伦理中封建主义的、不科学的内容剔除，就是相同的题目在新时代也有了不同的内涵。继承和弘扬中华传统伦理是一个自然的历史过程，是要为新时代中国特色社会主义乡村建设服务的。新时代中国特色社会主义乡村伦理，要在坚持马克思主义伦理观的基础上，把传统伦理融入并改造成为新时代中国特色社会主义伦理。让村民树立新时代乡村伦理观，同样需要转变村民的传统伦理思想，既不能丢掉传统伦理文化的基本精神，例如老实忠厚、朴实善良、勇敢正直、勤俭节约、敬老爱幼、扶贫济困、平等公平等，也要随着时代的发展树立社会主义伦理道德观念，例如爱祖国、爱人民、热爱集体、热爱劳动、先公后私、团结互助、移风易俗、诚实守信、互相尊重等。要逐步形成和完善村民的道德人格，要通过道德教育实现道德认知，通过道德实践提高道德品格，养成良好的道德行为。

2. 道德规范

作为行为准则的道德规范，是对人与人之间关系的协调，以此调节

---

[1] 习近平：《决胜全面建成小康社会　夺取新时代中国特色社会主义伟大胜利——在中国共产党第十九次全国代表大会上的报告》，人民出版社2017年版，第23页。

人们的行为。伦理是人伦关系的道理,是人与人之间关系的"应然",维系这种关系是通过道德规范来实现的。道德规范在本质上规定了判断人们行为的正义与不正义、善与恶、美与丑、荣与辱等的标准,从而起到约束人们行为的作用,实现外在规范的道德他律向道德自律的转化,变为人们自觉的道德行为。乡村伦理关系主要包括村民之间的关系、村民与乡村基层组织干部之间的关系、乡村家庭成员之间的关系以及乡村、村民与乡村生态环境之间的关系。乡村道德规范主要包括政治道德规范、基层组织干部道德规范、经济道德规范、公共道德规范、家庭道德规范和生态道德规范。

第一,乡村政治道德规范。政治道德规范是指村民在政治方面的基本道德要求,是社会主义核心价值观在乡村关系中的应然要求。适应新时代中国特色社会主义的乡村伦理要求,乡村政治道德规范要以集体主义为原则,以爱党、爱国、爱家乡、爱社会主义为基本要求,坚持社会主义核心价值观;热爱劳动,热爱科学,具有社会责任感。《中共中央国务院关于全面推进乡村振兴加快农业农村现代化的意见》指出,要"在乡村深入开展'听党话、感党恩、跟党走'宣讲活动"。[①] 中国共产党是中国革命和建设的领导核心,只有在党的领导下才能取得社会主义现代化建设的胜利,只有在党的坚强领导下,人民群众才能过上好日子。爱党与爱国、爱家乡、爱社会主义是一致的,爱国是对祖国的一种深厚情感,是积极支持国家的发展和建设,是对祖国的归属感、认同感和荣誉感,是作为一名中国人而感到骄傲和有尊严,是为祖国发展和强大而献身的精神。习近平总书记强调,要让"人民有信仰,国家有力量,民族有希望。要提高人民思想觉悟、道德水准、文明素养,提高全社会文明程度"。[②] 农业是国家的基础,广大农民是社会主义现代化建设的中坚力量,要教育广大农民具有爱国情感、集体主义意识,坚持"四个自信",树立正确的世界观、人生观、价值观,实现社会主义核心价值观的大众

---

① 《中共中央国务院关于全面推进乡村振兴加快农业农村现代化的意见》,人民出版社2021年版,第23页。

② 习近平:《决胜全面建成小康社会 夺取新时代中国特色社会主义伟大胜利——在中国共产党第十九次全国代表大会上的报告》,人民出版社2017年版,第42页。

化。要热爱劳动，提高科学素养，培养现代农民，以高度的责任感建设好美丽家乡。

第二，乡村基层组织干部的道德规范。乡村基层组织是党在基层的代表，是党的路线方针政策的落实者，直接面对广大人民群众，他们的一言一行关系党和国家的威信，对于实现乡村治理、乡村社会的稳定有着重大的责任。乡村干部是乡村建设的引路人，必须处理好与村民之间的关系，以及与上级领导之间的关系。"以吏为师"是中国的传统，农村富不富，关键看支部，支部强不强，关键看干部。基层干部的道德行为具有很大的示范性，只有起到带头和表率作用，才能搞好乡村的思想道德建设。这就要求基层干部做到勤政务实、廉洁自律、一心为民、率先垂范、尊法守法、办事公道。勤政务实就是要树立正确的责任观、公仆观和政绩观，党的干部是人民的公仆，不是官老爷，全心全意为人民服务是党的宗旨，是党员干部的基本要求，要奉献社会，为民办实事，在平凡的工作中作出不平凡的贡献。

勤政务实还必须廉洁自律，严格要求自己，树立正确的权力观、群众观，稳住思想、管住行为、守住清白，对党的政治纪律和政治规矩心存敬畏，在政治上始终与党中央保持一致，做群众的贴心人、党的好干部，处处起到模范带头作用，做遵法守纪的模范。为民办事用心，为民服务专心，以人民利益为重，实事求是，坚持公平，群众利益无小事，做群众信任、让党放心的基层干部。

第三，乡村经济道德规范。新时代中国特色社会主义乡村经济建设，必须遵循社会主义市场经济条件下的伦理关系。经济关系以利益为纽带，经济活动以利益实现为目标。马克思主义认为："人们为了创造历史，必须能够生活，为了生活，首先就需要衣、食、住和其他必需品。因此，人类的第一个历史活动就是生产满足这些需要的资料，即生产物质生活资料本身。"[1] 生产是经济活动的基础，分配、交换也是实现经济利益的方式和途径，消费是目的，又影响生产。经济活动的生产、分配、交换和消费四个环节都不是孤立的活动，体现着人与人之间的关系，人与人之间的关系影响着经济活动的过程和结果。这种关系就是经济伦理关系，

---

[1] 朱传棨：《恩格斯哲学思想研究论稿》，人民出版社2012年版，第105页。

通过道德规范调节和规制人的行为，实现经济价值、社会价值和道德价值的统一。乡村经济道德规范主要有：勤劳节俭、诚实守信、公平正义、共同富裕。中国人勤劳勇敢，创造了中华民族的灿烂文明，不劳而获是可耻的，劳动最光荣。要尊重劳动、尊重劳动人民、珍惜劳动成果，倡导勤劳致富，科学种田，既要积极参加劳动，同时也要增强劳动本领。努力劳动，学会劳动，敬重手艺人，尊重和学习劳动模范，在乡村社会形成劳动最光荣的道德风尚。尊重劳动就会珍惜劳动产品，中华民族既是勤劳的民族，也是节俭的民族，这是一种美德。节俭是合理的消费，是对劳动成果的珍惜和尊重，节俭不等于不消费，不是不追求美好生活，而是杜绝浪费，以更好地实现美好生活，是更高层面的文明道德行为。

诚实是做人的本分，要求人们做到诚心、诚言、诚行，就是要言行一致。我们常说将心比心，诚以待人，不欺骗不隐瞒，才能获得别人的信任和尊重，因此，诚实相处才能获得双赢。诚是信的根本，不能做到诚实就谈不上守信，一个不诚实的人很难让人相信。做人诚实，才会有信誉，才会有市场，信用是市场经济的灵魂。信用是获得相信、信任和信托的基础，在市场经济中讲信誉，产品才会有竞争力，才会有长期合作的基础。

利益分配必须坚持公平正义的原则，没有无义务的权利，也不应该有无权利的义务，享有权利和承担义务是统一的，按劳分配，多劳多得，少劳少得，不劳不得，通过诚实劳动获得利益才是正当的，否则就会歪曲人们的劳动观、价值观和消费观。共同富裕是社会主义制度的本质特征，实现共同富裕是社会主义的大道德，公平正义包括劳动公平、分配公平和消费公平，体现"按劳分配，效率优先，兼顾公平"的原则。要有奉献精神，要调动所有人的积极性，在共建、共治、共享中体现社会主义社会的优越性，实现每个人的自由而全面发展。

第四，乡村公共道德规范。公共道德是调节人们在公共场所的行为，维护公共生活正常运行，需要全体成员共同遵守的基本道德规范。乡村公共生活主要包括乡村社会公共秩序、乡村公共卫生、乡村公共设施、乡村公共活动和乡村公共安全。要保证乡村生活的正常进行，必须有相应的规范和准则，主要有风俗习惯、宗教戒律、道德规范、村规民约、法律规范和各种制度等，道德规范是维持社会秩序的基础。乡村公共道德规范主要有：团结友善、邻里和睦、助人为乐、扶弱助残、文明礼貌、移风易俗、破除迷信、爱护公物、拾金不昧、遵纪守法等。公共生活是多方面的，这些道德规范在乡村公共生活的各个方面都能起到调节社会矛盾、维持良好秩序、构建和谐关系的作用。

　　乡村是一个共同体，是全体村民彼此联合、相互交往的公共领域，每一个人都是利益相关者，有着共同的利益追求，共同体为每个人提供了生活和发展的需要，人离不开共同体。维持共同体的秩序既需要人际情感基础，也必须有道德规范调节，从而形成人与人之间合理的伦理关系。团结是互助的基础，要战胜生产和生活中的困难，解决个体能力的弱小，需要相互照应、共克难关，邻里互助一直是中国传统乡村的优良品德，但是，由于受到市场经济的影响，这种互助在很多地方已经不复存在，讲功利成了一些人信奉的真理，造成了人情冷漠、世态炎凉。中国特色社会主义乡村伦理必须重建村民之间的伦理关系，让村民之间的互助友善、扶弱助残成为社会主义大家庭的温暖体现。要消灭乡村陋习，一些不文明、不健康的生活习惯必须改变，要养成健康、文明、科学、进步的生活方式，与封建迷信思想、不良思想观念决裂，充分发挥乡村熟人社会的人们注重人情关系、注重社会评价的传统，提升村民的道德修养，树立正确的荣辱观念。要教育村民爱护公共财物，提高个人素养，形成损坏公共财物可耻的社会氛围，让公共舆论和乡规民约成为约束人们行为的外在法，让内心的道德律成为自觉的行为指向。

　　第五，乡村家庭道德规范。新时代乡村家庭关系与传统家庭关系相比已经发生了很大的变化，家庭规模缩小，主要以核心家庭为主，家族关系淡漠。家庭伦理关系主要表现为夫妻之间、子女和父母之间以及兄弟姐妹之间的关系。从夫妻之间的伦理关系来看，应遵守婚姻自由、夫妻和睦、忠诚婚姻、夫妻平等、勤俭持家等道德规范。夫妻关系是家庭伦理关系的主角，是家庭存在的依据和基础，夫妻关系决定家庭是否和睦与幸福。我国婚姻法明文规定要实行婚姻自由，任何人不能干涉他人的婚姻自主，这既是法律规定，也是道德要求。任何外力强制，既是不道德的，也是违反法律规定的。夫妻之间的权利与义务是平等、一致的，双方都负有对家庭的义务和责任，也享有各自的权利，只有平等相处才能和睦相处。夫妻之间要忠诚信任、和睦相处，不能欺骗对方，不能背叛婚姻。勤俭持家是保证家庭和谐的物质基础，物质生活是家庭稳定的基础。家庭生活不只有罗曼蒂克，还有柴米油盐，家庭需要经营，既要经营情感，也要经营物质财富。从子女与父母之间的伦理关系来看，应遵守抚育责任、赡养责任、孝敬父母、尊老爱幼的道德规范。家庭是人类繁衍的基础，一代代人之间在传宗接代中延续，父母有抚育子女的责任，子女只有在父母的抚育下才能长大成人，为社会抚育健康的下一代是父母的责任和义务。子女有赡养老人的责任，中华民族传统文化的核心价值就是孝，孝是个人道德品质中的最重要内容，一个不孝敬父母的人很难有对他人的关爱、关心和帮助，孝成为考察人的基本道德品质的依据。家庭成员之间的伦理关系还有兄弟姐妹之间的关系，所有家庭成员之间应该形成民主平等的关系，要和睦相处，既要母慈子孝，也要兄友弟恭、相互尊重。每一个家庭成员的全面发展，是家庭和睦的基础，每一个家庭成员都要有民主发言权，每个人都有自己的独立人格，家长专制、重男轻女是传统封建思想观念。新时代中国特色社会主义乡村家庭伦理应该具有民主平等意识，包括夫妻平等、男女平等、兄弟姐妹平等；夫妻之间应该相互尊重，父母和孩子之间应该相互尊重、兄弟姐妹之间应该相互尊重。家和万事兴，家庭和睦则社会和谐，家庭成员之间只有践行应有的角色期待，遵守角色道德规范就才实现家庭和睦。

第六，乡村环境道德规范。环境是人类生存和发展的基础，大自然为人类提供了生产生活的空间和自然资源，人类要利用环境就必须保护环境。乡村是离生态环境最近的地方，农业生产主要是利用自然资源进行的生产，保护生态环境农村责任重大。保护环境一定要协调好人与环境之间的关系，节制人类行为，遵守环境道德规范。环境道德规范主要有：爱护环境、尊重自然、绿色生产、节约资源、生活节俭、适度消费、讲究卫生等。人与环境互惠互利、共存共荣，人类对大自然的爱护是对自己未来的负责。只有爱惜动植物，保护生态平衡，才能实现可持续发展。要树立天人合一的理念，要尊重自然，倡导绿色生产，杜绝那些急功近利、污染环境、破坏生态的行为，不能为了眼前利益损害长远利益，不能为自己的利益损害下一代人的利益。坚决与破坏生态环境的行为作斗争，特别是破坏土地资源、乱用化肥农药、任意排放污染物等行为。热爱土地，热爱山河，倡导绿色生产，要不断地提高农业生产的科学技术水平，改变传统的以消耗自然资源为主的生产方式，通过采用现代科学技术和工艺手段，改进生产方法，节约自然资源、科学开发自然资源。把开发、利用自然与保护自然统一起来，自然资源不只是我们这一代人的资源，也不是某些人自己的资源，而是人类共同的资源，也是子孙后代的资源，一味地索取资源而不去保护是不道德的。要坚持人类整体利益高于一切的理念，在利用自然资源、维护自然生态平衡的问题上具有献身精神，以我们的无私道德，为子孙后代留下一片绿荫。要把保护生态环境和节约自然资源统一起来，要减少生产对环境的破坏，要形成节俭的生活方式，充分利用绿色能源，倡导低碳生活。既要保护自然环境，也要保护生活环境，讲究卫生是公共道德的要求，也是环境道德的要求。改变传统生活中的不卫生、不健康的生活方式，加强人居环境整治，建设美丽乡村、绿色乡村、整洁乡村。

第五章

新时代中国特色社会主义乡村伦理建构的实践路径

新时代中国特色社会主义乡村伦理的建构是时代的要求，是乡村全面振兴的要求，是实现人民群众美好生活的要求。乡村伦理的建构是一个长期的过程，受一定社会的政治、经济和文化的影响，必须发挥乡村基层组织、乡村模范和全体村民的主体作用，通过机制建设、制度保障让新时代中国特色社会主义乡村伦理成为村民的自觉选择，促进社会主义乡村文明水平显著提高。

一 新时代中国特色社会主义乡村伦理建构的社会基础

伦理调节社会关系，同时也是社会关系的反映，伦理要随着社会发展而发生相应的变迁，实现对新的社会关系的调节。新时代中国特色社会主义乡村伦理，是适应新时代中国特色社会主义乡村变迁的伦理，是与更高水平的经济发展、更加文明的政治关系以及更高程度的文化发展相适应的伦理，建立在经济发展、政治文明和文化繁荣的基础之上。

（一）经济发展：乡村伦理建构的经济基础

经济基础决定上层建筑，经济发展水平制约伦理建设；伦理反作用于经济发展，为经济发展提供伦理支持。虽然经济发展不会自动提升社会伦理道德水平，但是经济发展为伦理道德建设提供了物质基础，制约伦理道德建设现状。建构新时代中国特色社会主义乡村伦理，必须提高与新时代相适应的经济发展水平，新时代是"决胜全面建成小康社会、进而全面建设社会主义现代化强国的时代。……是全国各族人民团结奋斗、不断创造美好生活、逐步实现全体人民共同富裕的时代"。[1] 新时代中国特色社会主义必然是生产力高度发达的社会，与社会发展水平相适应，新时代中国特色社会主义乡村伦理应该是更高层次、更加文明、更加进步的伦理，是乡村伦理发展的更高阶段，是新时代社会主义现代化强国的乡村伦理。

1. 全面建设社会主义现代化乡村

发展是硬道理，"发展是解决我国一切问题的基础和关键"。[2] 社会矛盾只有在经济发展中才能得到根本解决，经济发展为问题解决提供物质基础和手段。2020年我国农村脱贫攻坚任务如期完成，全面建成小康社会，经济发展取得了突破性成就，开始向全面建设社会主义现代化乡村迈进。这不仅是经济在数量上的增长，更是经济质量的提高。习近平总书记指出："现阶段，我国经济发展的基本特征就是由高速增长阶段转向高质量发展阶段。"[3] 经济高质量发展就是经济结构更加合理，粗放式发展向集约式发展转变，更加注重科技创新，提高绿色发展水平，实现经济发展成果的全民共享。习近平总书记指出："发展必须是科学发展，必须坚定不移贯彻创新、协调、绿色、开放、共享的发展理念。"[4] 新发展理念，不但促进了经济高效发展，同时也带动了精神文明建设。

乡村社会环境是乡村伦理建构的根基，乡村伦理是调节人与人之间关系的需要。要实现乡村经济的高质量发展，必须创新乡村治理理念，实现乡村伦理的现代转型，支持乡村振兴战略的实施；同时乡村经济的高质量发展也促进了新型乡村伦理的建构。乡村的现代化，是物质文明水平高度发达的现代化，生产力水平提高，经济高度发展，意味着人们

---

[1] 中共中央宣传部编：《习近平新时代中国特色社会主义思想学习纲要》，人民出版社2019年版，第15—16页。
[2] 《习近平谈治国理政》第三卷，外文出版社2020年版，第17页。
[3] 中共中央宣传部编：《习近平新时代中国特色社会主义思想学习纲要》，人民出版社2019年版，第111页。
[4] 《习近平谈治国理政》第三卷，外文出版社2020年版，第17页。

的生活有了更好的物质保障、有了更好的居住环境、有了更好的生活条件，人们对精神生活就有了更高的要求，精神面貌将得到根本性的改变。当前乡村伦理问题的危机，主要是经济发展水平低、人们生活较为困难造成的，特别是"功利化"造成了对道德的要求降低。无论是乡村家庭伦理还是公共伦理和生态伦理都受经济发展的制约，人们生活水平提高了，家庭成员之间的矛盾就会减少，对老人的孝敬就不会由于经济原因而受影响。人们生活水平提高了，公共道德水平也会提高，古人曰："仓廪实而知礼节，衣食足而知荣辱。"经济发展了，人与自然的矛盾就会得到缓和，人们不再为了生计不惜牺牲良好的生态环境，更注重好的居住生活环境，更注重绿色无害农产品的生产，从而具有了更强的环保意识，更重视环境保护。经济发展为乡村治理提供了经济保障，必须重视经济手段在制约和调节人们行为中的作用，我们在大量的乡村调查中发现了一个普遍的规律，乡村经济发展好，乡村精神文明建设也好，越是经济落后的乡村，乡村道德建设越落后。例如，可以通过经济手段对乡村道德模范进行奖励，对于违德行为进行经济处罚，使道德行为不只是获得精神鼓励，也有了物质奖励的支持，这样能够对乡村道德建设起到引领、带动作用。经济保障也有利于村规民约制度的贯彻执行，现在很多乡村在伦理道德建设过程中制定了村规民约，以调节村民的道德行为，对新时代乡村伦理建构起到了很好的促进作用。但是，村规民约没有强制执行力，只能靠干部督促、传统习俗和村民舆论监督约束村民行为，对一些不自觉的村民来说，执行效果就会打折扣。实践证明，通过经济奖励和处罚，能够很好地保证村规民约的执行力。因此，乡村培育新风尚、培养新道德，既需要精神文明建设，同样需要通过大力发展经济，保障和促进精神文明的成果。环境整治、道德宣传、公共活动空间的建设以及公共文化活动的开展，都依赖乡村经济的发展。乡村全面振兴首先是经济的振兴，这是促进乡村整体发展的前提条件。

2. 提高村民的经济生活水平

乡村振兴战略的价值指向是实现人民群众对美好生活的向往，经济发展是提高农民生活水平的基础。村民生活水平的提高为自我发展提供了更好的条件，促进了村民对精神生活的需要，也促进了自我道德修养的提高。

第一,村民物质生活水平的提高,为自由全面发展创造了条件。美好生活是通过劳动创造的,建筑在丰富的物质财富基础之上。马克思主义按照人的存在和发展状态,把人类社会的发展阶段分为"人的依赖关系""物的依赖关系"和"自由个性"阶段,只有在"自由个性"阶段人才能获得全面发展。这一阶段的特点:一是社会物质财富极大丰富,生产力高度发展,人们从被动的物质生产过程中解放出来;二是人实现了自由发展,消除了劳动对人的统治,劳动成果是人自由全面发展的物质基础;三是人拥有了自己的时间,人们不再为基本的物质生产而奔波,可以发展自己全面的个性,对生活品质有更高的追求,对安全、和谐、美好、绿色的生活有更多的需要。因此,生产力发展水平低,经济生活不富裕,劳动就还是谋生的手段;只有经济生活水平提高,才能实现谋生劳动向创造性劳动的转变。在创造性劳动中,人的精神生活才有自觉发展的条件,人能够在自我教育、自我塑造中提升自己。马克思主义认为:"生产的发展使不同社会阶级的继续存在成为时代错乱。……人终于成为自己的社会结合的主人,从而也就成为自然界的主人,成为自身的主人——自由的人。"① 在创造性劳动中提升村民的道德素质,形成崇尚劳动光荣、尊重科学的社会风气,自我实现的程度得到发展,过上有道德的生活。

第二,村民经济生活水平的提高,促进了对精神生活的更高追求,乡风文明成为美好生活的重要组成部分。物质需要和精神需要并行俱进,人们不仅需要充裕的物质生活,精神追求更是美好生活的重要内容。马克思主义认为:"发展着自己的物质生产和物质交往的人们,在改变自己的这个现实的同时也改变着自己的思维和思维的产物。不是意识决定生活,而是生活决定意识。"② 精神追求作为一种形而上的意识,以物质生活条件为基础,又超越物质生活并给予引领,解决物质生活的意义问题,从而促进人们精神生活的发展和精神素质的提高。新时代中国特色社会主义乡村伦理是规范和引领乡村生活的伦理,是促进乡村经济发展、实现美好生活的价值指引。新时代中国特色社会主义乡村伦理的建构标志

---

① 《马克思恩格斯文集》第九卷,人民出版社 2009 年版,第 398 页。
② 《马克思恩格斯选集》第一卷,人民出版社 2012 年版,第 152 页。

着乡风文明达到了较高的水平，标志着村民道德境界的极大提升，为经济发展提供伦理支持，乡村文明程度更高，村民精神状态更好，从而实现经济发展与精神提升的双向互促。

第三，村民经济生活水平的提高，促进了村民个体道德修养的提升。乡风文明的实现必须提升村民主体的精神境界，村民良好的伦理道德修养是其精神世界的重要组成部分。社会性是人的本质属性，人是具体的、历史的"现实的人"，马克思指出："人们在自己生活的社会生产中发生一定的、必然的、不以他们的意志为转移的关系，即同他们的物质生产力的一定发展阶段相适合的生产关系。这些生产关系的总和构成社会的经济结构，即有法律的和政治的上层建筑竖立其上并有一定的社会意识形式与之相适应的现实基础。"[1] 人的状态一定是具体的生活条件下的人，人的精神世界，包括伦理道德是难以超越具体的现实生活的，人的生活实践是伦理道德思想的基础。按照马斯洛需要层次理论，在基本的物质需要得到满足以后，就会产生更高层次的需要，一直到自我实现的需要。当村民的经济生活水平提高以后，就会重新思考物质与生活需要的关系，就会对"有意义的生活"进行全新定义，更加重视生活安全、人际和谐、生态环保、绿色无害等。道德行为是相互的，前提是理解与认同，希望人际关系是什么样的，就会从自己做起，尊重别人的人才能得到别人的尊重，帮助别人的人才能获得别人的帮助，人世间的美好一定是人们共同创造出来的。同时，经济生活水平提高了，也就有更多的时间、精力和能力进行学习和娱乐，不但提升了生活质量，而且提高了自我的修养和素质，促进了乡村精神文明建设。

3. 实现全体村民的共同富裕

新发展理念强调共享，就是经济发展不能是少部分人的发展，而应该是全体人的发展。我们承认发展的不平衡性，特别是在市场经济的竞争中，总有一部分人先富起来。社会分化和社会差距有利于竞争环境的形成，有利于鼓励先进鞭策后进，有利于形成正常的市场秩序。但是，我们认为这是一种手段，而不应该是目的。中国特色社会主义的本质特征是共同富裕，让每一个人都有获得感、归属感是我们的宗旨，要让每

---

[1] 《马克思恩格斯文集》第二卷，人民出版社 2009 年版，第 591 页。

一个人都体会到社会主义大家庭的温暖。我们重视竞争，但是同样也重视共享，没有竞争就没有活力，就不会促进生产力的发展；没有共享就不能解决社会矛盾，就会形成社会冲突，影响社会安定。实现全体村民的共同富裕，对乡村伦理道德建设的意义体现在以下几个方面。

第一，共同富裕奠定了伦理建构的物质基础。共同富裕首先是经济上的富裕，是全体人民达到的一种富足状态，是社会整体经济条件的根本改变。整体富裕才是真的富裕，贫富差异不但会影响经济秩序，更会影响社会秩序，特别是引发社会矛盾，不但会增加道德问题，更会增加法律问题。共同富裕有利于形成社会良好的道德风尚，经济富裕了，人们不再为生计所困，对于经济利益的追求更加理性，避免利益相争造成的社会矛盾，有利于形成相互帮助的社会氛围，避免唯利是图、侵害他人行为的发生。共同富裕促进共同奋斗，共同富裕彰显了共同的责任，权利与义务是对等的，要享受物质财富必须付出劳动，诚实劳动、尊重劳动、珍惜劳动产品的美德就会成为人们的共识。从社会结构上来说，纺锤形社会是最稳定的社会结构，中产阶层增多，人们生活普遍富裕安逸，人们就会珍惜这样的社会局面，就会减少违法犯罪现象的发生，社会道德风气会发生根本好转。

第二，共同富裕契合了中国传统伦理中的扶贫济困、无私奉献、团结友爱、互相帮助、勤劳勇敢、自强不息等价值理念。这些传统伦理规范锻造了中国传统文化的特征，也应成为现代道德文化内容，行善施恩是实现社会公平、社会和谐有序发展的需要，这是一种通过伦理手段调节社会分配关系、追求社会效益最大化的手段。一般来说，劳动产品的初次分配靠市场，再次分配靠政府，三次分配靠道德。共同富裕既是社会主义的本质体现，是国家治理的过程，同时也是社会主义伦理道德的建设过程，这一渐进过程践行了社会主义道德规范，优化了社会风气，提升了公民的道德水平。

给予每个人发展机会，让每个人成为社会发展成果的享有者，是社会共建的需要，也是社会主义伦理道德的传播过程。共同富裕就是社会主义伦理文化在现代市场经济中的彰显，体现了社会的公平正义，尊重了每个人的生存权和发展权，让不同收入的群体在融洽中和谐，缓和社会矛盾，营造良好的生产和生活环境。当前，有一些人认为共同富裕是对有钱人的剥夺,是劫富济贫,会损害有能力、肯付出者的积极性和创造性。其实,这是错误的认识,共同富裕不是平均主义,不是削高补低,不是养懒汉,而是通过有效的机制让每一个人都有发展的机会和动力。我们提倡致富思源、义利兼顾,发挥公益事业在发展中的作用,这是一种道德分配,是社会道义的体现。财富是人类发展的物质保障,只是手段而不应该成为目的,过有意义的生活才是人类应有的本质,道德生活就是值得过的生活,从物质财富的创造到自我实现需要的满足,是人需要的最大满足,同时也是道德境界的更高层次追求。

第三,共同富裕体现了人与人之间的伦理价值取向,是社会主义伦理的本质要求。共同性是人类社会人与人关系的反映,从根本上来说是生产关系的反映。共同劳动、共同生活是人类的本质特征,在漫长的历史发展过程中形成的人与人之间的关系规范,在本质上是要维护共同性的存在和发展,保证共同体的和谐,从而实现共同体的目标。维护共同体的规范有传统习俗、各种禁忌、宗教、道德和法律制度等。富裕是一种生活状态,主要是指经济上的富足,人们有更好的生活条件、更好的社会保障、更好的生活环境。共同富裕是共同体全体成员的生活状态,不单代表生产力水平的提高,更意味着人与人之间关系的本质性改变。少数人占有大部分劳动产品、大多数人占有少部分劳动产品的社会是不公平、不正义的社会,在这种"大多数人的贫穷和少数人的富有"的社会中,"前者无论怎样劳动,除了自己本身以外仍然没有可出卖的东西,而后者虽然早就不再劳动,但他们的财富却不断增加"。[①] 这是不合理、不道德的。共同富裕是对每个人价值的尊重,认为共同体中的每一个人都是社会的建构者,都为社会发展做出了自己的贡献。共同富裕是中国特色社会主义的本质特征,是全面建设社会主义现代化国家的战略选择,是"以人民为中心"的具体体现。尊重人民群众在社会共建中的主体作用,充分体现了发展为了人民、发展依靠人民、发展成果由人民共享的发展理念,体现社会公平正义,道德地对待社会共建过程中的每一个劳动者的劳动、每一个劳动人民的利益,让人民群众在共同富裕中实现个人的价值和尊严。

[①] 《马克思恩格斯选集》第二卷,人民出版社1995年版,第260页。

(二)政治文明:乡村伦理建构的政治基础

政治文明与社会伦理建设的关系密切,政治文明建设对社会伦理建设具有促进作用,同样社会伦理建设对政治文明建设具有重要影响。政治文明是政治伦理在政治实践中的价值表现,政治伦理的性质受政治思想、政治价值、政治制度影响,决定政治文明的发展程度。社会主义政治文明是人类政治文明的更高阶段,是社会主义制度的本质体现。中国特色社会主义政治文明,是坚持党的领导、人民当家作主、依法治国有机统一,发展社会主义民主政治的政治文明,体现了马克思主义政治伦理精神。乡村政治文明建设是乡村伦理建构的重要内容,是乡村伦理建构的政治基础。乡村政治文明关系乡村物质文明、精神文明、社会文明和生态文明建设,关系乡村稳定和发展,关系乡村伦理道德建设的现状。

1. 加强党对乡村工作的领导

中国特色社会主义最本质的特征是中国共产党领导,中国特色社会主义制度的最大优势是中国共产党领导。乡村政治建设的首要任务就是发挥基层党组织在乡村建设中的领导核心作用,当好党在基层的代表,坚持人民当家作主,坚持以人民为中心,全心全意为人民服务。增强乡村基层党组织在乡村建设中的战斗堡垒作用,发挥党员的模范带头作用,以良好的政治建设带动伦理道德建设。

只有坚持党和政府的领导,才能保证中国特色社会主义乡村伦理的发展方向,才能坚持社会主义道路。新时代乡村建构是新时代的文化建设,坚持党的领导是被中国革命和建设的成功经验所证明了的,是中国革命与建设经验的总结。中国特色社会主义道路是乡村建设的根本,中国乡村建设必须坚持社会主义道路。正因为我们始终坚持党的领导,坚持中国特色社会主义道路,新中国才真正实现从站起来、富起来到强起来的转变,我们才离中华民族伟大复兴的中国梦越来越近。中国共产党组织领导上的引领主要体现在这样几个方面:从经济上来看,我们是共产党领导下的社会主义国家,有强大的社会主义公有制作为基础,中国特色社会主义市场经济已经全面建立并且比较成熟;第一、第二、第三产业融合发展,生产力发展水平大幅度提高,人民生活水平极大提高,社会主义制度优越性被广泛认同。从政治上来看，中国共产党是凝聚、团结全国各族人民力量的领导核心，人民民主专政的国体和人民代表大会制度的政体，使人民充分行使当家作主的权利。乡村群众自治制度已经成为中国特色社会主义民主政治在乡村治理领域的实现形式，成为健全乡村治理体系的核心内容，为乡村伦理的发展提供了优越的政治保障。从文化上来看，党和政府倡导的以为人民服务为核心，以集体主义为原则的道德观念逐步形成；个体意识增强，公共伦理精神显现，自由、平等、竞争、公平、诚信等观念深入人心；优秀传统道德思想在时代传承中得以创新；社会主义核心价值观得到普遍认同。从社会发展来看，在党和政府的领导下，特别是改革开放以来，社会实现了全面小康，人民富了起来，社会主义制度优越性充分体现，社会认同度高，人口流动、生产生活方式、社会结构、农民思想观念等都发生了显著变化，这一切为乡村伦理的党建引领提供了可能性。

提高乡村基层党组织在乡村建设中的领导核心作用，要夯实乡村伦理治理的政治基础，乡村治理是否有力量，基层党组织的作用至关重要，习近平总书记指出："农村要发展，农民要致富，关键靠支部。"[①] 农村基层党组织是农村各种工作的领导核心，是搞好农村工作的坚强战斗堡垒。基层党组织在乡村社会的虚化、弱化、边缘化的问题，在一些地方不同程度地存在。一般来说，党的基层领导出现"三化"问题的乡村，社会风气都不会好，甚至存在被黑恶势力控制的危险，也就不会形成良好的乡村伦理。乡村治理好的地方，基层组织在乡村的威望高、有号召力，深得群众信任，特别是基层党支部书记具有良好的政治素养、领导水平。搞好乡村伦理治理必须提高基层党组织的民主执政、依法执政和科学执政水平，使基层党组织成为农村发展的领头雁，基层党支部书记成为乡村发展的主心骨，基层党员成为农村发展的排头兵。基层党组织是党在农村的代表，是党在乡村社会的领导核心，是党的路线方针政策在乡村社会的落实者，是乡村公共事务的管理者。农村基层党组织对乡村伦理的建构提供政治保证，为农村伦理文化建设把握方向、价值指导、提供服务，要充分发挥基层党组织在乡村伦理文化建设中的作用。基层党组

---

① 《习近平谈治国理政》，外文出版社2014年版，第190页。

织是乡村经济发展的引领者，经济发展是农村发展的根本源泉，基层党组织要发挥好领导、服务功能，特别是党员干部要带头致富，帮扶村民致富。基层党组织是乡村先进文化的引领者，坚持社会主义文化方向是乡村发展的精神动力，要让社会主义核心价值观引领农村文化，让村民感受到社会主义先进文化的魅力，并占领农村文化市场。基层党组织是乡村文明的引领者，基层党员一定要起到模范带头作用，走在乡村文明的前列，要成为助人为乐的典型、保护环境的模范、孝老敬老的先进、遵纪守法的榜样。

2. 实现乡村治理现代化

乡村政治文明是乡村治理绩效的体现，乡村治理是一种治理理念和手段，乡村治理的目标是要实现乡村的政治、经济、社会、环境和文化的发展，是充分发扬民主，尊重人民群众当家作主的权利，加强依法治国的体现。党的十九大报告指出："加强农村基层基础工作，健全自治、法治、德治相结合的乡村治理体系。"[1] 这既表明了"三治"在社会治理中的作用，也说明"三治"之间的关系，社会治理依赖乡村伦理道德建设，实现乡村治理现代化既有利于乡村伦理道德建设，也是乡村伦理道德建设的重要内容。

实现乡村治理现代化，就要充分发挥人民群众当家作主的权利，尊重村民的主体地位。新时代乡村治理现代化的目标是实现乡村善治，充分体现治理为了人民、治理依靠人民、治理成果由人民共享的伦理目标，要通过社会治理解决好村民最关心、最迫切、最现实的利益问题，促进乡村公共服务体系建设，保障公共安全，健全社会保障制度，让人民群众的需要成为社会治理的出发点和落脚点。以人民群众满意不满意、高兴不高兴、答应不答应作为社会治理效能的标准，充分体现中国特色社会主义政治伦理的价值追求，为乡村政治文明奠定基础。

实现乡村治理现代化，引领乡村文化的价值取向。任何社会治理都追求一定的价值目标，这是社会治理最重要的内容，是主导乡村发展方向、影响乡村价值取向的重要因素，它通过倡导什么、反对什么引领村

---

[1] 习近平：《决胜全面建成小康社会 夺取新时代中国特色社会主义伟大胜利——在中国共产党第十九次全国代表大会上的报告》，人民出版社2017年版，第32页。

民行为,让人们形成正确的善恶、美丑、耻辱的价值观。"见利忘义"是一种价值观,"以义取利"也是一种价值观,只有树立正确的价值观,才能具有正确的行为。要通过乡村治理,向乡村社会传递正确的伦理价值观,形成乡村社会正确的价值取向,以此影响村民的价值观。在治理实践中,大力宣扬爱国主义、集体主义、社会主义核心价值观,让村民增强爱党、爱国、爱家乡的政治意识;大力倡导公平正义、诚实守信、遵纪守法、互帮互助、孝老爱亲、保护环境等社会公德,让社会主义核心价值观成为引领乡村文明的价值灵魂。乡村治理所倡导的价值观是提升乡村文明程度,丰富村民精神世界,陶冶情操、追求高尚的重要途径,是对村民精神世界的塑造,进而影响村民的社会行为,进而对乡村治理起到促进作用。

乡村治理有利于构建乡村和谐社会关系,实现乡村的有序发展,调节乡村价值关系、利益关系和伦理关系,解决乡村社会矛盾,有利于规范村民的思想和行为,以此实现伦理目标,践行道德规范。思想是行为的先导,有什么样的认识,就会有什么样的行为。社会治理首先要解决思想问题,通过社会认知来规范行为选择,这是实现社会治理目标最根本的约束力。在中国传统社会治理中,始终是把思想控制作为社会治理的前提,只要改变了人的思想观念,就能控制人的行为。社会治理通过对村民行为的约束、规范,使他们在不自觉中养成行为习惯,把外在约束变成一种内在的心理需求,从而使社会治理更具稳定性、长久性。因此,乡村治理可以提高村民的道德水平,让村民养成良好的道德习惯,在社会治理中实现乡村道德社会化的功能。治理是对群体力量的整合,要形成合力,必须形成共识,这是村民伦理道德观念重塑的过程,是村民道德认识提高的过程,也必然成为村民道德行为践行的过程。改变乡村道德风尚,塑造文明乡风,实现社会治理在价值引领、行为规范、和谐社会关系中的作用。

3. 推进乡村党风廉政建设和反腐败斗争

乡村政府直接面向群众,乡村各种工作直接与农民接触,乡村的党风廉政建设直接关系着党和政府在人民群众中的形象,关系着党和政府的威信。搞好乡村的党风廉政建设是村民最能看得见、摸得着的,最能感受到党和政府作风的地方,党风关系政风,政风关系民风,对于促进乡村伦理建设具有重要的作用。

第一，乡村党风廉政建设关系乡风文明建设。"上面千条线下面一根针"，乡村干部聚焦党的路线方针政策，是传达者、落实者和执行者，他们能否正确贯彻党中央路线的方针政策，是关系基层社会稳定、关系群众利益的大事。同时他们又是最了解群众的人，他们熟悉群众呼声，知晓群众关切，如果他们能够一心为群众办实事，及时把群众的疾苦反映到决策机构，就能够为党的决策提供重要参考。因此，乡村基层党员干部起着承上启下的作用，他们是党在基层的代表，他们的一言一行被群众认为是党的声音，如果他们能够真正做到清正廉洁、一心为民，就会让广大群众信任、拥护党的领导；如果乡村党政干部利用党同人民群众交付的权利为自己谋私利，就会严重影响党的形象。农村基层党风廉政建设关系乡村稳定，关系乡村社会风气，党风廉政建设搞得好的乡村，可以极大地改善党群关系、干群关系和群众之间的关系，就会在村里形成风清气正的良好社会氛围，就会使人们之间的关系融洽，村民就会团结一致、共克难关，改变乡村面貌，实现物质文明和精神文明的整体发展。

第二，乡村党政干部是乡村文明建设的引领者。乡村党政干部是党的政策的传达者、党服务群众的执行人、党教育群众的示范者、党的宗旨的践行者，他们的一言一行具有更强的示范性，往往比普通人的影响力更大。这些党政干部，一般是乡镇或村里的领导，或者是基层的执法人员，他们是公权力的代表，是行使国家权力的人。群众对他们是信任的，是寄托希望的，他们是"为民做主""公平公正的代表"，应该是行为模范、道德模范，他们是对群众的革命理想和革命信仰影响最大的人。一个主要领导者会影响一个地区的政治生态、道德生态和社会风气。干部率先垂范，群众就会勇往直前；干部讲信用，群众就会有干劲；干部带头遵守法律，群众就会依法办事。要求群众做到的，领导干部必须自己首先做到，这样才能得到群众的拥护。领导干部是群众看得见的政治文明践行者，从他们身上可以体现干部的清正、政府的清廉以及政治的清明，领导干部要用自己良好的形象，维护社会公平正义、风清气正的社会文明环境。

第三，必须严肃查处发生在村民身边的不正之风和腐败现象。村民身边的腐败案件不能小觑,虽然涉及腐败的钱财金额可能不是很大,但是影响更严重、危害更广泛,一些研究者把这种腐败称为"微腐败",一般来说,涉案主体的权力不大,腐败行为涉及的钱财不多。这类案件更具有隐藏性、迷惑性、广泛性和影响性,因为这类案件离群众较近,发生在群众身边,所以对群众的影响更大,往往成为一个地方人们关注的焦点,并且这类腐败案件损害的是群众的切身利益,与群众利益关切更紧密,产生的影响更恶劣。现今,发生在群众身边的不正之风和腐败问题仍然比较突出,而且在一些地方演变成腐败与黑恶势力相互勾结损害百姓利益的问题。有些基层领导干部放纵、包庇黑恶势力,甚至充当他们的保护伞,这些干部是影响乡村社会发展、破坏乡村社会风气的毒瘤。事实也一再证明,只要有一个地方的村干部出现了腐败问题,这个地方的干群关系、村民之间的关系就不好,任人唯亲、办事不公、假公济私现象就比较突出,群众意见就大,乡村事务就难以开展,乡村政策、制度的贯彻执行就难,进而影响政风、民风、家风。

(三) 文化繁荣:乡村伦理建构的文化基础

乡村文化是乡村伦理的精神基础,文化具有治理功能,新时代乡村伦理建构必须重视文化建设,充分发挥乡村文化的社会引领功能。强调乡村文化建设,不是乡村没有文化,而是要形成与新时代相适应的,价值取向正确,积极向上、健康的乡村文化。构建新时代中国特色社会主义乡村文化是时代的需要,是乡村发展的需要,是解决乡村文化价值混乱、取向多元、主体精神缺失问题的重要举措,是新时代中国特色社会主义乡村伦理建构的需要。要大力发展乡村教育,加强道德教育,为乡村伦理建设打下文化基础;丰富乡村公共文化,引领乡村文化价值取向;营造健康向上的网络文化。

1. 大力发展乡村教育

教育传播文化,文化守护道德,提高村民的文化素质,是构建新型乡村伦理的基础工作。对传统伦理的传承是自然而然的过程,村民对传统伦理不会提出更多质疑,而要改变这种传统伦理就需要对它进行反思、分析,这是对新型伦理的认知、认同和践行的过程。道德启蒙和道德传承具有不同的特点,启蒙需要提高认识,主体通过思考和分析去接受新道德，改变、革新传统道德，这是一个艰难的抉择过程，习惯是长期形成的，改变不可能一蹴而就。

教育是个体社会化最重要的形式，对人的影响是显著的，教育有着重要的文化传播功能。从中国传统社会的实践来看，私塾教育是中国传统道德传承的重要路径，保证了中国乡村文明的延续。现代乡村教育已经成为现代文明的传播者，使受教育者具备现代科学文化知识和技术能力，树立正确的世界观、价值观和人生观，培育社会主义核心价值观，同时也应该成为乡村文明的守护者。未来乡村社会的主人是有文化、有知识、有技能的新农民，应该有与现代乡村相适应的道德内容，守护着传统伦理的精华，又具有现代文明的价值追求，为乡村伦理确立价值标准，重建乡村生活的价值体系。乡村教育在培养未来建设者和接班人的过程中，必须传播道德信仰，为乡村生活服务，如果新时代乡村伦理建构不从乡村教育开始，就不会有坚实的根基。

乡村教育为乡村伦理建构奠基，那么应该如何发展新时代的乡村教育呢？乡村教育是一个大概念，包括基础教育、职业教育和成人教育，从基础教育的教学内容上来看，并没有城乡之间的差异，城乡一体化趋向是未来乡村发展的方向与路径，不应该在乡村教育中专门开辟为乡村伦理提供的教育。但是，乡村教育提高了村民的科学文化素养和最基本的道德价值取向，奠定了文化基础。如果村民的文化水平低，他们接受现代文明和现代价值就比较困难，甚至一些落后愚昧的思想成为现代文明的最大障碍，有人讲"文化贫困"是最可怕的贫困，直接抑制了人的内在动力。大力发展乡村教育是要弥补城乡之间在发展水平、速度、规模上的差距，是要提高乡村教育水平，发展现代乡村教育，通过提高乡村教育水平，提高农民的文化水平，为道德教育打下基础。乡村具有鲜明的地域文化差异，在坚持社会主义核心价值观的基础上，发展地域文化是必需的，对于地域精神文明建设有着更直接的促进作用，这就要求赋予职业教育、成人教育地方文化特色，创新教育内容，凸显地方特色，传承文化遗产，服务地方经济。例如，地方戏剧、非物质文化遗产的传承教育，既繁荣了地方文化，也能带动地方经济的发展。乡村教育还应包括家庭教育，乡村家庭教育要有乡土文化的底色，要将乡村生活中的乡土风情、乡村生产经验和地方习俗等知识传递给下一代，增强乡土文化的认同感、自豪感。同时要以现代文明为引领,创新乡土文化,特别是乡土文化与现代文明相结合,发挥良好家庭教育对儿童价值观的塑造作用,让好的家风世代传承,发挥潜移默化影响。

乡村文明不只是思想层面的表现,同样也是一种生活方式、生活态度,接受教育越多的人,越能树立和接受文明的生活态度和生活方式,知识既能增强生存能力,也能让人选择一种正确的生活方式,理解人与人之间、人与自然之间的关系,通过接受教育人们能够增强民主和法治意识,并且能够正确地享有民主权利以及使用权利。乡村教育是让村民接受文明洗礼的过程,因此,乡风文明一定是建立在文化发展基础上的,无论是个体文化水平的提高,还是社区文化的繁荣,都是乡村文明建设的前提。人是文明的承载者,对人的培养要依靠教育,乡村教育为乡村发展储备人才资源。乡村孩子最有可能成为乡村未来的建设者,成为乡村文明的传播者,把他们教育好是乡村教育的时代责任和迫切任务。

2. 繁荣乡村公共文化

公共文化是公共空间中的文化交往和表达方式,内含公共思想、公共价值和公共伦理。乡村公共文化是乡村公共精神的体现,包括乡村文艺活动、文学活动、民俗活动、大众体育、公共宣传等;从物质层面来看,包括文化设施、公共文化产品和公共文化服务。公共文化与老百姓的日常生活密切联系,常常以老百姓喜闻乐见的形式出现并被广泛参与,是面向全体村民的、被全体村民共享的文化,满足人们对基本文化的需要。没有一种文化是没有价值指向的,公共文化是传递公共伦理精神的重要途径。公共文化可以培育文明乡风、淳化民风,提升村民的精神风貌,提升社会文明程度。要发挥公共文化在传播公共伦理中的作用,必须用文明、健康的文化活动吸引群众,让群众远离赌博、迷信、低级趣味等活动;要通过广泛的文化活动丰富村民的业余生活,让村民喜闻乐见、通俗易懂的文化成为教育村民、提高村民文化和道德素质的载体。

第一,加强乡村公共文化服务体系建设。一般认为,公共文化是政府主导的文化活动,从这个意义上来说,政府是公共文化服务的提供者。公共文化要以公共利益的实现为指向,是面向全体村民的,让每一个村民都有平等的文化享有权,具有非排他性和非竞争性,是对村民基本文化需要的满足。与营利性、商业性文化产业不同,即使是由一些商业性文化服务机构提供，也应该由政府买单。政府必须加大财政投入，为村民重塑一个公共文化活动空间，这是一个交流、分享的场域，村民可以在这个公共空间中，用文化凝聚人心、联络感情，避免乡村改革以来出现的原子化、疏离化问题，为村民提供一个文化展示、切磋、交流的平台。这些文化活动空间包括乡村图书馆、乡村大舞台、村民活动广场、乡村广播等。公共服务必须以满足村民需要为出发点，避免出现政府花钱不少、村民不闻不问的现象，例如，前几年有些乡村开展的电影下乡、文艺演出下乡活动，很多时候是放映员一个人播放，观看的群众寥寥无几，甚至没有一个人观看，政府实质上做了费力不讨好的事情。要使政府公共文化供给由"项目式"向"需求式"转变，就不要把群众不喜欢的硬塞给群众，而要让乡村公共文化自己"活"起来，要让乡村公共文化实现"自治"，真正实现政府搭台、群众唱戏，贴近乡村现实生活，体现乡村文化传统，让文化发展与乡村旅游、产业兴旺、乡村全面振兴结合起来，成为群众自己的、真正的公共文化活动。让村民成为乡村公共文化活动的主体，发挥民间演员、民间艺人、民间手工业者的作用，要通过艺术、技术传承形成文化传播效应，让乡村都有自己的公共文化特色。

第二，乡村公共文化必须坚持正确的价值取向。公共文化必须坚持正确的价值取向，是由公共文化的职能决定的。公共文化承担着国家公共文化安全的职能，公共文化建设必须为社会主义现代化建设服务，要为美好社会建设营造良好的文化环境服务。公共文化要满足人民群众对基本文化生活需要，要为人民奉献健康的精神食粮，提高村民的思想道德和科学文化素质，促进人的全面发展。公共文化必须体现社会主义先进文化，传播主流意识形态，让村民树立社会主义核心价值观，形成村民正确的政治价值观。不可否认，改革开放以来，乡村文化多元化趋向也较为明显，出现了村民文化价值选择上的混乱，特别是一些庸俗文化、低级趣味文化的侵扰，这对乡村精神文明建设是极为不利的。中国特色社会主义乡村公共文化建设必须以社会主义核心价值观为引领，以共同理想信念形成社会共识，统一村民思想，让公共文化在国家文化安全、乡村振兴战略中发挥作用，成为诠释社会主义核心价值观、弘扬时代精神的有效手段。

第三，用乡村公共文化引领乡村伦理建设。公共文化用多种不同的形式实现了人与人之间的互动、人与文化之间的互动，在带给人们精神享受的同时，也传递了价值观和道德规范，在潜移默化中让村民认知、认同公共文化中所蕴含的伦理理念。例如，在地方戏曲表演中，通过对好人好事、社会正能量的宣传，让村民接受教育，明辨善恶美丑。在重要节日里，通过大型庆祝活动和群众性集体表演，鼓舞士气、凝聚人心、传播形象，弘扬民族文化，倡导优秀民风民俗。因此，乡村公共文化有利于促进乡村伦理建构，提高村民的道德素养，淳化社会风气，凝聚道德力量。必须发挥各级政府在乡村公共文化引领中的作用，对不良文化活动说不，时刻净化乡村文化市场，特别是要密切注意各种商业演出带有的低俗文化的影响，杜绝唯利是图、投其所好的不良文化对乡村精神风貌的影响，完善农村文化活动的报备、审查和监管制度，让地方政府切实承担起管理责任，要用积极的文化去主动教育群众，为促进民俗文化的发展起到创造性转化和创新性发展的作用。

3. 正确引领村民的网络文化

网络已经成为村民了解外界信息的主要途径，彻底改变了对广播、电视信息的依赖。智能手机已经基本普及，成为村民获取信息的主要渠道，微信、快手、抖音等播出的节目极大地改善了乡村公共文化不足以及信息传递不畅的问题。村民不但能够及时获取国内外新闻，还能观看各种文艺节目，甚至很多村民参与到网络直播、自媒体节目的创作中。网络生活已经成为村民参与公共文化活动的主要形式，很多人对线下的文化活动不再感兴趣。网络是一个文化大杂烩，网络文化的价值取向多元，各种知识、价值观、世界观、道德观都有，鱼龙混杂的文化既让人眼花缭乱，又让人是非难辨，可以说，网络文化是一把双刃剑，一方面丰富了村民的生活，提供了便利的文化参与渠道；另一方面却又难以控制多元文化价值对村民的影响，甚至一些影响对主流价值观的形成、正确的伦理道德观念的树立是不利的。这就需要我们合理利用这种现代的网络媒介形式，发挥其在乡村全面振兴中的积极作用。要克服网络文化对乡村精神文明建设的不利影响，使新时代乡村网络文化为乡村现代化、乡村文明建设服务。

第一，坚持正确的网络文化价值取向。网络已经成为公共文化的重要内容，成为文化传播最强大的力量，无处不在的网络文化影响着人们的生产生活。既然网络文化成为一种强大的影响因素，就应该加以正确引导，让社会主义核心价值观、社会主义先进文化、中国传统优秀乡土文化根植于网络文化中，使网络文化具有正确的价值取向。政府要主动作为，净化网络文化阵地，充分发挥网络文化在引领价值取向、服务人民群众、推动精神文化建设中的积极作用。在网络文化建设、监管中要牢固树立马克思主义意识形态的指导地位，用社会主义核心价值观引领网络文化的价值取向，以社会主义先进文化凝聚村民精神追求，让网络成为风清气正之地，成为传递主流思想、传达党的路线方针政策、培训专业技术、陶冶道德情操的阵地。特别是要清除各种庸俗低级和错误思潮的影响，牢牢掌握乡村网络文化建设的话语权和主动权。注重体现主流思想、先进文化的节目的创作，结合具有地方特色的艺术形式，通过视频、图像和音频等形式多样的作品，让社会主义核心价值观融入网络文化中，做到通俗化、具体化、形象化，打造体现时代精神和民族特点的网络文化精品。乡村网络文化建设一定要体现地方特色，体现深厚的农耕文明，这是凝聚村民思想，实现价值认同的基础。网络文化传播是一种新手段，借助网络传递乡土文化更能体现乡土文化的魅力，让古建筑风格、民族服饰、传统美食、民俗节日、田园风光等利用网络得到更大范围的宣传，并使这些资源进行数字化转化，实现传统文化的网络创新和转化。

第二，建设健康文明的乡村网络文化传播媒介，服务乡村振兴战略。现在村民接触最多的网络传播媒介就是微信、抖音、快手、今日头条以及各种App，刷手机成为打发日常业余时间的主要方式，特别是很多村民也开了直播，通过直播表演、当红娘、才艺展示等赚取流量。乡村自媒体的影响日益强大，涌现了很多乡村网红，他们的短视频被广泛关注，成为影响村民思想的重要内容。但是，这些自媒体有些内容是健康积极向上的，也有很多是在宣传低级趣味的庸俗内容。因此，乡村自媒体的广泛传播应该引起各级政府的注意，必须加强对乡村自媒体的监管，利用乡村网红以及"意见领袖"在传播正能量和正确价值导向方面的积极作用，传递乡村优秀文化，讲好乡村故事。特别要打击内容低俗、庸俗的，为了直播带货吸引粉丝的不良文化传播，让乡村短视频、直播节目健康发展。同时，地方政府要借助网络传播平台，创建乡村文化公共服务平台，为乡村提供优质的文化产品和服务，以村民更加亲近、熟悉的文化吸引群众，传播正能量和道德典型。要与企业合作，开发创作更多的符合主流价值标准的乡村文化产品、文化服务，将数字技术应用于乡村文化生产，推动乡村文化的数字化，打造具有乡村特色的优秀乡村网络文化品牌，将乡村文化资源转化为乡村发展的优势，做到经济和社会效益的有机统一。

第三，搞好村民的网络媒介素养教育，充分利用网络文化在道德教育中的作用，发挥网络文化在提高村民思想观念、重塑精神面貌、培育文化风尚、提供道德滋养方面的作用，使网络文化建设成为社会主义乡村文明建设的重要抓手。县级媒体要转变传统的传播方式和信息平台，创办本地的网络信息传播媒介，包括融媒体、自媒体、公众号、直播平台等，通过网络媒介宣传本土文化、地方艺术和政策制度，发挥新媒体在文化宣传教育中的作用。向村民推荐优秀的网站、公众号，让健康的网络文化融入村民生产生活中。要做好村民的网络素养培训工作，可以在义务教育阶段对学生进行网络知识教育，特别是网络道德教育，使其正确接受网络资源，规范其网络行为。要通过职业教育、乡村文化宣传，培训村民使用网络的技能，特别是电商能力，通过电商平台销售农产品，推荐乡村特色文化，服务乡村经济发展。

二 新时代中国特色社会主义乡村伦理的主体建构

建构不只落实在理论上，重要的是形成主体的伦理行为，当伦理成为群体遵守的内心法则，伦理建构才真正落到了实处。伦理是价值取向、行为指向和道德规范，主体的道德实践是伦理建构的表现，主要包括组织和个体层面。

（一）发挥基层组织在乡村伦理建构中的作用

组织是具有共同目标的团体，成为一个组织的成员意味着认同组织目标，要遵守组织章程、践行组织要求。组织具有动员、教育和行动能力，组织引领对于道德行为的发生具有重要的作用。

1. 乡村基层党组织

乡村基层党组织是党在乡村社会的代表，是党的领导在乡村社会的实现形式。"在乡村建立基层党支部是中国共产党与其他政党相比具有的突出优势，其能将农民在现代政党的组织化引领下转变为理性的乡村革命和建设的积极力量。"[1] 基层党组织融入乡村社会生产、生活中，一般来说，支部书记和组织成员都是村民，是乡村社会的领导核心，具有强大、有效、快速的组织动员能力，是乡村政治、经济、文化和社会治理的引领者和行动者，为乡村社会发展把握方向，提供组织资源、思想导向、服务支持。

发挥农村基层党组织在乡村伦理建构中的政治引领作用。乡村基层党组织是党在乡村的领导核心，是乡村全部工作的组织者、协调者、治理者，是中国特色乡村治理的特点和优势。必须把"基层党组织建设成为宣传党的主张、贯彻党的决定、领导基层治理、团结动员群众、推动改革发展的坚强战斗堡垒"[2]。推动乡村工作必须依靠基层党组织，同样，乡村伦理的建构离不开基层党组织的引领。首先，基层党组织的组织引领。组织是凝聚、团结社会成员的团体，基层党组织通过执行党的路线、方针、政策，通过全心全意为人民服务把群众团结在身边，通过党的宣传和倡导让新时代中国特色社会主义乡村伦理获得村民的认同，并体现到自己的行为中，党组织的凝聚力是引领村民行为的强大动力。其次，基层党组织的价值引领。伦理建构具有鲜明的价值取向，必须坚持正确的政治方向，分清善恶是非。特别是在多元价值影响下的乡村社会，基层党组织必须发挥价值引领作用。再次，基层党组织的文化引领。文化是乡村社会治理的重要内容，文化关系乡村文明和乡村精神文明，文化对乡风文明有重要影响，要以优秀的文化感染教育村民，开展健康文明的文化活动，基层党组织责任重大。最后，基层党组织的服务引领。党是在服务人民的过程中发展壮大的，服务人民是党的宗旨和传统，党在

---

[1] 毛高杰：《基层党组织嵌入的乡村社会治理分析》，《领导科学》2021年第20期。
[2] 习近平：《决胜全面建成小康社会 夺取新时代中国特色社会主义伟大胜利——在中国共产党第十九次全国代表大会上的报告》，人民出版社2017年版，第65页。

服务人民的过程中发展壮大，赢得人民的信任。

乡村基层党组织的引领主要体现在乡村领导干部和全体党员身上。这就必须发挥乡村基层领导干部在乡村伦理建构中的带领作用，发挥全体农村党员在乡村伦理建构中的示范作用，共产党员是乡村伦理的最主要的落实者、践行者、表率者。习近平总书记指出："像领导干部的好榜样焦裕禄、孔繁森、郑培民等英模人物那样，做一个亲民爱民的公仆，做一个忠诚正直的党员，做一个靠得住、有本事、过得硬、不变质的领导干部。"① 乡村要发展，就必须有千千万万个这样的优秀共产党员，用他们的行动引领乡风文明，实现乡村振兴战略的目标。黄文秀是一个普通的共产党员，一个刚刚大学毕业不久的选调生，积极响应组织号召，到乐业县白坭村担任驻村第一书记，用自己短暂的人生诠释了优秀共产党员"时代楷模"的真正内涵。习近平总书记对于黄文秀同志的事迹给予了高度评价，他指出："黄文秀同志研究生毕业后，放弃大城市的工作机会，毅然回到家乡，在脱贫攻坚第一线倾情投入，奉献自我，用美好青春诠释了共产党人的初心使命，谱写了新时代的青春之歌。"② 黄文秀驻村只有一年多，她埋头苦干，带领群众发展产业，带动88户418名贫困户脱贫，全村贫困发生率下降了20%，她把自己的全部精力投入扶贫一线的工作中。黄文秀在入党申请书中写道："一个人要活得有意义，生存得有价值，就不能为自己而活，要用自己的力量为他人、为国家、为民族、为社会作出贡献。"③ 黄文秀是当代优秀大学生的代表，是新一代优秀共产党员的代表，在她的身上体现出了优秀青年对社会、对人民的责任感，她在自己普通的工作岗位上干出了不平凡的业绩。如果我们的每一个共产党员都能像黄文秀那样，我们的民族、我们的国家必然更加富强、美丽。焦裕禄、孔繁森、黄文秀等正是由于他们没有考虑半点个人私利，才能够吃苦在前，才能勇挑重担，才能一心为民。奉献是优秀共产党员

---

① 习近平：《执政意识和执政素质至关重要》，选自《之江新语》，浙江人民出版社2007年版，第100页。

② 《"不忘初心、牢记使命"优秀共产党员先进事迹选编》，党建读物出版社2019年版，第285页。

③ 《"不忘初心、牢记使命"优秀共产党员先进事迹选编》，党建读物出版社2019年版，第293页。

对自己责任的诠释，是优秀共产党员在时代发展过程中担当精神的体现。共产党人的初心和使命就是为人民谋幸福、为民族谋复兴、为世界谋大同，共产党人只有国家利益和群众利益，没有个人私利。共产党员只有奉献才能成为表率，也才能赢得人民的拥护。肯奉献是肯担当的表现，领导干部要想干好自己的工作，必须吃苦在前、享受在后，自己多吃亏，工作才能往前推，自己多吃亏，群众才能少吃亏，也才能赢得群众的拥护。我们现在一些干部，之所以干不好自己的工作，其中很重要的一个原因就是没有奉献精神。以权谋私，与民争利，计较个人得失，这样的干部不可能干好工作，也不可能赢得群众的好评。为官一任，富民一方，只有不计个人得失、甘于苦干奉献、真心为民办事的好干部才能为百姓称道、为党旗增色，才能改变乡村社会风气，构建良好的乡风文明。

2. 乡村自治组织

乡村自治是我国乡村治理的传统，具有良好的基础。党的十九大报告指出："加强农村基层基础工作，健全自治、法治、德治相结合的乡村治理体系。"① 自治成为乡村治理的重要方式，是村民自我管理、自我约束、自我服务的形式。乡村遍布全国各地，具有较大的差异性，不适合制定统一的制度和要求，给予较多的自主管理的权力更有利于乡村的发展，可以根据乡村自身的特点和需要，实现乡村的有序发展。从传统习俗和伦理文化的视角来看，不同地域的乡村差异性更大，尊重传统习惯，制定符合乡村地域特色的伦理道德规范，更有利于乡村的和谐稳定。乡村自治组织是实现乡村自治的组织形式，是乡村自我管理的组织，主体是广大村民；是全体村民参与乡村事务管理的形式，通过民主选举、民主管理、民主监督实现对公共事务的管理。乡村自治组织系统包括村民会议、村民代表大会、村民委员会和村民小组，通过村民大会民主决定乡村事务。《中华人民共和国村民委员会组织法》第二条指出："村民委员会是村民自我管理、自我教育、自我服务的基层群众自治组织，实行民主选举、民主决策、民主管理、民主监督。"对于本村的公共事务和公益事业进行管理，调解村民纠纷，维护乡村治安。

---

① 习近平：《决胜全面建成小康社会 夺取新时代中国特色社会主义伟大胜利——在中国共产党第十九次全国代表大会上的报告》，人民出版社 2017 年版，第 32 页。

从本质上来说，乡村伦理是维护乡村秩序的应然要求，表现为各种习俗、习惯和道德规范。乡村公共事务具有伦理属性，公共事务必然涉及公平正义、利益分配、公序良俗。因此，处理公共事务的乡村自治组织就成为建构乡村伦理的重要力量，以什么样的伦理标准作为价值取向、以什么样的伦理目标作为处理公共事务的原则，都是伦理理念的传播和教育内容。村民委员会在乡村伦理建构中具有重要的地位，能够发挥举足轻重的作用。村民委员会是乡村伦理建设的推动者和践行者，伦理只有得到群体认同才能规范群体行为，变为社会共识，形成伦理秩序。要积极发挥乡村自治组织在新时代中国特色社会主义乡村伦理建构中的作用。

乡村自治组织要充分发挥村民参与乡村事务的积极性，广泛征询村民的意见，对乡村事务进行充分讨论，在最大范围内达成共识，通过参与乡村公共事务的管理，对公共事务的处理做到认识到位、情感到位和行为到位。我们在乡村调研中发现，很多乡村事务不被村民理解，其中很重要的原因就是没有充分让广大村民参与民主决策和民主管理，甚至有些对村民有利的事情也会遭到一些村民的反对，并且村民参与的积极性也不一定高。征询村民意见、让广大村民参与讨论，是尊重村民、理解村民的表现，能够极大地激发村民的自觉行为，能让村民更加主动积极为乡村发展作出自己应有的贡献。村民委员会的性质是乡村自治组织，但是在实践中有些地方也出现了村委会行政化的现象，乡镇把自己的行政事务下放到乡村，村委会成为执行乡镇政府事务的行政机构，并且很多村民也认为是村级行政组织。行政事务成为必须执行的行政任务，就不会征求村民的意见，村民是被动的，甚至有抵触心理。例如，乡村的厕所革命，本来是有利于村民生活、改善乡村环境的政策，但是由于很多乡村把厕所革命只是作为一项行政任务，不能广泛听取村民意见，不能真正做到因地制宜，就会把好事办成麻烦事。因此，乡村伦理必须获得村民的认可，取得共识；反之，就没有执行力，也不会起到约束村民行为、改善社会风气的作用，就会形同虚设。乡村伦理是对群众关系的秩序规定，不是少数人的事情，要形成乡村伦理风尚，就必须形成乡村伦理认同。

乡村自治组织要成为乡村公德的推动者。乡村自治组织是乡村事务的组织者,是乡村精神文明的发动者、倡导者和推行者。乡村自治组织要通过对公共事务的处理推动乡村公德的构建,特别是通过对乡村公共利益的协调,实现乡村公德观念在村民思想意识中的树立。"公德观念的引入,既可以为漂泊不定、苦闷无助的心灵找到道德的安顿之所,又可以从改造乡村社会结构的意义上担当'天下'与'身家'的伦理纽带,因而乡村建设的目标可以在培养公共观念与建立乡村团体的良性互动中得以实现。"[①] 乡村自治组织功能在乡村中有效发挥作用,体现的是乡村自治组织的威信和影响力。村民是原子化的个体,通过组织联系建立了个体与他人之间的关系,特别是个体利益与群体利益之间的关系。乡村自治组织提供了村民之间利益博弈的平台,有利于实现个体和整体利益的最大化,让村民满足了自我不能实现的经济、技术、安全需要,这有利于村民形成公共观念,让大多数人积极主动地参与乡村事务,理解人与人之间合作共赢的关系,这是公德意识产生的重要基础。公德实质上是一种公共规则,通过对所有人的约束维护集体秩序。在传统乡村社会中,人们注重人情关系,轻视集体利益,人伦情感超过价值理性,注重私德忽视公德,就会出现"各家自扫门前雪,莫管他人瓦上霜"的现象。在现代乡村社会中,乡村自治组织把村民组织起来,形成乡村共同体,通过对乡村公共规则的认同,培养了村民自觉、主动的合作习惯,使乡村公共精神逐步形成。

3. 乡村社会组织

乡村社会组织是以公共事务治理为目标,通过村民的自我组织、自我管理、自我教育实现的自治组织。社会组织也被称为非政府组织、非营利性组织、公益组织等,一般具有民间性、非营利性、自治性、自愿性和公益性等特征。乡村社会组织是由村民自愿组织起来的非营利性的、有明确组织目标的自治形式。把分散的村民整合为集体,充分利用各种乡村资源,制定严格的组织规章制度,进行规范有序、合理合法的组织活动,接受乡村基层党组织的监督,助力乡村经济社会发展。组织活动可以极大地提高社会效率,乡村社会组织实现了乡村治理的自我完善,

---

① 石培玲:《梁漱溟的公德观与"乡村自治"构想的伦理困境》,《道德与文明》2007年第6期。

既有利于节省社会成本，又可以从根本上化解乡村矛盾、解决乡村问题。乡村社会组织也成为新时代中国特色社会主义乡村伦理建构的推动者、引领者，对于促进乡村精神文明，实现社会治理起到了重要的作用。乡村社会组织成员一般是由乡村的老党员、老模范以及其他积极分子组成，也有一些社会公益人员自发组织的社会公益组织，开展扶贫帮困、孝老敬老、法律援助和文明宣传等活动。他们在乡村社会中有一定的影响力和社会声望，能够获得村民广泛的认同和尊重，具有比较大的号召力。乡村社会组织传递了正能量，淳化了乡村社会风气，有助于村民战胜个体化能力的不足，也有利于促进乡村公共事务的发展，让广大村民从中受益，增强了村民对乡村的认同感和归属感，在各地的乡村治理实践中，形成了符合乡村实际的多种多样的社会组织形式，有产业协会、专业合作社、村民理事会、农民艺术团、志愿服务组织等，对促进乡村文明建设、和谐乡村关系起到了积极良好的作用。乡村社会组织在构建乡村伦理、提升乡村文明方面的优势主要有以下几点。

第一，组织的志愿性有利于村民参与，让村民在参与组织活动的过程中接受教育，树立良好的价值观。参与就意味着接受组织章程，践行组织价值，实现组织目标。参与是接受教育、改变认同的最好方法，是主动融入的过程。在志愿服务过程中，参与者能够深刻理解活动的意义，有更深刻的体验与感受，如果一个乡村的所有村民都能参与到志愿服务活动，那么乡村的文明状况一定会有明显的改变。例如，山西省晋城市泽州县大阳镇李家庄村，组成了由老党员、老干部、老教师、老退伍军人组成的志愿服务队，积极义务开展文明宣传活动，通过微信群宣传乡村文明建设内容，负责本村精神文明建设宣传长廊的日常管理和维护，更新文明宣传内容。重点围绕农村治安稳定、关爱留守儿童、扶贫济困以及环境卫生开展志愿服务活动，形成了经常化、制度化、规范化的志愿服务机制，极大地带动了乡村精神文明水平的提高。

第二，组织的公益性本身就是在传递爱心和文明，这是一种重要的示范和引领行为，让村民在感受公益带来的福利的同时，受到教育和影响。献一份"爱心"就是传递一份文明，接受一份"爱心"就会理解文明的价值，让文明行为成为村民的共识。公益活动是展示文明行为的过程，在服务过程中传递社会公德，有利于形成帮困助弱、敬老爱老的良好社会氛围，起到较好的道德辐射作用，带动和影响更多的人参与到社会公益活动中来。社会公益以每一件小事汇聚人间大爱，既是对优秀传统文化的传承，又弘扬了社会主义先进文化，有利于社会主义核心价值观的大众化、普及化，对社会风尚起到潜移默化的作用，有利于形成良好的社会风气。例如，河北省石家庄市藁城区岗上镇杜村以凝聚群众、服务群众为核心，以建设德善杜村、文明家园为目标，面向全民建设志愿者队伍，通过志愿服务为群众排忧解难。他们的巾帼志愿服务队有上千名志愿者，共组建四支队伍："红嫂志愿队"提供调解婚姻关系、婆媳关系和邻里纠纷服务；"爱心志愿队"提供关爱困难妇女儿童、困难家庭服务；"英姿志愿队"提供帮助妇女创业就业、丰富群众文化生活服务；"创新志愿队"对空巢老人、单亲家庭儿童以及有诉讼请求的妇女提供代理服务。同时，又组建了青春志愿服务队和中小学生参加的少年志愿服务队，让爱心薪火相传。

第三，组织自治性有利于把文明行为变为自觉的行动，能够形成更加适合本村的文明公约，有针对性地解决本村存在的问题。由于各地的风俗不同，各地乡村存在的不文明习惯是不一样的。有的地方红白事大操大办的现象比较突出，这也是多年以来形成的乡俗，单靠政府的宣传教育效果并不明显，而村里成立的红白理事会能够更好地有针对性地做好村民工作，并且自治组织的成员首先会遵守红白理事会的章程，起到模范带头作用。例如，河北省河间市兴村乡大庄村建立健全村红白理事会机制，组织成立了红白理事会，确立了"事前走访、相互沟通、办事承诺"的工作流程，在谈婚论嫁初始，理事长就进行家访，同时与婚嫁对象的所在村会长对接，搞好协商，共同遏制高额彩礼，共同做到婚事简办。不管是谁家娶媳妇、嫁姑娘，红白理事会成员都亲自登门做工作，做群众工作，杜绝铺张浪费，降低彩礼和花费。红白事务由村集体统一组织，他们统一购置了灶具、餐具等用品，帮助新人节俭举办婚宴，对红白理事的具体组织者集体办理从业人员健康合格证，确保红白事务的饮食安全。严格落实"1245"移风易俗监督模式，即明确管理主体、厘清任务清单、规范监督程序、落实工作职能，充分发挥基层纪检委员"教育、协助、提醒、报告、监督"作用，做到事事有报告、条条有备案、现场有监督，把监督管理工作落到实处。

（二）积极发挥乡村典型的引领作用

乡村是熟人社会，典型人物的行为示范作用影响很大。这些群众身边的、有影响力的熟人是村民思想和行为的效仿者，对村民的影响不可小觑。例如，乡村的经济能人、致富好手以及新乡贤，他们在村民中一般有较大的威望，成为村民学习的榜样。群众身边的道德模范，也是最重要影响力量，他们往往是乡村社会风气的带动者。同时，我们也应该看到，近年来由于网络和自媒体的发展，也出现了很多乡村网络舆论的影响者，这些人很可能是一个地区的网上名人，他们通过自媒体传达的价值观和行为理念对村民也有很大的影响。在新时代乡村伦理的建构过程中，必须重视这些乡村典型在乡村伦理建构中的示范引导作用。

1. 发挥乡村精英的引领作用

乡村振兴战略依靠人才队伍，党的十九大报告指出："培养造就一支懂农业、爱农村、爱农民的'三农'工作队伍。"[①] 随着城镇化率的提高，乡村青年人才大量外流，加剧了乡村人才的短缺，阻碍了乡村发展进程。广泛挖掘乡村人才，特别是在政治、经济、文化、社会人脉等方面有优势资源的精英人物，让他们成为基层社会治理的带头人和引领者，为乡村精神文明建设提供强大动力。乡村精英从形式上划分为"驻村干部、村（居）干部、大学生村官、科技特派员、乡村能人五类"。[②] 乡村能人主要有新乡贤、致富能手、返乡精英等。乡村精英在乡村伦理建构中的作用，主要是通过价值引领和行为示范实现的。按照职业特点的不同，乡村精英可以分为政治精英、经济精英和文化精英；按照体制划分，乡村精英可以分为体制内精英和体制外的精英；按照能否稳定扎根乡村建设来划分，乡村精英分为"在场"和"缺场"的精英。不同类型的乡村精英在乡村伦理建设中的引领和示范作用也不同，对村民的影响也不一样。

---

① 习近平：《决胜全面建成小康社会 夺取新时代中国特色社会主义伟大胜利——在中国共产党第十九次全国代表大会上的报告》，人民出版社 2017 年版，第 32 页。

② 张鸣、袁涓文：《村治中乡村精英的作用及面临的困境研究》，《农业经济》2021 年第 10 期。

第一，乡村政治精英一般是指乡村干部、驻村干部以及大学生村官等，这些人一般是体制内的人员，是国家政策的传达者和执行者，具有双重的影响力，一方面是凭借行政组织的力量，推动乡村文明的发展；另一方面是发挥领导者的人格魅力，对群众起到引导教育作用。乡村干部是国家意志的执行者，在引领乡村发展过程中贯彻国家主流意识形态，他们由于拥有特殊的政治赋权，是乡村文明的倡导者和执行者，对于乡村文明建设有着重要的影响力。同时，乡村干部的个人领导魅力也是影响乡村文明的重要因素，他们的思想价值观念、为人处世的方法起着重要的行为示范作用。这就是领导影响力，不是靠权力而是凭借自己的品德、才智和情感因素对群众产生影响，群众对领导都有一种崇拜、模仿心理，干部行为文明、道德水平高，村民就会主动向干部学习。

驻村干部是乡村脱贫攻坚过程中国家注入乡村发展的一支重要力量，特别是在解决乡村历史遗留问题、助力乡村发展过程中，从体制支持和理念输入方面改变了乡村发展的样态。一方面帮助乡村改变了发展方式，实现了经济脱贫；另一方面影响了乡村的文明观念，促进了精神文明建设。在被称为"瑜伽第一村"的张北县玉狗梁村调研时我们发现，在驻村第一书记卢文震的带领下，全村不但摆脱了经济上的贫困，通过练瑜伽，村民们的身体状况和精神状态也发生了根本改变，村民们获得了物质和精神文明的双丰收。2022年2月3日，北京冬奥会火炬在张北传递，这些老人通过瑜伽表演向全世界展示了玉狗梁村健身瑜伽的脱贫成果。驻村干部不只是给乡村带来了经济发展的希望，同时也播撒了现代文明的种子。

大学生村官工作是一项促进乡村发展的重大战略决策，为社会主义新农村建设输送了大批优秀的有知识、有文化、懂技术、理念新的人才队伍，促进了乡村人才的逆向回流，为乡村注入了新的动力和活力，为乡村发展带来了科学、文明的新风尚。青年人本身具有创新发展意识，追求新方式、新观念、新事物，对传统有着天然的抵抗力。大学生村官是一支有文化的年轻队伍，他们敢于探索、勇于革新，他们不闭塞、不落伍，思维活跃，不受传统观念束缚，能够推动乡村新文明、新风尚的发展。他们主动参与乡村文化活动的开展，积极进行科学知识的普及，对村民思想观念起到很好的引领作用，他们用自己的知识改变了传统乡村生产方式，推动了乡村的绿色发展，改善乡村人居环境，促进了乡风文明的建设。

第二，乡村能人对乡村发展有较大的影响，在乡村治理中扮演着重要的角色，村民崇拜他们，他们在村里有较大的话语权和影响力。乡村能人并没有一个统一的概念，一般是指乡村中具有一定的声望和社会关系、经济实力，有较强的经济管理能力的人。也有学者认为乡村能人是指"在特定乡村被多数村民认可，具有较强的发展动力、个人能力和社会网络，有志于或正在或已经通过其专长带动乡村发展的人"。[①] 我们这里主要是指经济能人，他们在乡村生产和经营中取得成绩，成为村里的致富带头人。在乡村经济发展水平不是很高的阶段，"挣钱"成为人们最普遍的追求目标，特别是在市场经济条件下这种表现更加突出。能够致富的人往往成为乡村群众学习的对象，他们的价值理念、行为方式成为村民学习的榜样，这些人在村里也就具有很大的影响力；他们不仅能成为乡村经济发展的促进者，也会成为乡村伦理道德建设的引领者。我们在调研中发现，现在很多乡村干部都是在乡村中有一定经济实力的人，有的人办企业，有的人搞经营，在致富后逐渐参与乡村管理，在发展自己产业的同时带动乡村经济的发展。当然，这种现象也存在一定的风险，就是这些人一旦为了自己的利益把控乡村政权，就可能会做出损害群众利益的事情，甚至可能发展成为黑恶势力。但是，如果他们愿意为乡村发展做贡献，他们的影响力要比普通人更大。在乡村治理中，可以利用他们在带领群众致富过程中获得的威信做群众工作，例如，化解乡村矛盾、倡导文明新风、制定并推动村规民约。也可以动员他们积极开展志愿服务和扶贫助困活动，通过捐款捐物等经济资助手段，促进乡村精神文明建设，用他们的文明行为影响、带动村民的行为。

第三，发挥新乡贤的作用。乡贤文化有着深厚的中国传统文化色彩，是几千年农耕文明不可或缺的部分。新乡贤是对传统乡贤文化的继承和发展，在新时代具有特殊的意义和作用。现在，乡村人口流动呈现明显的单向性特点，大量人口外流造成的人才缺乏成为乡村全面振兴最大的

[①] 李裕瑞、常贵将、曹丽哲、龙花楼：《论乡村能力与乡村发展》，《地理科学进展》2020年第10期。转引自金方编《2021 辽宁文学评论卷》，春风文艺出版社 2021 年版，第 64 页。

短板，特别是有文化、懂技术、有特长、会经营的人才更加短缺，这是乡村发展的主要瓶颈。要在短时间内弥补这些人才短板，是不能按照人才市场的流动法则去解决的。中国传统乡贤很大一部分是"出身乡村而又身居城市和官僚系统中的乡村精英"，他们"在不同时期却始终扮演着将农民与国家、乡村与城市连接起来的重要角色"。[①] 他们服务乡村主要靠的是乡土情怀，他们利用各自的优势服务本乡本土。有人认为新乡贤可以分为"在场"和"不在场"的乡贤，但是在城镇化、市场化、价值多元化的今天，这些"在场"的乡贤起的作用也越来越小。因此，依靠在外有成就的人回馈乡村发展是具有现实意义的选择，他们或者为官一方，或者有文化学识，或者经营企业或公司，可以利用他们的人脉、技术水平、经济投资或者扶贫济困来反哺家乡。这些人能够给家乡带来新观念、新思想、新风气，他们在乡村中具有一定的威望和影响力，他们既能影响乡村的经济发展，也可以影响乡村的伦理道德建设。一般来说，无论是"在场"的乡贤还是"不在场"的乡贤，都能够成为村里有声望的人，尤其是有良好品德的人，在群众中有着良好的口碑，作为一种重要的外来力量对乡村工作起到重要推动和协助作用；他们是能够获得群众信任的人，他们的言传身教会对群众有重要的影响。例如，北京市通州区于家务回族乡仇庄村，组建了由农村老党员、退休教师等为主的乡贤队伍，积极发挥乡贤服务群众、践行社会主义核心价值观、引领乡村正能量的作用，受到乡村群众的好评。

2. 发挥村民先进典型的模范带头作用

要发挥好村民先进典型的示范带动作用，形成学习模范、追赶模范的乡村文明氛围。先进典型生活在村民身边，共同的生活环境更能让村民感同身受，对村民的教育影响作用更大，更容易引起村民的共鸣。发挥村民先进典型的示范带动作用，必须做好以下工作。

第一，要注意发现、宣传报道乡村先进典型，让更多的人认识、肯定模范人物的先进事迹。道德模范是伦理精神、社会主义道德的践行者，他们用自己的先进事迹和优秀品德诠释了社会主义核心价值观，是新时代中国特色社会主义乡村伦理的先进实践者，是带动乡村文明建设、提

[①] 孙丽珍：《基层治理视域下的传统乡贤文化》，《社会科学战线》2019年第6期。

高乡村精神文明水平的先进分子。国无德不兴，人无德不立，中华民族自古以来都不缺乏道德模范，正是这些人的"自强不息、厚德载物的思想，崇德向善、见贤思齐的传统支撑着中华民族生生不息，薪火相传"。[①] 对道德模范的肯定表现出一个社会的价值追求，代表了一种社会风尚。如果一个社会对道德模范视而不见，就会导致道德滑坡。学习道德模范就是正确传递道德价值导向，就是建构健康向上、文明进步的社会氛围，让道德的精神大厦有坚实的社会基础，习近平总书记指出："当高楼大厦在我国大地上遍地林立时，中华民族精神的大厦也应该巍然耸立。"[②] 每一个普普通通的人都是社会发展的基石，他们朴实、平凡的事迹中有许许多多值得称赞的行为。例如，河北省沧州市青县位于冀东平原东部，孕育了"盘古文化"和"运河文化"两个千年文化。县委县政府全力进行思想道德建设，被中宣部认定为全国思想道德建设典型，"道德青县、爱心之城"已经成为一张名片，极大地促进了全县的政治、经济和文化的发展。早在2001年就提出了"孝敬、友善、诚实、勤俭"的青县人道德标准，为了扎实推进思想道德建设，把社会主义核心价值观落到实处，转化为人民群众的自觉行动，使他们知晓、认同、笃行，出台了一系列道德典型宣传教育的文件和实施方案，全县涌现出大量的中国好人、道德模范。正是对这些道德模范的发现、宣传和表彰，使道德实践活动成为全民参与的事情，形成了道德模范人人知道，每一个人都向道德模范学习的社会氛围。

第二，要形成崇敬道德模范、学习道德模范，以道德行为为荣、不道德行为为耻的社会氛围。社会进步需要健康向上的道德风尚引领，社会发展需要模范来推动，要把道德模范的先进事迹在乡村广泛宣传，要通过大力表彰让村民羡慕道德模范、学习道德模范。古人说："人皆可以成为尧舜。"只要认识到位、情感到位，人人都可以学习道德典型，成为道德模范，也可以感动他人，而不只是被他人感动。只要从每一件平常事、小事做起，从现在做起，都可以成为一名好公民，成为一名具有优

[①] 辛文：《发挥道德模范榜样作用提高新时代公民道德水平——从第八届全国道德模范评选透视公民道德建设》，《雷锋》2021年12月号。

[②] 习近平：《在文艺工作座谈会上的讲话》，人民出版社2015年版，第6页。

秀道德品质的人。在乡村文明创建过程中，很多地方的乡村都特别重视身边道德模范的影响作用。我们在国家级贫困县张家口市康保县土城子镇小庄子村调研时发现，这个村通过每年一次的"最美媳妇""最美女婿"评选提高村民敬老孝老的积极性，村民踊跃参与。评比就是一种竞争，这是一种荣誉，更重要的是一种认可。这种评选"孝心"、表彰"最美"的活动，在村民中引起了热烈反响，争当"孝子"的风气悄然兴起。村民都是善良的，通过孝道教育，家庭关系和谐了，村民们认识到了人与人之间不只是金钱关系，亲情更加重要。民风变了，村风也变了，现在村里已经形成了人人尊老、敬老、爱老、养老的良好社会风气。还有山西省运城市盐湖区龙居镇雷家坡村，每年村里都要举办"夸媳妇"大会：婆婆公公夸媳妇，小姑小叔夸嫂子，妯娌之间互相夸，邻里之间比着夸。公婆写出推荐信，不会写字的按手印。在村里文化广场建设的"德孝文化长廊"，大力宣传好媳妇先进典型事迹，真正发挥"评选一个人、影响一大片、教育全村人"的实效。

第三，要开展教育展示活动，让先进典型现身说教、行为带动；通过道德大讲堂传播正能量，要让典型先进村民谈感受、谈做法、谈经验。也可以请专家学者讲授社会主义核心价值观，讲授道德知识，让村民们理解乡村伦理在乡村建设中的作用。要在乡村典型的带动下，让每一位村民都进行道德实践和体验。例如，很多乡村开展为老人洗一次脚，为孤寡老人做一顿饭、理一次发等活动。乡村伦理道德建设不但需要说教，更需要实践，通过亲身体验走出道德实践的第一步。要发挥现代媒体在传播中的作用，要通过多种媒体形式对道德模范进行报道，例如，可以通过乡村广播反复宣传乡村典型，让这些乡村典型人人知晓、人人尊敬，不但可以强化村民典型的道德行为，也可以让村民认同道德典型，进而向道德典型学习。例如，山西省运城市盐湖区龙居镇雷家坡村开设德孝大讲堂，宣讲德孝文化、德孝先进人物事迹，传播道德知识，通过课堂互动渲染德孝氛围，感人肺腑，引人向善，对乡村文明建设起到了巨大作用。

3. 发挥"农民主播"的道德引领作用

现代乡村的空心化、碎片化、流动化，造成乡村公共"场域"的社会交往行为减少。随着乡村互联网的普及，网上生活成为村民娱乐休闲、直播带货的重要方式，虚拟与现实空间的交错实现了独立个体的群体联结，弥补了现代人的社会性孤独，这种网络交往也极大地影响着人们的思想和行为。因此，网络对乡村精神文明建设的影响也越来越重要。网络直播主要通过各种主题的直播活动，聚集人气、互动传播并实现带货收益，因而直播主题是吸引粉丝的主要因素。目前，网上流行的直播主题有些是积极内容，也有很多是具有消极影响的内容，甚至还有些主播在传播庸俗、低级趣味的内容，必须注重网络直播对乡村伦理建设的影响。

第一，网络直播已经成为最有影响力的社交媒体，影响的受众群体越来越庞大，其中公共文化生活相对欠缺的村民成为迅速增长的群体。网络直播所蕴含的审美观念、价值理念和伦理指向，直接影响着村民的思想和行为。网络直播是"在特定群体和文化中起到沟通、过渡、强化秩序及整合社会的方式"。[①] 不受地域、文化水平和身份地位等的影响，回避了群体特征和个体身份的隐喻，能够在更广泛的层面构建文化认同。网络直播实现了互动主体的共同参与，更具有参与感和互动性，双方的实时交互使参与主体有更深的价值认同和情感归属。直播对受众的影响更深刻，双方更容易产生情感共鸣。网络直播是把双刃剑，其客观存在的现实无法改变，合理利用可以起到传统媒体不能起到的作用。但是其不良影响更加明显，比传统方式对受众思想和行为的影响更大。网络直播的内容形式多样，但是都会透视一定的价值观念，由于趋利性的影响，满足受众猎奇、低俗、性隐喻的内容充斥直播空间，造成网络直播价值导向的低俗化和价值异化。网络直播打破了传统媒体垄断社会舆论的单一传播方式，建构了普通大众的表达机会，形成多元主体的价值表达和主体诉求，社会话语场域中的文化权力关系发生变化，这就出现两种状况，一个是对主流意识形态的强化，也可能是弱化，这是一种不可忽视的传播影响。特别是在真实现场的直播过程中，容易以片面的报道影响对整个事件的真实状况的把握。而主流媒体的报道是更客观、真实、全面、准确的信息表达。因此，必须破解这种对主流价值的颠覆，特别是

---

① 张梅兰：《民族仪式文化价值观传播学建构——以土家族跳丧仪式为例》，华中科技大学出版社2021年版，第2页。

不利于社会主义核心价值观传播的网络世界，要打击不良的网络传播，让网络直播与传统报道结合起来，让网络直播不带有个人私利或有意歪曲事实的目的，用高雅的、有内涵的作品吸引网民，充满正能量、具有艺术修养力的网络直播平台才会更具有吸引力，更有生命力，才能构建起多种媒体信息的引领一致性，更加有利于对公众的正确引领，匡正直播的政治价值、审美价值、文化价值和行为指向。

第二，"农民主播"已经成为网络直播的重要主体。网络直播的基本元素有主播、受众、平台和内容，直播门槛低，没有严格的进入限制。近几年，受直播营利的影响，"农民主播"成为迅速增加的主播群体，对乡村社会的影响也日益增强。农民主播有明显的地域性，很多主播用地方语言直播，表演具有地方色彩的文艺节目，成为更有乡土气息的网络"红人"。我国地域辽阔，遍布在祖国大地的大大小小的乡村都有自己特定的历史，有自己的文化特色。地方文化是当地劳动人民群众智慧的结晶，是当地人民长期以来生产生活实践在文化上的表现，是人们的精神家园。村民对地方文化具有天然的亲近感、认同感和依赖感。要在乡村直播中受欢迎，一定要贴近村民生活，反映乡村现实问题，这些主播对村民的影响也最大。一方水土养一方人，每个乡村都有自己的风土人情、自然风光、历史文化，通过对特色文化的介绍，展示美丽乡村，促进乡村自然环境的保护。反映乡村风貌的直播内容有深厚群众基础，深受群众喜欢，村民参与热情高。如果能够结合时代特点，结合新时代社会主义新文化、新道德，将其改编成直播内容，宣传党的富民政策，反映新时代乡村新风貌、新气象、新风尚，一定会受到村民的欢迎，也会达到良好的宣传教育效果。网络直播的文艺节目主要有戏曲、演奏等，虽然有些传统节目带有低俗内容，但只要通过积极改造，便可以使这些曲目焕发新的风貌，做到趣味性、通俗性、教育性相统一。

乡村志愿服务活动的网络直播对于宣传社会新风尚、弘扬孝老爱人、扶贫济困等正能量行为具有重要的影响。例如，有些主播定期直播到乡村做公益活动，有为老人做饭的，有资助留守儿童的，有为村民送温暖活动的，等等。网络不但约束了直播主题的行为，也影响了更多的乡村志愿者，为乡村发展作出自己的应有贡献。总之，这些"农民主播"已经成为乡村舆论的重要影响因素，必须积极引导他们在乡村精神文明创建过程中发挥正面效应，让乡村直播不再低俗，让乡村主播做有正确思想价值、有良好道德品质、有高尚情操的正能量主播，做到网络直播与乡村伦理道德建设有机结合。

第三，农民主播的素质良莠不齐，虽然很多人成为公众眼中的"网红"，但是有些人对社会传播的内容是不规范、不健康、不道德的言论和行为。

网络直播是"眼球经济"，利益驱动成为网络直播问题产生的重要原因，有些主播为了获得丰厚的收入，增加粉丝量，靠哗众取宠、搞怪猎奇的表演来获得人们的关注，不断挑战道德底线。还有些人缺乏诚信，传播很多虚假信息，有些人通过欺骗手段获得支持，甚至有些人传播有损国家、民族利益的不实言论。这些网络传播对现实生活造成了特别不好的影响，严重冲击了主流价值观和道德评价体系，歪曲村民的致富观、人生观，造成人格异化，成为社会不正之风的源头。因此，要发挥"农民主播"在乡村伦理道德建设中的积极作用，必须加强监督管理，打击通过网络传播色情、低俗、暴力等内容的行为，要规制网络直播人员的职业道德、社会公德、文明公约，让网络直播成为一块有人监管、有制度约束、有法律处罚的有法之地。要制定行业法律法规，完善准入制度和经营许可，加强内容审核，明确监督管理职责，做到分工明确，机动联合，让主播认识到网络不是世外桃源，不是任意妄为的地方。加强对网络直播人员的教育培训，增强法律意识，提高职业道德水平，引导主播弘扬正确的价值取向，传播高雅的艺术作品，繁荣网络文化，让网络直播成为村民学习知识、陶冶情操、放松心情的平台。

（三）村民是乡村伦理建构的主角

村民是乡村伦理建构的主体，必须发挥村民在乡村伦理建构过程中的主动性、积极性，真正让村民成为乡村伦理的践行者，这是检验乡村文明的关键因素。新型乡村伦理就是要建构新型乡村关系，新型乡村关系存在于村民的生产生活中，村民是新时代乡村伦理的主角，乡村的精神文明体现在村民的言谈举止中。必须提高村民对新时代乡村伦理的认同，实现从"内化"到"外化"的转化，让乡村伦理内化于心、外化于行。

1. 积极发挥村民的主体作用

伦理的本质是实践，蕴含在社会关系中，通过人们之间的社会交往实现。伦理从"应然"到"实然"是新型社会关系在社会生活中的建构过程，只有成为人们的行为自觉新型伦理关系才得以形成。新时代乡村伦理是新型村民关系的"应然"，村民对新型伦理关系的践行是乡村伦理建构的真正落实，村民不应该是乡村伦理的旁观者，而应该是乡村伦理的践行者。新时代乡村伦理的建构必须获得村民的真正认同，并且由认同变为自觉的行动，逐渐成为行为习惯。

第一，乡村伦理建构必须有效激活村民的主体性。村民在乡村全面振兴中处于主体地位，他们是乡村建设的主人。只有充分发挥他们在乡村全面振兴中的积极作用，才能从根本上促进乡村的民主法治、乡风民俗和村容村貌建设。村民只有把乡村建设看作是自己的事业，认识到乡村伦理道德建设对乡村发展的重要作用，才能积极投入乡村伦理的建设中。乡村发展从根本上来说是要依靠村民，乡村伦理建设同样也要依靠村民自己。一个时期以来，很多地方的乡村文明建设更多的是自上而下推动起来的，并没有成为村民的自觉行动，造成乡村文化建设的效果并不明显。例如，县乡政府推行农家书屋，结果是书屋成为摆设，平时大门紧锁，只有上级领导视察才会打开，不但造成国家财产的浪费，一些百姓还怨声载道。乡村经济发展需要"政府搭台，农民唱戏"，乡村伦理文化建设同样也需要"政府搭台"，把唱戏的事情交给农民自己。激发村民的主体性就必须尊重村民的自主权、尊重他们的首创精神，做到一切相信群众、一切依靠群众。要不断提高村民素养，让他们在乡村文明建设中发挥聪明才智。村民"生于斯、长于斯"，最了解乡村的现状，是乡村文化的传承者，拥有丰富的乡土文化，他们所创作的作品更贴近群众生活，更受群众喜欢。我们在张家口市康保县调研时，被那里村民表演的二人台艺术深深吸引，这种富于传统色彩的民间艺术形式在宣传党的政策、弘扬社会主义核心价值观教育中起到重要的作用，传统艺术形式搭载着现代文化内容，深受百姓的欢迎。

第二，要激活和发挥村民在乡村伦理建构中的积极性，必须揭示发挥村民主体性作用的机理和实现机制。调动村民参与乡村伦理建设的积极性，必须建构保障村民主体地位的体制机制。"制度是一个社会的博弈规则，或者更规范地说，它们是一些人为设计的、形塑人们互动关系的约束。"[1] 制度具有稳定性、规范性和约束性，制度建设是发挥村民主体性的根本保障，要通过村规民约保证村民在乡村治理中主体作用的发挥，坚持以人民为中心的发展思想，真正做到依靠人民、发动人民；体现人人有责、人人尽责、人人享有的治理理念；要构建起良好的价值引领机制、利益表达机制、协商沟通机制、社会治理参与机制等。每个村民都要承担起应有的社会责任，既要强调权利更要履行义务，要让每一个村民都有实现自己理想的机会，也有自我利益表达的机会，真正形成共建共治共享的乡村伦理建设格局。

第三，发挥村民的主体性和积极性，必须提高村民的综合素质，特别是使村民的责任意识、行动能力和创新精神得到提升。参与乡村治理除了要求具有参与意愿，还必须有参与能力。乡村伦理建设是乡村公共文化建设的重要内容，文化建设必然伴随着文化革新和新旧文化的冲突，要改变主体的价值取向、思想意识和伦理道德观念。由于长期受传统伦理道德观念的影响，村民要改变这种旧的价值观念是十分艰难的，不解决思想认识问题，就不可能有参与伦理建设的积极性和主动性。因此，要让村民参与乡村伦理道德建设，必须提高村民的综合素质，特别是思想精神素养；要改变陈规陋习，通过移风易俗、革故创新提升他们的伦理道德水平。要树立新时代农民应有的责任意识和创新精神，让他们肩负起乡村发展的重任。具有责任意识才能真正承担起应有的社会责任，这是从认知转化为实践行动的过程，只有正确理解个人行为与社会发展之间的关系，个人责任才能真正落实。村民必须加强学习，提高政治站位、文化素养和精神品质，要从乡村全面振兴的高度参与到乡村伦理道德建设中去。

2. 营造良好的乡村伦理舆论环境

村民主体性的发挥与乡村舆论环境密切相关。舆论是一个社会普遍的意见，是公众对一类事物的观点和看法。舆论环境是处于主体普遍意见下的社会氛围，舆论环境对人们的心理产生一种制约作用，影响着人

---

[1] [美] 道格拉斯·C. 诺思：《制度、制度变迁与经济绩效》，杭行译，韦森译审，格致出版社、上海三联书店、上海人民出版社2014年版，第3页。

们的思想和行为。乡村舆论环境是在乡村空间范围内的，影响村民行为选择的社会公众的意见，不同的乡村会出现不同舆论环境，这也是不同的乡村有不同的道德习气的重要原因。乡村是熟人社会，人们普遍的行为方式会成为大家共同效仿的对象，因此，乡村的舆论环境有更大的影响力。营造良好的乡村伦理舆论环境，是形成村民良好道德行为的社会基础。

第一，优化乡村伦理道德舆论环境。优化舆论环境就是通过一定的宣传教育和引导，在一定社会空间范围营造积极向上的舆论氛围，从而对人们产生良好的影响，促进社会真善美的弘扬，为社会和谐发展提供良好的舆论氛围。马克思主义认为："人创造环境，同样，环境也创造人。"① 墨子认为："染于苍则苍，染于黄则黄，所以人者变，其色亦变。"② 人们常说："近朱者赤，近墨者黑。"这些都说明了社会环境对人影响的重要性。因此，正确的舆论环境对社会风气的改善具有正向的促进作用，优化乡村社会舆论环境有利于在普遍的社会行为中，促进村民的情感认同和行为认同。如果真善美的社会舆论居于社会主导地位，就成为引领和激励村民的精神力量；如果具有优秀道德品质的人在乡村社会中占据大多数，那么，假丑恶的不良风气就会处于劣势，会遭到人们的唾弃，社会就充满正能量，社会风气就好。优化舆论环境是一个长期的过程，需要全体村民的共同努力。乡村是一个大的系统，乡村内外环境都会影响乡村社会风气的状态。乡村舆论环境的改善，不仅需要内在的努力，也需要外在的推动。各级部门要加强对乡村舆论环境建设的领导，以党的正确路线方针政策引领乡村发展，以良好的伦理道德价值导向塑造村民，加强村民的伦理道德教育，让村民理解、践行新时代乡村伦理，并主动将其变为自己的内在要求。通过教育和指引，让良好的乡村风气成为村民普遍认同的社会共识，让不良的社会风气遭到人人唾弃、人人反感。让具有良好道德品质的村民有地位、有尊严、有获得感，乡村社会风气得到明显改观。

第二，提高引导乡村伦理道德舆论的能力。加强乡村伦理道德建设，

---

① 《马克思恩格斯选集》第一卷，人民出版社1995年版，第92页。
② 《吕氏春秋·淮南子》，杨坚点校，岳麓书社1989年版，第12页。

需要正确的舆论引导，必须提高乡村伦理道德舆论的引领能力。首先，要提高舆论引领的针对性和时效性，要直面乡村伦理道德存在的问题，开展具有针对性的宣传教育活动，找准靶向，找准时机。对于乡村正在发生的不良道德行为，组织村民进行讨论，形成共同的价值认识，及时制止不良行为。舆论引领要有亲和力、吸引力和感染力；教育村民语言要亲和，宣传事迹要生动；要有吸引力的画面和艺术表达方式，要有感染力的故事情节。其次，要强化主流媒体的舆论引领作用，形成正确的舆论引领格局，让主流意识形态成为乡村发展的舆论导向。要让村民感受到党和国家对乡村发展的关心，感受到党的领导是乡村发展的重要保障，认识到新时代乡村伦理建设是社会主义文化建设的重要组成部分，是新时代中国特色社会主义文化的重要内容。新时代中国特色社会主义乡村伦理是党的精神文明建设的价值引领，是乡村全面振兴的文化基础。最后，要形成一支有责任、有担当、有战斗力和凝聚力的舆论宣传队伍，发挥他们在引领乡村伦理道德舆论中的影响力，特别是发挥好精英人物的作用，他们是村民学习、效仿的对象，常常会影响乡村舆论的走向。

第三，网络舆论环境下村民主体性的发挥。网络舆论环境下乡村伦理道德价值取向呈现多元化和复杂化，影响村民的价值观，对乡村舆论环境提出了新的挑战。互联网时代，村民广泛参与网络活动，网络舆论影响了现实的舆论环境。有些村民把网络舆论的观点带入现实的生活场景中，造成价值观多元、伦理标准多元。网络环境的道德约束力相对较低，很多人在金钱利益的诱惑下不顾及社会舆论的评判，网络不道德行为常常发生，长此以往就会重塑人的伦理价值观，并且把这种价值观带入现实的社会交往中，冲击主流伦理价值观，形成不良的社会道德环境。社会伦理道德环境不好，会造成整体道德水平的滑坡，没有道德的人受人吹捧，有道德的人反而不合时宜。因此，网络舆论环境下，必须大力整治网络道德环境，打击违反公序良俗的行为，矫正不正常的荣辱道德观，让社会主义核心价值、社会主义荣辱观成为指导和约束网络行为的最基本要求。网络道德环境好了，会极大地影响现实的道德舆论环境，形成网络舆论和现实社会舆论的良性互动，不断提高全民的道德水平。

3. 积极开展村民道德教育

村民作为乡村文明建设的关键因素，必须激发村民在中国特色社会主义乡村伦理建设中的积极性，提升精神动力，增强道德辨别力和约束力，让他们真正成为推动乡风文明建设的主体。这就需要积极开展乡村道德教育，通过对村民有目的、有计划、有组织的教育，不断规范村民道德行为，提高村民的道德水平，筑牢乡村伦理建设的根基，为乡村振兴战略打下坚实的精神文明基础。

第一，开展村民道德教育的目的是培育村民的道德观念，使其养成良好的道德习惯，适应新时代中国特色社会主义乡村伦理建设的需要。要让村民的道德观念跟上时代发展的需要，特别是中国特色社会主义现代化建设的需要，这是实现乡村全面振兴的基础工程。新时代乡村伦理建设需要塑造新时代的村民，要改变村民的传统伦理道德认知，充分认识社会主义核心价值观、新时期社会公德以及爱国主义、集体主义和社会主义道德规范在乡村文明建设中的作用。要通过形式多样的道德教育活动，让村民实现从认知到认同的提升，把伦理理念渗入到行为中，并逐步养成文明习惯。开展村民道德教育同样也要坚持农民主体地位，在内容和形式上满足村民生产生活需要，贴近乡村和村民实际，充分体现地方特色。同时也要注意引领村民进行自我教育、自我约束和自我提高，认识道德教育对提高自身素质、提升自身生活品质的作用，唤醒村民的道德自律意识，引领村民自觉将个人提升与乡村全面振兴相融合。

第二，精心选择道德教育的内容，既要体现时代精神，又要传承乡村传统优秀伦理文化。党的十九大报告指出："社会主义核心价值观是当代中国精神的集中体现，凝结着全体人民共同的价值追求。"[1] 要通过社会主义核心价值观达成最广泛的道德共识，并将其作为村民伦理道德教育的基本行为标准和价值导向，进而树立村民正确的荣辱观、是非观和人生观。教育村民树立与社会主义核心价值观相一致的道德理想，在社会共同生活规范和价值准则的指引下，强化对共同理想的认同，在此基础上整合多元价值观念和道德取向。要弘扬地方优秀传统伦理文化，传统文化是几千年来乡村发展的根基和灵魂，要把具有乡土特色的优秀伦理道德文化与社会主义核心价值观有机地融合起来，让传统伦理文化焕

---

[1] 习近平：《决胜全面建成小康社会　夺取新时代中国特色社会主义伟大胜利——在中国共产党第十九次全国代表大会上的报告》，人民出版社2017年版，第42页。

发新的生机和力量，让时代精神蕴含深厚文化基础。人类优秀文明成果之所以能够传承，一定有其共同的属性，那就是有利于人类社会的不断发展，有利于人类文明程度的不断提高，有利于人民生活更加美好。同时，村民道德教育要与科学文化知识教育同步进行，村民的道德水平与受教育程度密切相关，村民的文化知识水平影响道德水平，对村民进行道德教育必须要提高他们的文化素养，这是道德判断力和道德辨别力的基础。

第三，优化道德教育的载体和方法，要结合乡村实际、贴近村民生产生活实施乡村道德教育。主动影响和灌输是实施村民道德教育的重要途径，道德观念和价值理念需要理解和内化，但是由于村民的文化水平不高，直接向他们灌输正确的伦理道德观念更有利于让村民知道什么是应该提倡的，什么是应该反对的，特别是通过全方位、全过程、全媒体的教育，让他们在耳濡目染中形成道德认识，有利于在全社会形成一种正确的舆论环境，给予正确的道德规范标准，让高尚的道德行为受到表扬，让无耻不道德的行为受到唾弃，形成强大的道德约束力和道德影响力。同时，也要注意情景体验式教育方法在村民道德教育中的作用，要大张旗鼓地表扬模范，让村民身边的好人受到尊重、得到好处，增强道德教育的感染力和说服力。同时，要积极加强乡村道德教育的队伍建设，培养一批有素质、有文化的乡村道德教育人才队伍；努力提高乡村管理者的道德素养，发挥他们在乡村道德引领中的榜样和示范作用，带动乡村社会风气。要充分重视有德行、有文化、有影响的乡村精英的带动作用，让他们通过自己的影响力优化乡村道德环境。乡村有技术、会经营、有文化、有道德的人越多，乡村的道德教育环境影响就越好。

三 新时代中国特色社会主义乡村伦理建构的机制与制度

乡村伦理建构受多方面因素的影响和制约，只有遵循伦理建构的基本原理，通过建立相应的机制和制度，才能确保新时代伦理建设目标的实现。机制原意是机器的构造和工作原理，引申为事物或自然现象的作用原理、过程及其功能。要通过价值引领、利益协调、制度约束、行为监督和奖惩保障等机制，促进新时代乡村伦理的落实。乡村伦理建设也需要制度保障，要通过制度建设规范和约束村民行为，保证乡村伦理价值取向的实现。

（一）机制建构

建构新时代中国特色社会主义乡村伦理关键在于对村民行为的引导，村民的道德行为选择受村民的价值观念、利益协调、制度约束、行为监督和奖惩保障等机制的影响，要发挥多种机制的作用，共同促进新时代乡村伦理的建构。

1. 价值引领机制

价值引领是通过对人的价值观塑造进行的引领。人的行为都具有某种价值选择，是为实现一定的价值目标而进行的行为，因此，价值观会影响人的行为活动。通过价值引领促进新时代中国特色社会主义乡村伦理的建构，就是通过对村民进行价值引领，认同、践行社会主义乡村伦理规范。价值引领包括三个步骤，即价值认知、价值认同与价值实践。

第一，伦理价值认知。在市场化、城镇化过程中，村民价值观也日益复杂化，他们的思想也在多元价值影响下出现了混乱，从而导致行为选择的困难。价值认知是价值引领的基础，确立价值选择是行为选择的前提。村民的伦理价值认知就是让村民知道应该树立什么样的价值观，特别是伦理价值观。传统乡村伦理的式微，最主要的原因就是人们的伦理价值观在改变，对传统伦理价值观不再认同，并且不明确什么样的伦理价值观是正确的，人们在重新审视、重新建构。因此，要对村民进行伦理价值引领，首要的问题就是让村民明确知晓我们应该提倡、树立什么样的伦理价值，人与人之间应该遵循什么样的伦理关系。新时期积极开展社会主义核心价值观教育，实现社会主义核心价值观的大众化，就是让人民群众理解、掌握核心价值观，并转化为内心道德信念的过程。核心价值观是判断是非标准的基本准则，是每一名公民都应有的价值认知。同时，我们积极建构新时代中国特色社会主义乡村伦理，要通过多种手段和途径，让全体村民认知、熟悉和领会新时代乡村伦理，要让新时代中国特色社会主义乡村伦理成为基本的道德认知，这是价值引领的基础和前提。

第二,伦理价值认同。弗洛伊德认为,认同指"个体或群体在感情上、心理上趋同的过程"。① 认同是发自内心地承认和接受,从认知到认同是内化的过程,是主体与客体的"统一性""一致性"的表现,不是由制度支配,而是主体对认同对象的意义和价值的理解和内化过程,表现出的认可、接受和同意的心理现象。价值认同是对某种价值的认可和承认,是价值观念的形成,是对某种价值规范的自觉接受、自觉遵循的态度。② 价值认同具有深刻性、稳定性和持久性,表现为人们在价值取向和价值追求上的一致性,从而决定了行为选择的方向。认同的核心是价值认同,认同危机主要是价值认同危机,价值认同是价值引领的关键环节,是在认知基础上通过理性思考、情感体验、信念选择实现的,意味着某种价值成为人们的内在需求和目标追求,让价值引领真正得以实现。新时代中国特色社会主义乡村伦理价值要获得村民的认同,既是一个认知的过程,更是一个实践的过程,需要村民在集体的社会生产、生活中,在人与人、人与群体以及人与自然之间的互动关系中,在共同的利益基础上达成价值共识。价值引领既需要认知价值,也需要体验价值,更需要感受价值,既要晓之以理,更要动之以情,教育是基础,伦理实践是关键,在互动中体验和感受伦理关系是价值认同的重要途径。

第三,伦理价值实践。新时代中国特色社会主义乡村伦理的建构,需要获得村民的内化,同时,更重要的是外化,即体现在社会行动中。马克思认为:"人的思维是否具有客观的真理性,这并不是一个理论的问题,而是一个实践的问题。人应该在实践中证明自己思维的真理性,即自己思维的现实性和力量,自己思维的此岸性。"③ 认同需要在实践基础上达成,这是认同的第一飞跃,由感性到理性的飞跃;认识也需要实现第二次飞跃,由理性到实践的飞跃,这是对价值认同的巩固、提高和深化的过程,也是价值引领形成的标志。新时代中国特色社会主义乡村伦理最终要落实在村民的行动中,在伦理责任的实践担当中,深化对新时

---

① 车文博主编:《弗洛伊德主义原著选辑》(上卷),辽宁人民出版社1998年版,第375页。
② 贾英健:《认同的哲学意蕴与价值认同的本质》,《山东师范大学学报》(人文社会科学版)2006年第1期。
③ 《马克思恩格斯文集》第一卷,人民出版社2009年版,第503—504页。

代乡村伦理的价值认同。伦理价值是在实践矛盾冲突、观念交锋碰撞中接受考验的，这是一个去伪存真、分辨是非的过程，恰当的价值引领是促进行为改变的最好契机。习近平总书记指出："做人做事，最怕的就是只说不做，眼高手低。不论学习还是工作，都要面向实际、深入实践，实践出真知。"① 新时期乡村伦理同样也需要在实践中创新和发展，只有在实践中，才能巩固村民的伦理价值观，才能对伦理价值有更深刻的认识。实践是目的、手段和最终检验标准，伦理价值实践是价值指引的最后落实。

2. 利益协调机制

社会性、组织性是人们实现利益需要的基础，利益只能在社会关系中产生，只有在社会关系中才能满足人们的利益需要。"人们之间的社会关系说到底是一个利益关系问题，因为一定的社会关系又必然体现为一定的利益关系。"② 要认识人与人之间的关系，必须首先了解利益关系，利益关系是一切社会关系产生、发展和变化的根源，利益也必然是伦理关系的基础。利益协调机制就是通过利益调节、引领人们的伦理行为。人的行为选择既有价值意义，也有利益追求。利益能够作为协调手段，是因为人们对利益有需要，并且只有遵守伦理规则才能获得利益需要。因而就可以设计这样一整套利益调节机制，让遵循伦理规则的人有所获，破坏伦理规则的人不但没有利益获得，还要受到处罚，这就约束了人们的行为，从而有利于伦理建构。

首先，要畅通利益表达机制，让群众通过正确的途径表达自己的利益诉求，这是利益整合的前提和基础，是化解利益矛盾，协调利益关系，实现社会和谐的重要环节。很多利益矛盾是利益表达不畅造成的，利益表达渠道既是了解人们利益需要的通道，也是缓解利益矛盾的重要手段。要满足人们的利益需要，从而引领人们的行为，就必须先要了解人们的利益需要，要让群众充分表达自己的利益需要，找到群众利益需要的关键点，这样才能通过利益调节机制引领群众的行为。因此，畅通利益表达机制不只是有利于了解群众的利益需要，也有利于纾解利益矛盾带来的

---

① 习近平：《在北京大学师生座谈会上的讲话》，人民出版社2018年版，第14页。
② 王伟光：《利益论》，人民出版社2004年版，第134页。

社会压力,群众有渠道反映自己的利益需要,就会减少社会对立,缓解不满情绪,从而有利于社会建设。

其次,要通过利益调节,创立基于共同利益需要的伦理行为协调机制。人们的需要是多种多样的,但是都有共同的利益需要,共同的利益需要会产生共同的行为选择,这是利益调节伦理行为的前提条件。要实现利益调节对伦理行为的影响,需要构建一个把二者联系起来的制度机制,这就是伦理行为的奖励和惩罚制度。制度会产生预期的行为选择,以此可以预知行为的结果,通过制度建设把村民的利益需要与乡村伦理建设目标结合起来。例如,维护国家和民族的利益是伦理选择的重要目标,作为一名中国人必须热爱党、热爱社会主义、热爱人民、热爱祖国的大好河山,只有爱国的人,才能获得所需利益,一个不爱自己国家的人一定要限制其个人利益的实现。在乡村治理方面,现在很多乡村形成了以利益调节为重要指标的乡村伦理奖惩制度,各种道德模范的评选与经济利益挂钩,乡村垃圾分类与经济绩效相联系,对于乡村伦理道德建设起到了重要促进作用。

最后,发挥利益调节在伦理行为中的引领作用,必须注意避免出现唯利是图的不良现象。对经济利益的追求是人们行为指向的重要缘由,但是伦理道德行为往往更多的是一种无私奉献,为了经济利益的道德行为是不是真正的道德行为,很多学者对此有不同的观点,实质上也是一种担心。也就是说,利益调节在促进乡村伦理道德的同时,也让人们更看重利益,而不是道德行为,导致伦理道德行为的利益化,虽然实现了行为引领的目的,但是,导致了人们更加注重利益获得,容易导致不正确的利益观。因此,必须加强利益观的教育,让群众正确认识国家利益、集体利益和个人利益的关系,把利益追求建立在正确的伦理道德观的基础上,做到利益追求与强烈的社会责任感高度统一。做到追求个人利益以不能损害国家、集体利益,不能伤害其他人的利益为前提,要有正确的利益限度,要充分尊重其他利益主体的合法权益。要引导村民建立合理的利益目标,自觉调节道德需求,选择合适的利益行为,构建和谐的乡村利益关系。

3. 制度约束机制

伦理需要制度规制。制度一般又分为正式制度和非正式制度,正式制度是人为设置的规章、规则和法则，非正式制度是指历史自然演化来的风俗习惯、伦理道德和社会信仰，在社会生活中自发约束着人们的行为。其实，任何制度都有支撑它的价值选择，价值目标是其灵魂。伦理是一种价值追求，制度为实现伦理价值提供保障。制度的约束机制主要是指正式制度为伦理建设提供制度支持，是通过制度建设促进乡村伦理构建。

第一，通过制度建设实现伦理价值追求。制度都有伦理价值选择，伦理价值是制度的核心理念，是制度建构的价值基础。通过制度建设可以实现乡村伦理目标，制度为村民践行伦理道德规范提供强制性保证。伦理道德作为调节人与人之间关系的规范，其约束力是靠传统习惯、社会舆论和内心信念来维持的，不具有强制性。制度则具有强制执行力，对人的行为约束是刚性、强制的，"制度对人形成的义务都是在实际中必须履行的"[1]，违反制度要承担相应的惩罚。制度实施的保障来自国家和社会组织，这与来自社会舆论和个人信念的伦理道德是截然不同的。制度对于不遵守者可以进行利益剥夺，而不遵守道德者被影响的是声誉。制度可以展现伦理道德的价值指向，制定有利于伦理建构的制度是伦理建设行之有效的路径。现在很多乡村制定的村规民约是践行乡村伦理道德的典型制度安排，对于乡村伦理道德的建设起着重要的促进作用，成为乡村伦理建设具有显著效果的普遍做法。

第二，乡村伦理道德规范的制度化。从制度发展历史来看，许多制度最初来自伦理道德，是伦理道德规范的制度化。伦理道德的制度化有利于促进主流伦理道德规范的推广和实施，通过制度的奖惩机制激发人的道德行为。把道德建设与制度建设融合，有利于制度建设更符合伦理要求，也有利于促进伦理道德通过制度层面加以实现。有学者指出："现代伦理道德叙事隐含着一个道德主体由'自律性品质'向'他律性品质'过渡的内在逻辑转换过程，这个逻辑转换，就是人们从先验地设定道德主体来自我约束，到主体不得不借助外在'制度规训'来吁求他律性制约的嬗变过程。"[2] 制度给人以确定性，成为应对现代社会复杂性造成的

---

[1] 韩东屏：《论道德文化的社会治理作用——从道德与制度的比较推论》，《河北学刊》2011年第5期。

[2] 李武装：《制度伦理与新时代"中国之治"的伦理建构》，《齐鲁学刊》2021年第1期。

个体道德行为的不确定性的重要选择，不是每个人都能坚守自己的道德底线，单纯依靠道德的约束是存在社会风险的。从实践层面来看，伦理道德规范的制度化成为乡村伦理建设的重要内容，很多乡村在乡风文明建设中，强调制度约束的刚性在纠正村民行为中的作用，通过制度建设和实施，让一些不良的传统习惯以及不文明的行为受到制约。例如，通过制度建设实现移风易俗，改变长期以来困扰村民的婚丧嫁娶大操大办的旧习，制定统一的用餐标准和随礼标准，杜绝了彩礼过重、相互攀比等不良习气，真正发挥了制度建设在弘扬正气、移风易俗中的重要作用。

第三，对制度进行伦理审视和道德评价。对制度进行伦理审视，让制度发挥伦理功能，同样是伦理建设的重要途径。制度是否合理关系民生和人心，影响社会和谐，让制度在执行过程中体现伦理品质，传递伦理道德精神。美国当代伦理学家富勒认为："一个真正的制度应当包含着自己的道德性，一旦国家施行的制度没有能蕴含着道德的价值取向，就会导致一个根本不宜称为制度的东西。"[1] 强调制度在伦理建设中的功能，不能漠视伦理道德本身对制度的终极价值要求，制度的人性化、伦理性不但对人们的行为起到更有效的制约作用，同时也起到了倡导、宣传、传递社会伦理价值观的作用。"制度伦理凝结了制度评价和道德实现两个问题，体现了二者的辩证关系。"[2] 制度具有教育作用，但是这种教育作用一定要给人们正确的价值指向，否则就会传递恶的东西。要用伦理智慧的价值指引润泽制度，通过制度的刚性托举让新时代乡村伦理得到弘扬，实现乡村制度规范与乡村伦理道德的双向互动。

4. 道德监督机制

伦理道德行为主要依靠主体的内在自律，需要教育和引领，同时也需要外在的监督约束。监督作为一种有效的外在促进力，在行为养成阶段，特别是对于形成主体的自觉自律行为具有重要的作用。道德行为监督机制是通过建立一套外在的督促手段，让村民自觉履行道德责任，自觉接受道德约束，逐步养成道德行为。因此，道德监督是了解群众诉求、

---

[1] 李龙主编：《西方法学名著提要》，江西人民出版社1999年版，第534页。转引自韩东屏《人本伦理学》，华中科技大学出版社2012年版，第100页。

[2] 梁禹祥、南敬伟：《诠释制度伦理》，《道德与文明》1998年第3期。

沟通理解、解决道德问题的好渠道。

第一，建立村民道德行为的监督机构。村民道德行为主要依靠社会舆论去监督，但是，村民道德行为影响社会和谐，单纯依靠舆论监督并不能完全解决问题，特别是在名誉与利益面前，很多人往往选择的是利益。因此，建立专门的监督机构对于规范村民道德行为、形成良好的社会风气有着重要的现实意义。这个监督机构应该由村干部、村民代表以及乡贤共同组成，负责对全体村民的道德行为进行监督，特别是对孝敬老人、夫妻道德、违反公共道德的行为进行纠正，并配合其他的利益调节和惩罚机制让村民不愿意、不敢做出违反伦理道德的行为。很多人认为个人道德是私事，过去没有人主动去干预，建立道德监督机构就有了专门机构去管过去没有人问津的事情。在乡村伦理道德建构实践中，监督机制也确实起到了很好的道德治理作用，村里不孝敬老人、家庭暴力、婚丧嫁娶大操大办等行为被监督机构督查，并在调解和教育中得到纠正。

第二，要充分发挥乡村舆论监督、媒体监督等的道德监督作用。乡村社会仍然是一个熟人社会，村民还是很顾忌来自他人的评价，注重树立自己的道德形象，道德规范具有良好的约束力。道德舆论一般是流传于乡村以及附近的道德评价，如果一个人的道德行为受到多数人的质疑，就会受到舆论压力，影响其在乡村熟人社会中的社会交往、社会信任和生产合作。因此，乡村社会的熟人关系为道德监督功能的发挥提供了良好的条件，成为制约和规范村民个人道德行为的重要力量，有利于维持熟人社会的道德秩序。同时，随着互联网以及广播、电视等媒体的发展，它们也在道德监督中日益发挥着重要的作用，主要是对道德事件的报道和评价，好人好事让更多人知晓，起到宣传督促作用，对村民不良的道德行为通过媒体进行批评教育，形成一种公众压力，特别是损害公共道德的行为要及时通过媒体报道起到警示教育作用。例如，乡村大喇叭对村里事件的监督报道，特别受群众的关注，被表扬的人会做得更好，受到批评的人及时改正。

第三，要建立自下而上和自上而下的全方位道德监督体系。自下而上的监督就是要让每一个村民都成为监督者，发挥全体村民在道德监督中的作用。这里所说的全面监督不只是对领导干部的道德行为监督，也包括对其他村民的道德监督。要让每一个村民都对不良道德行为说

"不"，发现身边人的不道德行为及时制止或者报告给道德监督机构。村民对身边的人或事最知晓，无论是优秀的道德典型还是不道德行为事件，都能在第一时间发现。要发挥好村民的道德监督作用，必须有相应的配套奖励制度，让监督者有所收获；要搭建监督平台，疏通监督渠道，还要建立和完善对监督者的保障制度，在乡村营造村民愿意监督、敢于监督、能够监督的良好氛围。自上而下的监督主要是上级部门的监督检查，各级党政部门要成为乡村伦理道德建设的促进者，既要谋划道德建设的各种策略和措施，也要注重督促检查，及时发现问题，确保文明建设的成效。道德监督是预防违法犯罪行为的前沿阵地，道德监督做好了，不但乡村社会关系更和谐了，乡村秩序也会越来越好，乡村文明程度得到极大提高。

5. 道德评价机制

乡村伦理道德建设既需要提升村民的道德自觉性，也需要外在制度的保障，其中道德评价机制就是重要的方式。乡村道德评价机制是乡村道德评价规则、评价理念、评价方法等组成的一系列评价体系。道德评价是一种反馈机制，让村民认识到自己与乡村道德要求之间的差距，在不断反思中提高对伦理道德的认同，从而调节自己的行为，为形成良好的乡村道德发挥作用。道德评价可以促使道德规范转化为村民的道德行为，对村民道德行为起到监督、引导作用，把外在的道德规范内化为村民的道德行为。但是，要发挥道德评价在提升村民道德水平方面的作用，必须制定科学、完备的评价机制，只有科学的乡村道德评价机制，才能对乡村道德建设起到正向作用，对村民道德行为的形成起到推动和引领作用。因此，构建和完善乡村道德评价机制，是促进乡村道德建设的重要途径，不可忽视，必须加强。

第一，建立以提升和完善村民道德品质为主要目的，检验、规范村民道德行为，最重要的是提升村民道德水平，激励村民不断提高道德境界的评价机制。要通过道德评价给村民提供准确、建设性的指导，使村民认识到自己的不足。让村民正确认识自我、分析自我，为自己道德品质的提升确立发展目标，对村民的道德评价既有引领、教育作用，也有激励促进功能。同时，对道德行为的评价不只是关注评价的结果，更注重对过程的评价，要及时反馈村民道德行为中出现的问题，及时整改和修正，从而不断调整自己的道德行为，逐步提高道德水平。作为道德评价的主体，评价者和被评价者之间要进行充分的交流，使评价成为教育、明辨是非和统一思想的过程，把道德要求变为村民的内在要求，在评价过程中调动积极性，激励村民不断提高自己的道德水平。

第二，要确立正确的评价标准，这是村民道德评价的依据，是乡村道德活动开展的重要参照。标准是前提，是乡村道德评价机制的关键。乡村是富有个性的地方，各地由于历史传统和文化差异，乡村伦理道德也各具个性，不同地域有不同的道德习俗，这就要求不同的乡村应该具有不同的道德评价标准，特别是要制定符合地方特点的评价标准，做到既有共性也有个性。要尊重村民的个体差异，对于不同的人群提出不同的要求，建立多类型的评价标准。村干部、普通村民、媳妇、婆婆、儿子等都应有其不同的道德标准。也不能盲目拔高道德标准，标准一定要具体、有可操作性，让村民能理解、够得着、想努力，整齐划一、过于抽象化的道德标准不利于调动村民的积极性。只有确立多层次、多类型的道德评价标准，才能让所有的人有努力的方向，有努力的积极性，为村民道德品质的提高提供更广阔的发展空间。

第三，评价主体有评价者和被评价者，如果把二者割裂开，就会把村民放在被评价和管理的位置，就会产生矛盾和对立，甚至有些村民不能积极参与评价，也不利于乡村道德建设。共同参与是提高评价效果的最佳方法，要形成上级部门、村干部、村民等主体都共同参与评价的机制，形成自评与他评、上级评价与下级评价、村民之间互评相结合等评价形式，体现评价的民主性和建设性。通过营造尊重、宽松、理解、和谐的社会评价环境，让村民主动评价自己的道德行为，主动反思自己行为的不足，使评价成为村民接受教育的好机会，以评促建、以评促改、以评促优。

第四，要建立道德评价的反馈和激励机制。道德评价具有导向性，应通过道德评价引领村民的道德行为朝正确的方向发展，并通过激励措施不断提升道德水平。在评价过程中要及时反馈评价信息，及时了解评价过程和结果，并在平等、信任的基础上共同分析评价结果，共同商议改进和提高措施，让村民既知道自己道德行为存在的问题，也能够正确对待自己的道德问题，并能够积极改正，使评价在公开、公正的氛围中开展。同时，评价是提高的过程，要经常、连续、定期开展道德评价，不能虎头蛇尾，避免一时抓得很紧、平时无人问津的局面，让评价成为常态化的活动，使村民道德水平的提高成为一个动态、周期性的状态，为逐步提高村民道德水平提供持续的支持和动力。对评价结果要谨慎地使用，并适当地与奖惩相结合，不要把奖惩作为目的，而应成为一种手段，实施奖惩以促进、提高村民道德水平为目的。

（二）制度构建

制度是被制定、认可并要求遵照执行的正式和非正式的行为规范体系，制度具有稳定性和持续性，制度一旦形成，就会对人们的社会行为产生制约作用。每一个制度都包含着某种价值理念，这是制度建构的宗旨；都有明确的行动规制，都有目标预期，体现了人们的权利、义务和责任。乡村伦理的制度构建，主要是指伦理道德制度化，就是把"软"道德变为具有强制执行力的"硬"伦理，把内在的道德自觉变为外在的道德约束，强制村民在家庭生活、公共生活和社会交往中自觉履行道德义务和责任。伦理和制度都具有维护社会秩序的功能，通过制度强化伦理的执行力，通过伦理让制度更具有公正性。因此，乡村伦理道德的制度化建设，就是用伦理追求和价值判断对制度建设进行正当、合理性评价，让制度体现一定的伦理追求和价值判断；实现伦理道德的制度化，构建制度化的伦理道德，通过制度实现伦理目标。

1. *乡规民约行为规范制度*

乡规民约在中国乡村治理中发挥着独特的作用，是对村民生产生活关系、公共秩序进行自我管理和自我约束的乡村规则，具有乡土性、自治性，从其产生之日起就发挥着劝人行善、淳化风俗、和谐邻里、家庭和睦、乡村发展的作用，是传统乡村文化的重要组成部分。在现代乡村治理中，乡规民约可以弥补法律在乡村治理中的局限。法律具有宏观性、抽象性，而乡村都是具体的、各具特色的，法律不可能针对具体的乡村及乡村生活有具体的规范，不能给村民一个明确的说法，对于文化水平不高，特别是法律知识相对欠缺的村民来说，在理解和运用法律方面就存在一定困难，乡规民约正好补充了法律的不足。但是，乡规民约的制定不能违反法律规范，虽然它有很灵活、具体的内容，特别是有一些是针对本乡村制定的规约条款，在总体上是不能与法律精神相悖的，可以说是更加接地气的、更具有乡村特色的通俗法律条文。乡规民约由村民集体制定，反映全体村民的共同意志，对全体村民具有普遍约束力；以乡村深厚的乡土文化为底蕴，是乡风民俗的延续和优化，符合村民的心理诉求，是与时代同步，不断创新发展的乡村法律。

第一，制定乡规民约不能与我国现行法律相抵触，既要合理又要合法；凸显"乡规"的适用范围，体现乡村特点，因地制宜，符合乡村发展的生产生活实际，具有典型的自治特色。要体现"民约"的自治特点，其制定和实施要体现全体村民的意愿，广开言路，倾听民心，充分调动村民参与的积极性，反映社情民意，凝聚村民共识。同时，乡规民约的文本要简明扼要、通俗易懂，让村民容易理解并能记住，这是乡规民约发挥作用的重要保证。乡规民约不是限制村民的自由，而是让乡村生活更加美好，要体现全体村民的利益，杜绝被一小部分人利用，成为实现部分人利益的工具。乡规民约更是一种教化和激励的手段，不应该是对村民行为的限制和惩罚，而是要通过乡规民约让村民自觉提高自己的道德水平，弘扬社会正气，让乡村有规矩，村民懂规矩，人人守规矩。

第二，乡规民约要与时俱进，必须顺应乡村变化，特别是乡村社会关系的改变。要满足乡村原有社会基础出现变迁的现实要求，在吸取传统乡规民约优秀内容的同时，制定反映乡村现代化需要的乡规民约。在指导思想上，要以习近平新时代中国特色社会主义思想为指导，坚持正确的伦理价值观。制定乡规民约必须面对现代乡村发展的现实，从经济上来看，商品经济替代了传统自然经济；从社会关系来看，由于城镇化的加速推进，人口流动频繁，传统熟人社会被陌生人社会所替代；从社会治理上来看，现代政治力量深入到了乡村，人们的法律意识增强，乡规民约的实施空间被压缩，陌生人社会使得乡规民约发挥作用的社会关系发生了改变。这就要求新时代的乡规民约与现代国家治理、与国家现行法律相衔接，要以中国特色社会主义乡村伦理为重要内容，反映新型乡村关系。发挥规范乡村选举、保护乡村环境、抵制不良习惯、移风易俗、尊老爱幼、规范乡村议事规则等作用。

第三，与乡土文化的结合是乡规民约的生命力。作为内生于乡村的价值选择，乡规民约是乡村文化的一种表达方式，如果没有乡土文化这一基础，乡规民约便形同虚设。也就是说，乡规民约必须符合当地的文化传统，不与深植于村民内心的文化观念相符合的乡规民约是难以被遵守的。例如，有学者在对赣南林农偷盗林木的调查中发现，被当地法律界定为是"偷"的行为，村民并不认为是"偷"，觉得只是常年以来在山场捡柴挖笋的日常行为。"真正对村民起实质性作用的，并不是物理上或法律上对物的界定。而是村民头脑深层里对存在东西或行为的一个自我归类。正是依靠村民脑中对事物或行为的分类，村民才做出相应的行为和相应的判断。"① 乡规民约适应、契合乡村传统行为习俗，并不是献媚不良文化习性，而是在对传统文化的创造性转化、创新性发展的基础上，让乡规民约在乡土文化的呵护下，更好地发挥作用。

2. 道德模范评选制度

"实践证明，评选表彰道德模范，是引导人民群众大规模参与道德实践的成功探索，是新形势下推进公民道德建设和精神文明建设的创新之举，对于在全社会弘扬中华民族传统美德、自觉践行社会主义荣辱观起到了极大的榜样引领作用。"② 道德模范是珍贵的道德教育资源，评选道德模范同样是教育群众、提高社会文明水平的过程。在乡村建立道德模范评选制度，发动村民广泛参与，既可以在乡村形成比学赶帮的道德建设局面，也可以让村民知荣辱、辨是非、懂道德。在乡村开展道德模范评选制度，要做好以下工作。

第一，建立多层次的道德模范评选制度，营造学习模范、争当模范的良好社会氛围。社会舆论是促进道德行为最为重要的环境因素，一个地方的社会舆论崇尚什么、提倡什么，就会形成什么样的社会风气。对接全国道德模范评选制度，形成本地域的道德模范评选品牌，建立村、乡、县三级道德模范评选机制，把村级道德模范评选作为基础工作来抓，在全县范围内形成轰动效应，让道德模范在熟人社会中产生影响，起到引领带动作用。越是在基层，道德模范的影响力越大，因为这些身边人、

---

① 訾小刚、赵旭东：《"偷"与林权——以赣南某村落林权状况调查为例》，《云南大学学报》（法学版）2007 年第 6 期。

② 中共中央文献研究室编：《十七大以来重要文献选编》（下），中央文献出版社 2013 年版，第 510 页。

身边事，是人们熟悉的人、熟悉的事，更有亲身感受，更能够从平凡中感受到不平凡。但是，如果只建立村级道德模范评选制度，不能起到更广的示范作用，也不能形成更广泛的社会氛围，产生更远的社会影响力。道德模范评选的三级联动，使社会参与面广、参与人多，更有利于向周边扩散。既有利于更多的身边好人被发现，也让这些道德模范有更高的荣誉感和崇高感，更有利于让道德的星星之火形成燎原之势，营造浓厚的道德模范生长环境。

第二，规范优化道德模范评比程序，坚持"从群众中来，到群众中去"的原则，把身边真正的模范推选出来，这是关系道德模范评选制度成败的关键因素。要发动群众，广泛征求群众意见，要善于让群众发现身边好人，切忌上级领导自作主张拍板确定。推举道德模范的过程是教育群众的过程，让群众知晓这些标准就是让他们明白做怎样的好村民，哪些行为是被提倡表扬的，哪些行为是被禁止的，哪些行为在道德模范评选中是被一票否决的，村民知道了标准也就会主动规范自己的行为，向道德模范学习。要把村民推荐和村领导集体商议相结合，要把村民的意见进行汇总，把村民普遍认为的道德好人评选出来并进行公示，让这些道德模范真正经得起群众和历史的检验。在康保县土城子镇小庄子村调研时发现，当地结合扶贫工作通过每年一次的"最美媳妇""最美女婿"评选提高村民的积极性，村民踊跃参与。评比就是一种竞争，这是一种荣誉，更重要的是一种认可。这种评选"孝子"、表彰"最美"的活动，在村民中引起了热烈反响，争当"孝子"的风气悄然兴起。村民都是善良的，通过孝道教育，家庭关系和谐了，他们认识到了人与人之间不只是金钱关系，亲情更加重要，民风变了，村风也变了，现在村里已经形成了人人尊老、敬老、爱老、养老的良好社会风气。

第三，爱护、宣传、关怀和奖励评比出来的道德模范，如果只是活动轰轰烈烈，过后无人问津，那么只能是昙花一现、光鲜一时。对道德模范的持续关注，才能让人们意识到模范的光荣，要给道德模范一个宽松的社会环境，不能对他们进行道德绑架，干预个人的生活，例如，对道德模范的一言一行都进行道德评价，给道德模范制定高标准、高要求的行为规范——他们不能穿名牌衣服，不能开高档汽车，不能经商赚钱，甚至不能乘坐飞机。如果不能给予道德模范应有的礼遇和关心、关爱，在全社会形成好人受尊重、好人被人羡慕的社会风尚,道德模范的评比制度就不能获得应有的效果。我们在河北省临西县东留善固村调查时发现,这个村是全国著名劳模吕玉兰的故乡,村里坚持开展文明家庭、文明标兵、优秀党员、优秀青年、好媳妇、卫生胡同、卫生户等评选活动。首先以村民小组为单位自报公议,再以生产队为单位综合评比,报村里公示一周。对评上的各类先进人物,不仅召开全体村民大会予以表彰,还制成光荣榜在玉兰大街上展示一年。评上的好媳妇由村干部带队,开着"好媳妇报喜车"敲锣打鼓到娘家送牌匾,这种做法在社会上产生了强烈反响。

3. 村民互助制度

村民互助是生产生活和社会交往中人们之间的相互支持和合作,是传统乡村聚居生活经常发生的行为,也是中华民族的传统美德。互助是由人类群体性生活的本质决定的,共同生活就会发生互助协作,这是人类战胜来自自然、社会的困难的惯常做法。"分享或类似的习惯,在一个常患不足的社会,是非常容易理解的,贫困与匮乏使人变得慷慨,只有这样才能保证每个成员抵御饥馑。今天我从他那获得了帮助,而或许明天他也需要帮助。"① 互助在劳动资料和劳动力短缺的乡村是经常发生的,特别是在个体性的农业生产中,互助实现了互补。互助其实还有一个特别重要的功能就是化解乡村矛盾、增进村民情感、增加相互间的友谊,在互助活动中村民之间的关系更加融洽了,凝聚力增强了。在现代乡村社会中,村民相互之间的物质依赖程度下降了,但是,这并不说明村民之间的互帮互助没有必要了。人与人之间的互助不是只在物质财富方面,而是体现在生产生活的方方面面,个体是弱小的,只有在互助中人们才能战胜各种困难和危险。因此,在乡村建立村民互助制度是非常有意义的,能够极大促进乡村文明水平的提高。

第一,加强对村民互助意识的教育,让村民理解互助仍然是现代文明的体现,是现代乡村生活的需要。制定村民互助制度首先必须让村民

---

① [美] 马歇尔·萨林斯:《石器时代经济学》,张经纬、郑少雄、张帆译,生活·读书·新知三联书店2009年版,第244页。转引自王晓《三江并流核心区社会秩序的建构与维持机制研究》,中山大学出版社2016年版,第49页。

理解互助的重要性，理解互助在自我发展和乡村和谐中的重要意义。由于受市场经济的影响，乡村互助行为逐步被有偿劳动所替代，城镇化加剧人口流动，乡村固定关系被打破，影响乡村互助行为的发生。互助本质是一种交换行为，既是情感关系的体现，也是行为交换的方式。但是，在流动性特别强的社会中，人们对未来没有肯定的预期，"即时结算"就成为人们的普遍做法，也就是"一手交钱，一手交货"式的人际交往，人们不会欠也不愿意欠"人情"，因为怕还不了。如果村民不理解互助在现代乡村生产生活中的重要意义，村民互助制度就不会起到任何作用。现在学术上讨论最多的是乡村互助养老，这既是一种养老方式，也是一种特殊的互助行为，体现了社会主义大家庭互助友爱的美德。其实，不要对互助行为进行狭隘的理解，可以说任何人都离不开他人，在任何时候人与人之间都需要互帮互助。

第二，建立乡村志愿服务组织，招募热心公益的村民成为志愿者。守望互助是志愿文化的基本内涵，中国传统文化中蕴含着丰富的助人、仁爱、慈善等志愿文化，在乡村组建志愿服务组织是弘扬优秀传统文化的最好实现形式。从各地乡村志愿服务实践来看，乡村志愿服务组织主要有乡村党员志愿服务队、妇女志愿服务队、青年志愿服务队以及其他社会公益性组织等。要通过党建引领、模范示范、项目带动等举措，推动乡村志愿服务组织在乡村治理、疫情防控、环境整治中的作用。要在乡村进行广泛的志愿服务宣传教育，让更多的村民理解和支持志愿服务，履行自己的责任和义务，自觉加入志愿服务工作中，形成人人参与、人人服务志愿服务的良好氛围。

第三，搭建互助平台，让村民互助制度有效实施。互助不应该只是邻里互助，而应该成为乡村公共行为，要通过制度设计形成乡村整体的互助模式，不应该只有村民偶然、个别的互助活动，要形成在更广泛、更有效基础上的互助整体效应。村民是乡村各种活动的参与者，也是乡村互助的受益者，要通过村民的广泛参与，使互助实现良性发展。村委会应该牵头搭建乡村互助制度平台，例如爱心驿站、慈善超市、居家养老、呼叫服务等群众性自我服务平台，通过平台实现村民互帮、邻里守望，优化乡村社会资源。要通过乡村公益慈善活动、各类帮扶活动解决村民的实际困难，让互助更贴近村民的生产生活。要利用现代网络和广播技术，例如乡村微信群和QQ群、乡村网上虚拟社区和乡村广播，及时通报求助和服务信息，让村民在网络平台上也能体会到关心和关爱。

4. 乡村礼仪活动制度

我国传统社会是一个礼俗社会，礼仪文化源远流长。礼仪文化具有重要的教化功能，对于规范乡村生活具有重要意义。乡村变迁，特别是现代文化渗入乡村，造成礼仪文化一定程度的衰落。重振并再造乡村礼仪文化对于实现乡村治理、和谐乡村关系有着重要的作用。礼仪可以重塑乡村集体记忆，隆重的场面和仪式让村民在礼仪活动中接受教育；让村民身临其境地体会礼仪活动带来的对内心信念和情感的冲击，强化村庄认同、联络村民感情、规范村民行为、促进乡村文明。"礼"是乡村礼仪活动制度的灵魂，要体现一定的价值理念，要制定体现现代伦理精神的礼仪规范，还要有充分的物质保障。

第一，要根据乡村文化习俗，精心选择礼仪活动，传递正确的价值理念，体现新时代中国特色社会主义乡村伦理文化。礼实际上就是一种行为准则和规范，让日常生活变得更有仪式感，让人们的生活变得更加文明，通过礼仪活动的举行，人们受到礼仪文化的教化。由于各地乡俗不同，礼仪活动的内容也有差别，现代礼仪活动要汲取传统礼仪文化中的优秀营养，在传统文化和时代精神的衔接中推进移风易俗，为乡村信仰提供价值导向，促进乡村伦理道德建设水平的提升。对传统礼仪的继承性发展是现代文明的体现，从现代乡村礼仪文化活动的内容来看，有成人礼、开蒙礼、结婚礼、敬老礼，参军礼等。例如，婚礼的举办可以教育孩子不忘养育之恩、传承优秀家风，起到稳定婚姻关系的重要作用。敬老礼，可以将传统孝文化与现代尊老文化相结合，教育青年一代尊老、爱老、助老。

礼仪活动已经成为乡村公共事务的重要内容，这样的活动，能起到凝聚村民、弘扬传统文化的重要作用。

第二，要发挥乡村文化精英的积极作用，同时让村民成为礼仪文化活动的主角。地方性的乡村礼仪文化需要精英人士挖掘、解释，必须有一批能够传承文化、解释乡村历史的人，他们是打造礼仪文化品牌、提高乡村的知名度、推动乡村发展的重要力量。同时，只有让村民都能参与到乡村礼仪活动中，才能起到教育影响作用。首先，要对村民进行礼仪文化的教育，聘请文化学者传播礼仪文化和专业技能，既能提高村民的文化素质，也能培养村民的乡村情结，提高对乡村文化的认同。其次，乡村礼仪文化要从小培养，要在乡村学校增加相应的乡土文化课程，让孩子们既懂得现代文明伦理，也知晓乡土道德文化，他们是乡村礼仪文化的传承者和发扬光大者。最后，要创新传播渠道，充分利用现代科学技术，特别是互联网手段，让更多的村民参与、了解内容积极向上、形式灵活多样的礼仪文化，在共享中增强乡村礼仪文化的吸引力和影响力，实现乡村礼仪文化的治理功效，让村民在自己的精神家园中实现对生活的理解。

第三，为乡村礼仪制度提供充分的物质保障和良好的社会氛围。制度需要物质基础，实施乡村礼仪制度同样需要资金、活动场地和相应的物资条件。必须大力发展乡村经济，经济发展水平是开展乡村文化的基础。实践也证明，乡村文化开展比较好的乡村，一般来说是经济条件较好的乡村。要根据村民需要建造乡村礼仪活动的场所，例如文化广场、文化礼堂、村民中心等。2013年浙江省启动文化礼堂建设，成为村民文化精神的家园，给乡村举行礼仪活动提供了条件，也使得乡村礼仪制度获得了物质保障。乡村礼仪制度不但需要良好的硬件设施，还需要良好的软环境，包括良好的家风家教和乡村文化氛围。家庭是乡村礼仪文化教育最重要的场所，家庭礼仪是乡村礼仪的组成部分，良好的家风家教是乡村礼仪文化的基础，要以良好的家风带动乡村文明，实现由家庭到乡村社会的扩展。要在乡村营造邻里和睦、相互帮助、感情浓厚、融洽和睦的氛围，建立起遵纪守法、追求高雅、以礼相待的乡村礼仪制度基础。

5. 环境卫生管理制度

环境卫生是人类文明的重要标志，是乡风文明的窗口，是乡村环境伦理道德建设的重要内容。建立乡村环境卫生管理制度是乡村环境整治常态化的保证，是实现社会主义新农村建设可持续发展的基础，是以制度建设实现乡村环境伦理建设。要提高村民的卫生保洁、垃圾分类处理和村容村貌改善意识，让新农村建设实现内涵和外貌的和谐发展。

第一，不断健全和完善的乡村环境卫生管理制度。乡村环境是一个大概念，包括生活环境和生态环境，并且二者相互影响。乡村环境卫生管理随着新农村建设，农村环境卫生整治提升改造，逐步被重视并纳入乡村治理中，主要指的是生活环境的改善，包括街道改造、垃圾处理、厕所革命等。不可否认，在未来的乡村发展中，环境卫生管理仍将是实现乡村发展的重要制约因素，需要不断细化管理制度，形成全方位、分项目的制度体系，在现有制度基础上进一步完善制度内容，提高环境管理的层次和水平。建立乡村街道庭院清洁保护制度、垃圾分类转运处理制度、厕所建设管理制度、绿化美化环境制度等。通过完善的制度建设让美丽乡村真正得到落实。

第二，形成人人关心环境卫生保护、人人有责任维护环境卫生的制度机制，认识到乡村环境卫生管理需要全体村民维护。首先，要在思想认识上达成环境保护的共识，自觉维护环境卫生，理解环境保护与个人生活质量提升、预防疾病发生之间的关系，形成良好的卫生习惯。其次，要学习环境保护的知识，特别是垃圾分类的知识，懂得不同垃圾的处理标准。同时，要发挥乡村党员和模范的带头作用，让他们做环境卫生保护的示范者和引领者，通过他们的示范让村民逐步养成习惯。也可以通过制度规定，实行环境卫生管理的划片承包制，分清责任，明确目标，让全体村民都明确自己的环境卫生责任区，相互比较，共同提高，实现乡村环境卫生管理的良性发展。

第三，建立乡村环境卫生监督机制，形成多层次、全方位的环境卫生监督管理体系，让全体村民都参与环保监督。乡村环境卫生管理监督包括上级监督、村级监督和村民自我监督，县乡要定期进行环境卫生评比活动，环境卫生评比结果与乡村绩效挂钩，让每个乡村都重视自己乡村的环境卫生管理，并且把它作为乡村评比的重要指标。乡村要做好环境卫生的日常管理，村委会要经常性地开展环境卫生检查，督促村民对于环境卫生存在的问题进行及时整治，并且与乡村福利挂钩，对于环境卫生不好的村民进行一定范围内的批评，提出警告。村民之间要相互监督，建立村民环境卫生监督奖励制度，对于环境卫生搞得好的村民进行表扬，搞得不好的提出批评。开展左邻右舍环境卫生评比活动，以评促建，以评促改，以评促优，形成建、管、督的乡村环境卫生管理制度体系。

结　语

中国式现代化推进中的
乡村伦理建构

党的二十大报告指出："中国式现代化，是中国共产党领导的社会主义现代化，既有各国现代化的共同特征，更有基于自己国情的中国特色。中国式现代化是人口规模巨大的现代化，是全体人民共同富裕的现代化，是物质文明和精神文明相协调的现代化，是人与自然和谐共生的现代化，是走和平发展道路的现代化。"[①] 这是全面建成社会主义现代化强国，实现"两个一百年"奋斗目标的中国道路、中国方案。中国式现代化必然包括乡村现代化，中国式现代化的推进过程也是乡村现代化的实现过程，二者不可分割，是互融共促的相统一过程。乡村现代化是乡村全面振兴的必然要求，中国的乡村全面振兴必须走中国式乡村现代化之路。新时代中国特色社会主义乡村伦理是中国式乡村现代化的重要内容，也是实现乡村现代化的伦理基础和精神支持，建构具有中国式现代化特征的乡村伦理是时代要求，是乡村永续发展的基础。

一　中国式现代化与乡村现代化

中国式现代化是中国共产党领导下的，体现社会主义本质要求的现代化；是立足于中国基本国情，具有深厚的中华优秀传统文化根基的现代化；中国式现代化具有各国现代化的共同特征，是吸纳了人类现代文

---

① 习近平：《高举中国特色社会主义伟大旗帜　为全面建设社会主义现代化国家而团结奋斗——在中国共产党第二十次全国代表大会上的报告》，《人民日报》2022年10月17日第2版。

明成果的现代化。走向现代化是社会不断发展进步的必然要求,实现中华民族伟大复兴必须走中国式现代化之路。中国式现代化扎根中国大地、立足中国国情,以实现最广大人民群众福祉,让全体人民走上共同富裕的道路,使人与自然和谐共生,创造了人类文明新形态的中国特色社会主义现代化。中国式现代化一定包括乡村的现代化,乡村现代化是中国式现代化进程中的重要组成部分,"当我们审视中国的现代化进程并探讨其特殊境遇时,始终不能忽视乡村在其中的重要地位,不能忽视农村、农业和农民的现代化问题"。[①] 乡村是社会发展的基础,关系社会发展的质量和潜力,全面建成小康社会、全面推进中华民族伟大复兴、全面建成社会主义现代化强国,乡村现代化是关键。

中国式现代化是城乡共同发展的现代化。现代化意味着更高的经济发展水平、更好的生活条件、更完善的公共服务、更高水平的文化建设、更好的社会保障。中国式现代化就是要维护好、发展好、实现好最广大人民群众的根本利益,坚持"以人民为中心",根本目的就是提高人民物质文化生活水平,促进人的全面发展。中国有14亿多人口,整体进入现代化社会任务是艰巨的,情况是复杂的,面临的挑战也是前所未有的。长期以来,城乡差别一直都是影响中国社会发展的重要制约因素,乡村成为我国社会主义现代化建设的短板。从乡村发展的历史来看,伴随着工业化、城镇化与现代化的过程,乡村经历了不断衰落和萎缩的过程。新中国成立以后,我们确立了重点发展工业的道路,在对工业与农业之间关系的认识上,简单认为工业化发展道路就是要重点发展城市,农村要支持城市,乡村要为城市提供服务,城市发展成为社会发展的主导,这就造成工业与农业、城市和乡村发展的不平衡,形成了城乡之间的二元结构。过于强调农业对工业、乡村对城市的支持,最终导致了乡村的衰落。改革开放以来,家庭联产承包责任制的实施导致农村人口流动加剧,大量青壮年人口进城打工,乡村精英人才流失严重,乡村又经历了"空心化"的衰败。农业、农村、农民问题被学者提出,并引起高层重视,农村发展被提上议程。大力发展乡村经济,加强乡村治理,繁荣乡

---

① 王露璐:《中国式现代化进程中的乡村振兴与伦理重建》,《中国社会科学》2021年第12期。

村文化，促进乡村公共服务供给，城市反哺乡村成为共识。农村税费制度改革，统筹城乡发展，建设社会主义新农村，形成城乡经济发展一体化格局。但是，缩小城乡之间的差距不可能一蹴而就，城乡发展不平衡仍然是社会发展的难点。在党的二十大报告中，习近平总书记指出："着力推进城乡融合和区域协调发展，推动经济实现质的有效提升和量的合理增长。"① 没有农业农村的现代化，就不会有真正的国家现代化。农业强不强、农村美不美、农民富不富已经成为影响全面建成小康社会和社会主义现代化质量的重要指标，适时提出脱贫攻坚和乡村振兴战略极大地促进了乡村的发展。

实现全体人民共同富裕是社会主义现代化国家的本质要求。扎实推进全体人民共同富裕的难点在乡村，重点是农民的富裕。乡村是我国的低收入人口较为集中的地区，不消除城乡差异让农民真正富裕起来，社会主义现代化的目标就无法实现。"小康不小康，关键看老乡"②，没有农民的富裕就不能实现全体人民的共同富裕。但是，共同富裕是一个逐步实现的过程，不可能同一天时间所有人一下子都富裕起来，要允许一部分地区、一部分人先富，进而带动其他人富裕，先富不是拉大贫富差距，最终目标是全面共同富裕，允许一部分人先富是带动所有人共富的策略和路径。改革开放以来的城乡发展不平衡一方面拉大了城乡差距，另一方面也为城市反哺乡村、走向共同富裕奠定了基础。我国社会主义现代化国家已经从站起来走到了富起来，进一步向强起来迈进，已经具备了实现共同体富裕的能力。2020 年如期打赢脱贫攻坚战，解决了绝对贫困问题，这就充分证明我们已经具备实现共同富裕的基础。新中国成立以来的社会主义现代化建设，特别是工业化、城镇化的成果，为乡村现代化提供了充分条件。因此，"中国式现代化不是贫的越穷、富的越富、两极分化、非公平正义的现代化，而是体现全体中国人民普惠式、公平正

---

① 习近平：《高举中国特色社会主义伟大旗帜　为全面建设社会主义现代化国家而团结奋斗——在中国共产党第二十次全国代表大会上的报告》，《人民日报》2022 年 10 月 17 日第 2 版。
② 《中共中央国务院关于抓好"三农"领域重点工作确保如期实现全面小康的意见》，人民出版社 2020 年版，第 1 页。

义的共同富裕的现代化"。① 中国式现代化不只是促进城市的发展,同样也要实现乡村的发展,农村是不可或缺的重要部分,中国式现代化克服了发展的畸形化、片面化。

二 乡村全面振兴与中国式乡村现代化

中国式现代化一定包括乡村现代化,如何走好乡村现代化之路是一个值得关注和思考的问题。有人认为现代化过程就是乡村衰落的过程,现代化是对传统的超越,是打破传统生活方式建立现代生活方式的过程。也有人认为现代化就是工业化、城镇化的过程,是城市生活取代乡村生活的过程;在这种思想的指导下,有些地方加速村民的市民化,让农民"上楼";大力发展非农产业,大量耕地被占用。乡村现代化是否意味着传统乡村的消失?乡村的现代化是否就是城市取代乡村?

2020 年,我国全面建成了小康社会,消灭了绝对贫困,乡村实现了跨越式发展,乡村振兴战略在乡村开始实施,乡村发展由温饱型向发展型转变,乡村现代化步伐加速。党中央提出乡村振兴战略是对乡村发展的新规划,是对乡村发展在理念、战略和道路上的新布局,是对乡村现代化之路的新定义。乡村全面振兴与乡村现代化不是矛盾的,而是统一的,乡村现代化是乡村振兴战略的必然选择,乡村全面振兴必须走中国式乡村现代化之路。吴理财教授指出:"乡村振兴战略,是中国共产党对近百年现代化经验、教训进行认真总结和反思后,所提出具有深远战略意义的国家发展之策,它对前一个时期将现代化简化为工业化、并片面强调城镇化战略的适度纠偏和政策调适。城乡互融、农工互促,理应成为未来中国现代化的主基调。"② 中国式乡村现代化不是"去乡村化"的城镇化、工业化,乡村是不会消失的,乡村要永远存在。中国式乡村现代化要保留乡土味道,保护好乡村传统文化。现代化是社会组织关系、

---

① 方世南:《以中国式现代化全面推进中华民族伟大复兴的政治宣言和行动指南》,《学术探索》2023 年第 1 期。

② 吴理财:《近一百年来现代化进程中的中国乡村——兼论乡村振兴战略中的"乡村"》,《中国农业大学学报》(社会科学版) 2018 年第 3 期。

社会生产体系乃至其影响下的生活模式的变革,是从生产到生活、思想到精神的重大变革。我们不再赘述现代化的内涵,但是,西方视域下的现代化与中国式现代化是不同的语境,具有不同的内涵。中国式乡村现代化道路不能照搬西方模式,也不应该是我们曾经探索的现代化老路,应该是面向未来的振兴乡村的新路,这是乡村现代化的"中国方案"。乡村振兴战略必须走中国式乡村现代化之路,中国式乡村现代化的价值指向是乡村美好生活。

其一,中国式农村现代化是乡村生产方式的现代化。生产方式决定社会发展状况,只有变革乡村生产方式乡村现代化才能真正实现。生产现代化提高了农业生产效率,增加了农产品产量,改善了农产品的品质和质量,农业生产获得根本性变革,农村发展、农民富裕有了保障。生产方式的现代化改变了村民的生活方式,与传统生产模式相适应的生活模式发生变化。乡村现代化改善了农民的生活条件,现代化乡村生活是农村富裕的最真实反映。农业现代化解决了环境资源与经济社会发展之间的矛盾,乡村生产方式落后是造成生态问题的主要原因,必须改变这种传统的粗放式生产方式,要依靠现代科技在农业生产中的应用,实现农业生产向集约式生产方式的转型升级。农业生产方式的现代化既提升了农业生产率,又减少了资源消耗,减少了污染物的排放,提高了治理污染的技术和能力。因此,只有实现乡村生产方式的现代化,才能为乡村发展奠定坚实的基础。

其二,乡村现代化重要的是村民的现代化,村民是乡村社会的主体,村民现代化是乡村现代化最为重要的内容,村民现代化关系乡村现代化能否真正实现,只有改变村民才能真正改变乡村。村民现代化主要表现在村民思想价值观念、知识文化、能力素质、生活方式等方面的现代化。思想价值观念反映了村民的精神世界和精神生活,决定着人们的民主意识、权利观念、行为方式和处事原则,知识文化和能力素养既是对现代职业农民生产技能的要求,也是文化涵养的体现,是乡村人力资本的核心内容。从某种程度上说,农村发展既是体制机制、科学技术问题,更是人的问题。实现农业的可持续发展,构建现代绿色农业发展模式,关键在于实现农民的现代化。

其三,中国式乡村现代化是以中国优秀传统文化为根基的现代化。

乡村现代化不是乡村特色的消失，而是乡村传统文化的创新与发展。丢失传统文化的乡村现代化是没有文化支撑的现代化，是对自己发展根基的破坏，失去了发展方向和发展潜力。有人为了强调现代化的重要性，否定传统文化的价值，造成传统与现代的对立，并片面地认为现代化就是西方化，这是一种严重的文化不自信，是对自己发展历史的否定，是国家现代化的历史虚无主义的表现。中国式现代化"这种新道路生成的价值目标一方面扎根于厚重的历史文明土壤，承载着一个民族优秀的思想文化传统和实践智慧，另一方面又流露出广大人民群众的美好愿景，体现着一个民族独有的精神气质"。[①] 中国式现代化道路一定是立足于中国的传统文化，基于现实国情的现代化。由于各个国家历史、文化、制度的不同，现代化道路必然是多元的，每个国家只有走自己的现代化道路才有发展前途。中国式现代化最本质的特征就是体现中国特色社会主义本质要求的中华民族的、中国特色的现代化。

其四，要实现人与自然和谐共生必须走中国式乡村现代化之路。生态环境问题本质上是生产问题，环境问题的关键阵地在乡村，与农业生产、农民生活密切联系。乡村现代化包括农村、农业和农民的现代化，乡村现代化关系生态文明建设，关系环境治理，关系人与自然和谐相处。从乡村环境问题的视角来看，环境污染与农业生产的科学化水平不高有关，与乡村处理污染的能力和技术不足有关，与农业生产的科技含量太低有关，与农业生产的基础设施太差有关，与农业绿色发展转型升级滞后有关，与农民的现代化观念落后有关。改变这一切都要依赖乡村现代化对农村、农业和农民的改变。农业生产的现代化程度提高了，农民的现代化素质提升了，生态环境的保护能力就增强了，村民的环保意识就更高了，人们更加注重文明健康的生活方式，注重食品安全，对生活环境的干净卫生整洁有了更高的要求，因此，只有实现乡村现代化才能真正实现人与自然的和谐共生。

总之，乡村现代化为乡村找到一条新的发展道路，乡村的农业生产方式更加现代化，具有了便利的公共设施、更加全面的公共服务、更加

---

① 李建华、刘畅：《中国式现代化新道路的伦理意蕴》，《武汉大学学报》（哲学社会科学版）2022年第4期。

现代化的农村生活环境。乡村现代化让乡村更加美丽、更加宜居，乡村成为人们向往的地方。美丽乡村建设一定要走乡村现代化之路，乡村现代化促进了观光、康养、休闲产业的发展，使生态、绿色、低碳农业得到大力发展，乡村独特的民族传统文化、自然环境成为最吸引人的资源。

三　中国式乡村现代化与乡村伦理建构

中国式现代化改变了中国社会的整体面貌，乡村现代化成为不可逆转的趋势。乡村现代化是乡村发展的过程和结果，中国式现代化所引发的乡村现代化，是中国共产党领导的、中国特色社会主义制度的、具有深厚中华传统文化的、富于地方性特色的乡村现代化。中国式乡村现代化的生产生活方式主要体现在以下几个方面：一是生产方式的机械化、智能化和组织化，社会化大生产、市场化程度极大提升；二是乡村公共设施、公共服务更加完善，生活条件更加便利；三是人际关系更加和谐，全面建成小康社会，村民更加富裕，社会更加公平、安全；四是村民普遍具有了与现代化发展相适应的理念、价值，具有与现代化发展相适应的科学文化知识、技能，具有与现代化发展相适应的法律、道德素养等。乡村现代化一定要构建与现代化发展相一致的乡村伦理，新时代中国特色社会主义乡村伦理是适应乡村现代化的伦理。中国式乡村现代化进程中的伦理重建要注意以下几个方面的问题。

其一，新时期的乡村伦理是嵌合在乡村现代化的生产生活中的伦理，是为乡村现代化服务的对新时期乡村伦理关系的规范。传统乡村伦理的消解与传统乡村共同体变迁直接相关，新时代乡村伦理的重建是以乡村现代化的转型为依据的，适应中国式乡村现代化建设的现实需要，中国式乡村现代化是乡村伦理的社会基础。中国式乡村现代化必然面临城乡之间、贫富之间、物质文明和精神文明之间、人与自然环境之间的伦理关系。乡村伦理要为中国式乡村现代化提供伦理支持，使中国式乡村现代化具有正确的价值指向。中国式乡村现代化的价值追求是实现乡村美好生活，是指向人的发展的完全不同于资本主义社会的"物本位"的经济发展方式。西方现代化单纯追求经济发展，是只见物不见人的发展模式，忽视了"为了谁的发展""是谁的发展"的问题，必然导致现代化的异化。西方现代化的理论和实践,从一开始出现就面临着种种矛盾和诟病,在经济发展的同时也带来了更多社会问题,西方学者所批评的"片面的人""单向度的人""物化的人"等都是这些问题的反映。中国式乡村现代化是中国共产党领导下的现代化,以为人民谋利益为宗旨、为中华民族谋复兴为初心使命。中国式乡村现代化必须走共同富裕之路,要以人的全面发展为价值取向,在平等公正的基础上互利共赢,消除两极分化,协调不同主体的利益关系,既要注重效率同时也要兼顾公平。"结束牺牲一些人的利益来满足另一些人的需要的状况;彻底消灭阶级和阶级对立;通过消除旧的分工,通过产业教育、变换工种、所有人共同享受大家创造出来的福利,通过城乡的融合,使社会全体成员的才能得到全面发展。"[1] 中国式乡村现代化必须走生态文明绿色发展之路,必须正确处理人与自然的伦理关系。要通过乡村生态伦理建设为乡村现代化建设提供文化基础,让生态文明成为村民的基本共识。

其二,面对中国式乡村现代化,新时期乡村伦理必须以中华优秀传统伦理文化为根基。中国式乡村现代化立足于中国国情,乡村伦理重建不能否定和抛弃传统伦理文化,现代乡村伦理一定是在继承传统伦理文化基础上的创新发展。文化是社会现代化的重要内容,批判继承自身历史文化是各国现代化发展的一般过程,每一个国家的现代化都是在其特定历史文化基础上的现代化,同时现代化也必然要借鉴人类创造的优秀文明成果,学习借鉴不是替代,不存在一种普遍的现代文化可以直接拿来。传统文化是一个国家的文明命脉,一个国家不尊重自己的传统文化就不会有发展前途,因此,中国式现代化绝对不是"西方化"或"欧洲化"。但是,在乡村现代化的过程中,也必须对中国传统伦理文化进行现代审视,毕竟传统伦理文化有其产生的历史背景,在一定的人伦关系中发挥作用,当历史的步伐向前迈进时,传统文化所表现出来的不适应就会对社会发展产生某种程度的障碍,这也是乡村伦理重建的意义所在。重建并不是全盘否定,而是"扬弃",是在继承中创新性发展,在继承中创造性转化。中华传统伦理文化是中华儿女熟悉的文明成果,在走向现代化的过程中,融入血脉的文化基因时时左右着我们的思想和行为。例

---

[1] 《马克思恩格斯选集》第一卷,人民出版社2012年版,第308—309页。

如，以"孝"文化为核心的家庭传统，以"亲情"为依据的人际交往，这些文化传统在现代化充满理性的行为选择中，让人们感受到了一种心灵的慰藉。中华传统伦理文化博大精深，孕育了中华大地生生不息的繁荣，在现代化进程中深入挖掘这个富矿，必然为中国式乡村现代化走出一条全新的现代化之路。

其三，中国式乡村现代化是不同地域乡村现代化的总称，要构建与乡村现代化相适应的富有地方特色的乡村伦理。乡村分布在不同地域，由于各地乡村发展不平衡，乡村之间的差异较大。乡村生产方式不同，文化特色不同，乡村发展优势就不同，生活方式也就不同。例如，有很多乡村已经建成现代化的城镇，城镇化成为很多乡村的现实生活状态，即使是在一些相对贫困地区，由于政府的脱贫攻坚，有很多地方也实现了生活方式的城镇化。因此，与城市社区相比，不同地域乡村之间的差距是最大的。这就决定了中国式乡村现代化不可能是一种模式，不可能走同样的道路，要根据不同乡村的生产生活水平，确定不同的乡村现代化模式。

乡村伦理是乡村生产生活在人伦关系上的反映，是具有地方特色、服务乡村发展的伦理。每一个乡村都是一个伦理共同体，人们因生产生活中的社会联系而产生共同的生产生活方式，共同体是有机联系的整体。共生共在是现代社会人们的基本存在状态，每个人都与他人发生联系，不可能离开他人而生活。伦理是维护共同体存在和发展的基础，在这种共生共在的共同体中，必然达成维护人们之间关系的应然要求，这就是伦理关系。伦理共同体就是人们按照伦理要求共同生产生活的共同体，每个人都遵守共同体的伦理要求才能实现自我发展，也才能维护共同体的存在。"从自我到他者形成伦理共同体的主体建构。无论是自我还是他者，作为共同体的组成人员，依赖于共同体而获得自己的生存、发展空间，而共同体的意志和原则是道德主体及其适应行为的最高道德价值要求。"[①] 在共同体中，通过长期的互动交往，达成共同体一致的伦理价值，在共识一致的基础上形成人与人之间、人与自然之间的和谐关系。乡村

[①] 李建华、刘刚：《道德适应：新型伦理共同体的生成路径》，《社会科学战线》2020 年第 7 期。

是一个伦理共同体,共同体中的村民是共同体的维护者,共同体的伦理要求是实现村民自我发展的条件。乡村现代化必然面临乡村共同体文化的变革,要求伦理必须适应社会现代化发展的需要,伦理价值选择必须有利于乡村现代化的转型。伦理作为调节人与人之间的关系、维护乡村秩序的手段,表现在村民的伦理观念、道德自觉和伦理行为中。在一个乡村共同体中,长期形成的伦理道德观念很难在短时间内转变,已经融入了村民的日常生活中,成为人们相互交往的价值理念,并表现出浓厚的乡土特色。生产力决定生产关系,不同的生产力发展水平应该有不同的生产关系与其相适应,而建立在不同经济基础之上的上层建筑也是不同的,所以,乡村现代化应该有不同的伦理范式。必须改变传统的不适用于乡村现代化的伦理观念,让诚实守信、公平正义、等价交换、契约伦理、效率至上、法治思维等伦理观念成为人们的价值选择。同时,乡村伦理重建也必须尊重乡村传统习俗,在构建与现代化相适应的新型伦理时,体现地方特色伦理,尊重不同民族、不同地域乡村的文化习俗,尊重人们的伦理选择。

总之,乡村伦理重建的未来走向是由乡村发展的现实图景决定的,新时期构建与中国式乡村现代化相适应的中国特色社会主义乡村伦理,是乡村伦理重建的目标与任务。要在实现乡村全面振兴的高质量发展中不断挖掘乡土价值,协调经济发展与生态保护的伦理关系,统筹城乡融合发展的伦理关系,把乡村建设成为富裕美丽、特色现代、文明宜居、绿色生态的中国式现代化乡村。

参考文献

经典著作

《马克思恩格斯选集》第一至四卷，人民出版社2012年版。

《马克思恩格斯文集》第一至十卷，人民出版社2009年版。

《马克思恩格斯全集》第四十六卷（上册），人民出版社1979年版。

《马克思恩格斯全集》第二卷，人民出版社1957年版。

《共产党宣言》，人民出版社2014年版。

《1844年经济学哲学手稿》，人民出版社2000年版。

《列宁专题文集　论辩证唯物主义和历史唯物主义》，人民出版社2009年版。

《列宁全集》第三十三卷，人民出版社2017年版。

党和国家领导人著作

《毛泽东选集》第一至四卷，人民出版社1991年版。

《毛泽东文集》第一至二卷，人民出版社1993年版。

《毛泽东文集》第三至五卷，人民出版社1996年版。

《毛泽东文集》第六至八卷，人民出版社1999年版。

《邓小平文选》第一至二卷，人民出版社1994年版。

《邓小平文选》第三卷，人民出版社1993年版。

《江泽民文选》第一至二卷，人民出版社2006年版。

《胡锦涛文选》第一至二卷，人民出版社2016年版。

《习近平谈治国理政》，外文出版社2014年版。

《习近平谈治国理政》第二卷，外文出版社2017年版。

《习近平谈治国理政》第三卷,外文出版社 2020 年版。
《习近平谈治国理政》第四卷,外文出版社 2022 年版。
习近平:《决胜全面建成小康社会　夺取新时代中国特色社会主义伟大胜利——在中国共产党第十九次全国代表大会上的报告》,人民出版社 2017 年版。
习近平:《在全国脱贫攻坚总结表彰大会上的讲话》,人民出版社 2021 年版。
习近平:《在庆祝中国共产党成立 100 周年大会上的讲话》,人民出版社 2021 年版。
习近平:《在纪念孔子诞辰 2565 周年国际学术研讨会暨国际儒学联合会第五届会员大会开幕会上的讲话》,人民出版社 2014 年版。
习近平:《在首都各界纪念现行宪法公布施行 30 周年大会上的讲话》,人民出版社 2012 年版。
习近平:《在北京大学师生座谈会上的讲话》,人民出版社 2018 年版。
习近平:《高举中国特色社会主义伟大旗帜　为全面建设社会主义现代化国家而团结奋斗——在中国共产党第二十次全国代表大会上的报告》,人民出版社 2022 年版。

党和国家重要文献

中共中央文献研究室编:《邓小平思想年编》,中央文献出版社 2011 年版。
中共中央文献研究室编:《建国以来重要文献选编》第十册,中央文献出版社 1994 年版。
中共中央文献研究室编:《习近平关于社会主义文化建设论述摘编》,中央文献出版社 2017 年版。
中共中央宣传部编:《习近平新时代中国特色社会主义思想学习纲要》,人民出版社 2019 年版。
中共中央文献研究室编:《习近平关于社会主义经济建设论述摘编》,中央文献出版社 2017 年版。
中共中央文献研究室编:《习近平关于社会主义生态文明建设论述摘编》,中央文献出版社 2017 年版。

中共中央文献研究室编：《习近平关于社会主义社会建设论述摘编》，中央文献出版社 2017 年版。

中共中央文献研究室编：《习近平关于全面深化改革论述摘编》，中央文献出版社 2014 年版。

中共中央文献研究室编：《习近平关于实现中华民族伟大复兴的中国梦论述摘编》，中央文献出版社 2013 年版。

中共中央党校组织编写，何毅亭主编：《以习近平同志为核心的党中央治国理政新理念新思想新战略》，人民出版社 2017 年版。

中共中央宣传部编：《习近平总书记系列重要讲话读本》，人民出版社、学习出版社 2014 年版。

《中华人民共和国国民经济和社会发展第十四个五年规划和 2035 年远景目标纲要》，人民出版社 2021 年版。

《关于加强和改进乡村治理的指导意见》，人民出版社 2019 年版。

《新时代公民道德建设实施纲要》，人民出版社 2019 年版。

《乡村振兴战略规划（2018—2022 年）》，人民出版社 2018 年版。

《中共中央国务院关于实施乡村振兴战略的意见》，人民出版社 2018 年版。

中共中央宣传部编：《习近平新时代中国特色社会主义思想学习问答》，学习出版社、人民出版社 2021 年版。

《中共中央国务院关于全面推进乡村振兴加快农业农村现代化的意见》，人民出版社 2021 年版。

《中国共产党第十九届中央委员会第六次全体会议文件汇编》，人民出版社 2021 年版。

《中共中央关于制定国民经济和社会发展第十四个五年规划和二〇三五年远景目标的建议》，人民出版社 2020 年版。

《中共中央国务院关于支持浙江高质量发展建设共同富裕示范区的意见》，人民出版社 2021 年版。

中共中央宣传部编：《中国特色社会主义学习读本》，学习出版社 2013 年版。

《新时代　新理论　新征程》，人民出版社 2018 年版。

学术著作

《"不忘初心、牢记使命"优秀共产党员先进事迹选编》，党建读物出版社 2019 年版。

北京大学社会学人类学研究所编：《社区与功能——派克、布朗社会学文集及学记》，北京大学出版社 2002 年版。

车文博主编：《弗洛伊德主义原著选辑》（上卷），辽宁人民出版社 1998 年版。

陈晓芬、徐儒宗译注：《论语·大学·中庸》，中华书局 2011 年版。

崔宜明：《道德哲学引论》，上海人民出版社 2006 年版。

戴木才等：《卓越管理的道德智慧（上）——管理伦理：管理科学发展的新里程碑》，湖南教育出版社 2015 年版。

杜占明主编：《中国古训辞典》，北京燕山出版社 1992 年版。

费孝通：《江村经济——中国农民的生活》，商务印书馆 2001 年版。

费孝通：《孔林片思——论文化自觉》，生活·读书·新知三联书店 2021 年版。

费孝通：《乡土中国 生育制度 乡土重建》，商务印书馆 2015 年版。

高兆明：《道德失范研究：基于制度正义视角》，商务印书馆 2016 年版。

郭于华主编：《仪式与社会变迁》，社会科学文献出版社 2000 年版。

韩俊主编：《实施乡村振兴战略五十题》，人民出版社 2018 年版。

韩震主编：《社会主义核心价值体系研究》，人民出版社 2007 年版。

何怀宏：《选举社会及其终结——秦汉至晚清历史的一种社会学阐释》，生活·读书·新知三联书店 1998 年版。

贺雪峰：《乡村社会关键词——进入 21 世纪的中国乡村素描》，山东人民出版社 2010 年版。

湖北大学中国思想文化史研究所主编：《中国文化的现代转型》，湖北教育出版社 1996 年版。

金建方：《人类的使命》，东方出版社 2018 年版。

井世结、赵泉民：《组织发展与社会治理：以乡村合作社为中心》，中国经济出版社 2017 年版。

雷结斌：《中国社会转型期道德失范问题研究》，人民出版社 2014 年版。

李昌庚：《社会转型与制度变迁——国家治理现代化的法治思维》，中国政法大学出版社 2014 年版。

李德顺：《价值论》，中国人民大学出版社 2007 年版。

李龙主编：《西方法学名著提要》，江西人民出版社 1999 年版。

李培林：《村落的终结——羊城村的故事》，商务印书馆 2004 年版。

李银安、李明等：《中华孝文化传承与创新研究》，人民出版社 2017 年版。

李佑新：《走出现代性道德困境》，人民出版社 2006 年版。

梁漱溟：《梁漱溟全集》第三卷，山东人民出版社 2005 年版。

梁漱溟：《乡村建设理论》，上海人民出版社 2006 年版。

林聚任等：《社会信任和社会资本重建——当前乡村社会关系研究》，山东人民出版社 2007 年版。

陆学艺、景天魁主编：《转型中的中国社会》，黑龙江人民出版社 1994 年版。

陆益龙：《后乡土中国》，商务印书馆 2017 年版。

罗国杰主编：《伦理学》，人民出版社 1989 年版。

潘自勉：《论价值规范》，中国社会科学出版社 2006 年版。

陶国相：《科学发展观与新时期文化建设》，人民出版社 2008 年版。

万俊人：《寻求普世伦理》，商务印书馆 2001 年版。

汪晖：《汪晖自选集》，广西师范大学出版社 1997 年版。

王磊选编：《马克思恩格斯论道德》，人民出版社 2011 年版。

王露璐：《新乡土伦理——社会转型期的中国乡村伦理问题研究》，人民出版社 2016 年版。

王维先、铁省林：《农村社区伦理共同体之建构》，山东大学出版社 2014 年版。

王伟光：《利益论》，人民出版社 2001 年版。

吴理财等：《公共性的消解与重建》，知识产权出版社 2014 年版。

吴重庆：《无主体熟人社会及社会重建》，社会科学文献出版社 2014 年版。

肖祥编著：《伦理学教程》，电子科技大学出版社 2009 年版。

杨春贵主编：《马克思主义与社会科学方法论》，高等教育出版社 2012

年版。

余文武:《民间伦理共同体研究》,武汉大学出版社 2018 年版。

翟学伟:《人情、面子与权力的再生产》,北京大学出版社 2005 年版。

张良:《乡村社会的个体化与公共性建构》,中国社会科学出版社 2017 年版。

折晓叶:《村庄的再造——一个"超级村庄"的社会变迁》,中国社会科学出版社 1997 年版。

朱传棨:《恩格斯哲学思想研究论稿》,人民出版社 2012 年版。

译文著作

[法] 埃米尔·涂尔干:《社会分工论》,渠东译,生活·读书·新知三联书店 2000 年版。

[英] 安东尼·吉登斯:《现代性的后果》,田禾译,译林出版社 2011 年版。

[英] 安东尼·吉登斯:《现代性与自我认同:现代晚期的自我与社会》,赵旭东等译,生活·读书·新知三联书店 1998 年版。

[英] 边沁:《政府片论》,沈叔平等译,商务印书馆 1995 年版。

[德] 斐迪南·滕尼斯:《共同体与社会——纯粹社会学的基本概念》,林荣远译,北京大学出版社 2010 年版。

[美] 弗兰西斯·福山:《信任——社会道德与繁荣的创造》,李宛蓉译,远方出版社 1998 年版。

[法] H. 孟德拉斯:《农民的终结》,李培林译,社会科学文献出版社 2010 年版。

[德] 哈贝马斯:《现代性的地平线——哈贝马斯访谈录》,李安东、段怀清译,上海人民出版社 1997 年版。

[英] 赫伯特·斯宾塞:《社会静力学》,张雄武译,商务印书馆 1996 年版。

[德] 黑格尔:《历史哲学》,王造时译,世纪出版集团、上海书店出版社 2006 年版。

[德] 黑格尔:《哲学史讲演录》第一卷,贺麟、王太庆等译,商务印书馆 1959 年版。

［德］黑格尔：《法哲学原理》，范扬、张企泰译，商务印书馆1961年版。

［德］马克斯·韦伯：《社会科学方法论》，杨富斌译，华夏出版社1999年版。

［美］明恩溥：《中国的乡村生活——社会学的研究》，陈午晴、唐军译，电子工业出版社2012年版。

［英］齐尔格特·鲍曼：《通过社会学去思考》，高华等译，社会科学文献出版社2002年版。

［英］齐格蒙特·鲍曼：《共同体》，欧阳景根译，江苏人民出版社2003年版。

［英］乔纳森·哈迪：《情爱·结婚·离婚》，苏斌、娄梅婴译，河北人民出版社1998年版。

［美］斯蒂文·贝斯特、［美］道格拉斯·凯尔纳：《后现代理论——批判性的质疑》，张志斌译，中央编译出版社2011年版。

［美］W.E.佩顿：《阐释神圣——多视角的宗教研究》，许泽民译，贵州人民出版社2006年版。

［英］王斯福：《帝国的隐喻：中国民间宗教》，赵旭东译，江苏人民出版社2009年版。

［德］沃尔夫冈·查普夫：《现代化与社会转型》，陆宏成、陈黎译，社会科学文献出版社1998年版。

学术论文

毕天云：《社区文化：社区建设的重要资源》，《思想战线》2003年第4期。

曹东勃、宋锐：《农耕文化：乡村振兴的伦理本源》，《西北农林科技大学学报》（社会科学版）2020年第3期。

曹鹏飞：《公共性理论的兴起及其意义》，《北京联合大学学报》（人文社会科学版）2008年第3期。

陈春燕、于雯君：《透视专家的影响力：农村基层文化治理中体制内治理精英的行动逻辑研究》，《青海社会科学》2019年第4期。

陈荣卓、祁中山：《乡村治理伦理的审视与现代转型》，《哲学研究》2015年第5期。

陈瑛：《改造和提升小农伦理——再读马克思的〈路易·波拿巴的雾月十八日〉》，《伦理学研究》2006 年第 2 期。

陈振亮：《乡规民约与新农村伦理道德建设》，《科学社会主义》2013 年第 1 期。

丁永祥：《城市化进程中乡村文化建设的困境与反思》，《江西社会科学》2008 年第 11 期。

杜玉珍：《我国乡村伦理道德的历史演变》，《理论月刊》2010 年第 9 期。

杜志雄：《农业农村现代化：内涵辨析、问题挑战与实现路径》，《南京农业大学学报》（社会科学版）2021 年第 5 期。

樊浩：《中国社会价值共识的意识形态期待》，《中国社会科学》2014 年第 7 期。

范建华、秦会朵：《关于乡村文化振兴的若干思考》，《思想战线》2019 年第 4 期。

范玉刚：《乡村文化复兴与乡土文明价值重构》，《深圳大学学报》（人文社会科学版）2019 年第 6 期。

方坤、秦红增：《乡村振兴进程中的文化自信：内在理路与行动策略》，《广西民族大学学报》（哲学社会科学版）2019 年第 2 期。

费雪莱：《基于共享发展理念的农村社区治理伦理重构》，《江汉论坛》2018 年第 11 期。

丰子义：《马克思现代性思想的当代解读》，《中国社会科学》2005 年第 4 期。

冯建军：《公共生活中学校共同体的建构》，《高等教育研究》2021 年第 1 期。

高兆明：《"道德"探幽》，《伦理学研究》2002 年第 2 期。

耿达：《公共文化空间视角下农村公共文化服务体系建设研究》，《思想战线》2019 年第 5 期。

龚丽兰、郑永君：《培育"新乡贤"：乡村振兴内生主体基础的构建机制》，《中国农村观察》2019 年第 6 期。

龚天平：《美好生活的道德伦理基础》，《江苏社会科学》2021 年第 4 期。

韩东屏：《论道德文化的社会治理作用——从道德与制度的比较推论》，《河北学刊》2011 年第 5 期。

韩迎春、刘灵:《推进"民族精神"与"时代精神"融合发展》,《中南民族大学学报》(人文社会科学版) 2019 年第 5 期。

贺来:《"现代性"的反省与马克思哲学研究纵深推进的生长点》,《求是学刊》2005 年第 1 期。

贺雪峰:《农民价值观的类型及相互关系——对当前中国农村严重伦理危机的讨论》,《开放时代》2008 年第 3 期。

黄进:《中国农民主体性的现状与重塑》,《高校理论战线》2012 年第 2 期。

霍军亮:《乡村振兴战略下的农村公民道德建设》,《西北农林科技大学学报》(社会科学版) 2020 年第 5 期。

贾英健:《认同的哲学意蕴与价值认同的本质》,《山东师范大学学报》(人文社会科学版) 2006 年第 1 期。

江畅:《我国主流价值文化构建的三个问题》,《光明日报》2012 年 6 月 21 日。

蒋晓雷:《现代社会伦理对传统道德文化的渴求》,《理论月刊》2009 年第 4 期。

揭晓:《现代性视域下社会主义意识形态嵌入乡村日常生活探析》,《社会工作与管理》2016 年第 4 期。

李建华、朱伟干、邢斌:《论农村基层自治的政治价值和伦理生态》,《武陵学刊》2010 年第 3 期。

李建华:《中国传统道德文化现代践行的寓德入教策略》,《中南大学学报》(社会科学版) 2012 年第 1 期。

李明、陈其胜、张军:《"四位一体"乡村文化振兴的路径建构》,《湖南社会科学》2019 年第 6 期。

李明建:《乡村经济伦理的转型与发展》,《道德与文明》2017 年第 5 期。

李培林:《"另一只看不见的手":社会结构转型》,《中国社会科学》1992 年第 5 期。

李萍:《现代道德的传统承接:可能与实现》,《中山大学学报》(社会科学版) 2004 年第 4 期。

李三辉:《乡村文化振兴的现实难题及其应对》,《长春理工大学学报》(社会科学版) 2021 年第 1 期。

李伟民：《论人情——关于中国人社会交往的分析和探讨》，《中山大学学报》（社会科学版）1996 年第 2 期。

李伟民、梁玉成：《特殊信任与普遍信任：中国人信任的结构与特征》，《社会学研究》2002 年第 3 期。

李武装：《制度伦理与新时代"中国之治"的伦理建构》，《齐鲁学刊》2021 年第 1 期。

李晓丽、李胜军：《试论新农村道德建设中传统道德文化思想的传承》，《黑河学刊》2011 年第 2 期。

李卓文：《中国传统伦理的继承与超越》，《三峡大学学报》（人文社会科学版）2004 年第 4 期。

梁禹祥、南敬伟：《诠释制度伦理》，《道德与文明》1998 年第 3 期。

刘建军：《新发展理念：时代精神的核心内容》，《学校党建与思想教育》2017 年第 11 期。

陆益龙：《后乡土性：理解乡村社会变迁的一个理论框架》，《人文杂志》2016 年第 11 期。

罗文章：《新时期乡村道德的变化态势》，《船山学刊》2006 年第 2 期。

马爱菊：《传统家训在现代乡村治理中的作用》，《绵阳师范学院学报》2015 年第 3 期。

马纯红：《"美好生活"的理论基础、价值意蕴及其实践向度》，《湘潭大学学报》（哲学社会科学版）2019 年第 6 期。

毛绵逯：《村庄共同体的变迁与乡村治理》，《中国矿业大学学报》（社会科学版）2019 年第 6 期。

苗国强：《反躬、再塑与实现：新型乡规民约与乡村伦理重构》，《齐鲁学刊》2019 年第 4 期。

欧阳雪梅：《振兴乡村文化面临的挑战及实践路径》，《毛泽东邓小平理论研究》2018 年第 5 期。

庞绍堂：《现代性、主体性、限制性》，《学海》2008 年第 6 期。

秦维红、张玉杰：《"美好生活"探究的三重维度》，《思想教育研究》2020 年第 8 期。

任成金：《国家治理现代化视域下乡村文化建设的多维透视》，《云南社会科学》2020 年第 5 期。

申鲁菁、陈荣卓:《现代乡村共同体与公共伦理文化诉求》,《甘肃社会科学》2018年第2期。

沈费伟:《传承家风家训:乡村伦理重建的一个理论解释》,《学习论坛》2019年第9期。

沈一兵:《乡村振兴中的文化危机及其文化自信的重构——基于文化社会学视角》,《学术界》2018年第10期。

石培玲:《梁漱溟的公德观与"乡村自治"构想的伦理困境》,《道德与文明》2007年第6期。

史云等:《传统的未来:乡村文化振兴机制研究》,《河北农业大学学报》(社会科学版)2020年第2期。

宋小霞、王婷婷:《文化振兴是乡村振兴的"根"与"魂"——乡村文化振兴的重要性分析及现状和对策研究》,《山东社会科学》2019年第4期。

孙春晨:《中国当代乡村伦理的"内卷化"图景》,《道德与文明》2016年第6期。

孙春晨:《改革开放40年乡村道德生活的变迁》,《中州学刊》2018年第11期。

孙迪亮、宋晓蓓:《试论新乡贤对乡村振兴的作用机理》,《桂海论丛》2018年第3期。

孙兰英:《新时代精神丰碑的内在逻辑及传承》,《人民论坛》2021年第15期。

孙丽珍:《基层治理视域下的传统乡贤文化》,《社会科学战线》2019年第6期。

唐凯麟:《中国传统伦理文化的当代传承与弘扬》,《船山学刊》2017年第3期。

唐文明:《何谓现代性?》,《哲学研究》2000年第8期。

田天亮:《论建国初期土地改革对农村基层政权建设的推动》,《西安建筑科技大学学报》(社会科学版)2016年第3期。

汪国华、杨安邦:《农村环境污染治理的内生路径研究:基于村庄传统文化整合视角》,《河海大学学报》(哲学社会科学版)2020年第4期。

王芳、邓玲:《从共同福祉到新型乡村共同体的重构——有机马克思主义发展观对中国新农村建设的启示》,《理论导刊》2017 年第 6 期。

王华伟:《后伦理语境下乡村共同体的"新乡愁"》,《湖南工业大学学报》(社会科学版) 2020 年第 4 期。

王玲:《乡村社会的秩序建构与国家整合——以公共空间为视角》,《理论与改革》2010 年第 5 期。

王露璐:《伦理视角下中国乡村社会变迁中的"礼"与"法"》,《中国社会科学》2015 年第 7 期。

王露璐:《社会转型期的中国乡土伦理研究及其方法》,《哲学研究》2007 年第 12 期。

王露璐:《中国式现代化进程中的乡村振兴与伦理重建》,《中国社会科学》2021 年第 12 期。

王露璐:《中国乡村伦理研究论纲》,《湖南师范大学社会科学学报》2017 年第 3 期。

王美玲、马先惠:《乡村文化视域下乡村道德建设的困境与出路》,《攀登》2021 年第 3 期。

王晓虹:《新时代美好生活观的伦理价值解读》,《湖南行政学院学报》2021 年第 4 期。

王玉峰、刘萌:《我国新型职业农民培育的政策目标与实践探索》,《长白学刊》2022 年第 1 期。

吴理财、解胜利:《文化治理视角下的乡村文化振兴:价值耦合与体系建构》,《华中农业大学学报》(社会科学版) 2019 年第 1 期。

吴理财、刘磊:《改革开放以来乡村社会公共性的流变与建构》,《甘肃社会科学》2018 年第 2 期。

项久雨:《美好社会:现代中国社会的历史展开与演化图景》,《中国社会科学》2020 年第 6 期。

项久雨:《新时代美好生活的样态变革及价值引领》,《中国社会科学》2019 年第 11 期。

肖莉、王仕民:《现代性与后现代性双重视角下的乡村文化振兴》,《湖南行政学院学报》2020 年第 2 期。

谢延龙:《"乡村文化"治理与乡村"文化治理":当代演进与展望》,《学习与实践》2021 年第 4 期。

辛文：《发挥道德模范榜样作用提高新时代公民道德水平——从第八届全国道德模范评选透视公民道德建设》，《雷锋》2021年12月号。

徐大建、单许昌：《伦理转型：从身份伦理到契约伦理》，《哲学研究》2013年第4期。

徐勇：《乡村文化振兴与文化供给侧改革》，《中南学术》2018年第5期。

许斗斗：《"精神"与"时代精神"的哲学探索》，《福建师范大学学报》（哲学社会科学版）2021年第2期。

薛晓阳：《乡村伦理重建：农村教育的道德反思》，《教育研究与实验》2016年第2期。

闫慧慧、郝书翠：《背离与共建：现代性视阈下乡村文化的危机与重建》，《湖北大学学报》（哲学社会科学版）2016年第1期。

晏辉：《中国形态的现代性：事实与价值的双重逻辑——价值哲学的视野》，《社会科学辑刊》2020年第6期。

杨国荣：《论伦理共识》，《探索与争鸣》2019年第2期。

杨金华、高佳丽：《个体、社会、自然三位一体：新时代美好生活的内在意蕴》，《南京财经大学学报》2020年第2期。

杨璐璐、高金龙：《乡风文明建设中农村优秀传统文化传承路径》，《黑河学刊》2020年第1期。

杨伟荣、王露璐：《现代性·正义性·主体性——乡村发展伦理研究的三个基本维度》，《哲学动态》2020年第6期。

杨玉成：《习近平新时代中国特色社会主义思想的新定位新概括新阐述》，《中国井冈山干部学院学报》2022年第1期。

杨志良：《中国式农业现代化的百年探索、理论内涵与未来进路》，《经济学家》2021年第12期。

俞吾金：《现代性现象学》，《江海学刊》2003年第1期。

曾长秋、孙宇：《试论农村家庭道德建设的构成要素》，《吉林师范大学学报》（人文社会科学版）2013年第1期。

曾庆捷：《"治理"概念的兴起及其在中国公共管理中的应用》，《复旦学报》（社会科学版）2017年第3期。

曾鹰、曾丹东、曾天雄：《后乡土语境下的新乡村共同体重构》，《湖南科技大学学报》（社会科学版）2017年第1期。

张翠莲、李桂梅：《试论当代乡村家庭伦理制度化建设》，《道德与文明》2017年第5期。

张方华：《国家治理与公共利益的达成》，《中共福建省委党校学报》2019年第5期。

张海荣、张建梅：《向里用力：转型期乡村文化治理的根本途径》，《中国特色社会主义研究》2020年第2期。

张良：《村庄公共性生长与国家权力介入》，《中国农业大学学报》（社会科学版）2014年第1期。

张鸣、袁涓文：《村治中乡村精英的作用及面临的困境研究》，《农业经济》2021年第10期。

张佩国：《传统中国乡村社会的财产边界》，《东方论坛－青岛大学学报》（社会科学版）2002年第1期。

张学昌：《城乡融合视域下的乡村文化振兴》，《西北农林科技大学学报》（社会科学版）2020年第4期。

张燕：《传统乡村伦理文化的式微与转型——基于乡村治理的视角》，《伦理学研究》2017年第3期。

张永伟、房晓军：《关于当前农村社会道德问题的理性思考——以"返乡记"为缘起》，《西南大学学报》（社会科学版）2016年第6期。

张志旻、赵世奎等：《共同体的界定、内涵及其生成——共同体研究综述》，《科学学与科学技术管理》2010年第10期。

赵连君：《"美好生活"的价值意蕴》，《新长征》2021年第5期。

赵旭东：《乡村文化与乡村振兴——基于一种文化转型人类学的路径观察与社会实践》，《贵州大学学报》（社会科学版）2020年第4期。

赵增彦：《社会主义新农村道德建设面临的挑战及其成因探析》，《内蒙古师范大学学报》（哲学社会科学版）2007年第6期。

郑鹏飞、薛凤伟：《社会转型背景下的农村伦理道德现状及其原因探析》，《中共郑州市委党校学报》2009年第2期。

郑荣坤、汪伟全：《人民美好生活安全需要的政府风险治理逻辑》，《长白学刊》2020年第5期。

郑永彪：《中国传统乡村代际伦理失衡及重构研究》，《首都师范大学学报》（社会科学版）2014年第1期。

朱志平、姚科艳、鞠萍：《乡村文化现代转型及其路径选择——基于马庄经验》，《中国农业大学学报》（社会科学版）2020年第4期。

朱志平、朱慧劼：《乡村文化振兴与乡村共同体的再造》，《江苏社会科学》2020年第6期。

訾小刚、赵旭东：《"偷"与林权——以赣南某村落林权状况调查为例》，《云南大学学报》（法学版）2007年第6期。

后 记

作为一名从农村走到大学校园的教授，对乡土的依恋是深入骨子里的，我始终觉得对乡村问题的思考是一种责任和使命，在学术研究和探索中，面向乡村成为习惯。如何让乡村变得更加美丽，如何让乡村成为理想的家园，这是所有具有乡村情结学者的共同夙愿。随着工业化、城镇化、现代化的推进，乡村在历史变迁中不断被重新塑造。风土人情的改变常常让已经长大的人觉得不适应，怀念逝去的乡情成为普遍心理。乡村不可能回到过去，对传统乡村伦理的审视，构建新时代中国特色社会主义乡村伦理是乡村全面振兴的需要。基于对这一问题的思考，2018 年我以"新时代中国特色社会主义乡村伦理的理论内涵与实践路径研究"为题申报了国家社会科学基金项目，获得了立项资助（课题编号：18BZX129），感谢国家社科基金委的资助，本书是该项目的最终结项成果。

感谢河北经贸大学出版基金、河北经贸大学公共管理学院、河北省城乡融合发展协同创新中心和河北省省级新型智库"河北省道德文化与社会发展研究中心"对本书的资助；也要感谢中国社会科学出版社的孔继萍编辑，数月来她为本书的编辑、出版不辞劳苦，付出了大量的精力。

中国式现代化必然包括乡村现代化，乡村变迁在历史的长河中会不断发生发展，但是，乡村的本质特征不会发生改变，对乡村伦理的研究应该永远是一个新话题。由于著者的学术视野和能力有限，所提出的观点难免有很多纰漏和缺点，望专家、学者同人批评指正！

李 冰

2024 年 2 月 20 日于河北经贸大学